U0638693

化工技术与企业安全管理探索

霍二福　朱静平　薛智文◎著

吉林科学技术出版社

图书在版编目（CIP）数据

化工技术与企业安全管理探索 / 霍二福，朱静平，
薛智文著. -- 长春：吉林科学技术出版社，2024. 8.
ISBN 978-7-5744-1705-2

Ⅰ. TQ02

中国国家版本馆 CIP 数据核字第 2024308F66 号

化工技术与企业安全管理探索

著	霍二福　朱静平　薛智文
出 版 人	宛　霞
责任编辑	赵海娇
封面设计	金熙腾达
制　　版	金熙腾达
幅面尺寸	170mm×240mm
开　　本	16
字　　数	276 千字
印　　张	17
印　　数	1~1500 册
版　　次	2024年8月第1版
印　　次	2024年12月第1次印刷

出　　版	吉林科学技术出版社
发　　行	吉林科学技术出版社
地　　址	长春市福祉大路5788号出版大厦A座
邮　　编	130118
发行部电话/传真	0431-81629529 81629530 81629531
	81629532 81629533 81629534
储运部电话	0431-86059116
编辑部电话	0431-81629510
印　　刷	三河市嵩川印刷有限公司

书　　号	ISBN 978-7-5744-1705-2
定　　价	99.00元

版权所有　翻印必究　举报电话：0431-81629508

前　言

　　化工行业作为现代工业体系中的重要组成部分，其技术进步与创新不仅推动了社会生产力的发展，而且对经济的持续增长和社会的全面进步起到了至关重要的作用。化工技术的发展，不仅为人类提供了丰富的物质资源，提高了生活质量，而且在能源、医药、材料、环保等多个领域发挥着不可替代的作用。随着经济全球化的不断深入，化工产品的需求日益增长，这要求化工行业在保证生产效率的同时，更要注重安全与环保，以实现可持续发展。

　　化工企业安全管理是化工行业健康发展的基石。安全事故的发生不仅会导致巨大的经济损失，更有可能造成不可逆转的环境破坏和人员伤亡。因此，加强化工企业的安全管理，提高安全意识，完善安全制度，是化工行业实现长远发展的关键。通过不断的技术革新和管理优化，化工企业能够更有效地预防和控制安全风险，保障员工生命安全和企业财产安全，同时也为企业赢得了良好的社会形象和市场竞争力。

　　首先，本书从流体静力学的基本方程式入手，进一步探讨流体流动的基本方程式、流动现象及其阻力损失，并详细阐述流速和流量的测量技术；其次，书中系统介绍了非均相物系的沉降、过滤和固体流态化分离技术，为化工产品的分离和纯化提供了理论基础和实践指导；再次，书中通过传热蒸发、吸收蒸馏、干燥萃取等章节，详细阐述了化工技术的基本原理，还提供了详细的计算方法和设备设计，为化工过程的优化与控制提供了实践参考。最后，本书不仅介绍了化工安全设计和设备安全技术，还全面阐述了化工企业隐患排查与治理、危险化学品管理、职业健康安全以及安全应急预案与应急救援等安全管理策略，旨在为化工企业的安全生产提供全面的理论和实践指导，推动化工行业技术进步和安全管理水平的提升。

　　本书在撰写过程中借鉴、吸收了不少学者的理论和著作，在此表示感谢。但由于时间限制加之精力有限，虽力求完美，但书中仍难免存在疏漏与不足之处，希望各专家、学者和广大读者批评指正，以使本书更加完善。

目　录

第一章　流体流动过程 ……………………………………………………………… 1

　　第一节　流体静力学基本方程式 ……………………………………………… 1

　　第二节　流体流动的基本方程式 ……………………………………………… 6

　　第三节　流体流动现象及阻力损失 …………………………………………… 12

　　第四节　流速和流量的测量 …………………………………………………… 23

第二章　非均相物系的分离 ……………………………………………………… 26

　　第一节　沉降分离 ……………………………………………………………… 26

　　第二节　过滤分离 ……………………………………………………………… 37

　　第三节　固体流态化 …………………………………………………………… 54

第三章　传热与蒸发 ……………………………………………………………… 63

　　第一节　传热原理 ……………………………………………………………… 63

　　第二节　蒸发及其设备 ………………………………………………………… 81

第四章　吸收与蒸馏 ……………………………………………………………… 91

　　第一节　吸收过程与计算 ……………………………………………………… 91

　　第二节　精馏原理与计算 ……………………………………………………… 110

第五章　干燥与萃取 ……………………………………………………………… 121

　　第一节　干燥原理与计算 ……………………………………………………… 121

　　第二节　萃取过程与设备 ……………………………………………………… 136

第六章 化工企业安全技术 ·· 146

    第一节 化工安全设计 ·· 146

    第二节 化工设备安全技术 ·· 164

    第三节 化工隐患排查与治理 ···································· 182

第七章 化工企业安全管理 ·· 212

    第一节 危险化学品管理 ·· 212

    第二节 化工企业职业健康安全 ······························ 227

    第三节 化工安全应急预案与应急救援 ·················· 241

参考文献 ·· 264

第一章　流体流动过程

第一节　流体静力学基本方程式

一、流体的密度

(一) 液体的密度

单位体积流体所具有的质量，称为流体的密度，其表达式为

$$\rho = \frac{m}{V} \tag{1-1}$$

式中：ρ ——流体的密度，kg/m^3。

m ——流体的质量，kg。

V ——流体的体积，m^3。

不同的流体密度不同。对于一定的流体，密度是压力 p 和温度 T 的函数。液体的密度随压力和温度变化很小，在研究流体的流动时，若压力和温度变化不大，可以认为液体的密度为常数。密度为常数的流体称为不可压缩流体。

流体的密度一般可在物理化学手册或有关资料中查得。

(二) 气体的密度

气体是可压缩的流体，其密度随压强和温度而变化。因此气体的密度必须标明其状态，从有关手册中查得的气体密度往往是某一指定条件下的数值，这就涉及如何将查得的密度换算为操作条件下的密度。但是在压强和温度变化很小的情况下，也可以将气体当作不可压缩流体来处理。

对于一定质量的理想气体，其体积、压强和温度之间的变化关系为：

$$\frac{pV}{T} = \frac{p'V'}{T'}$$

将密度的定义式代入并整理得

$$\rho = \rho' \frac{T'p}{Tp'} \qquad (1-2)$$

式中：p——气体的压强，Pa。

ρ——气体的密度，kg/m³。

V——气体的体积，m³。

T——气体的绝对温度，K。

上标"′"表示手册中指定的条件。

一般当压强不太高，温度不太低时，可近似按理想气体处理，根据下式来计算密度：

$$\rho = \frac{pM}{RT} \qquad (1-3a)$$

或

$$\rho = \frac{M}{22.4} \frac{T_0 p}{T_{P_0}} = \rho_0 \frac{T_0 p}{T_{P_0}} \qquad (1-3b)$$

式中：p——气体的绝对压强，kPa 或 kN/m²。

M——气体的摩尔质量，kg/kmol。

T——气体的绝对温度，K。

R——气体常数，8.314kJ/（kmol·K）。

下标"0"表示标准状态（$T_0 = 273.15K$，$\rho_0 = 101.325kPa$）。

（三）混合物的密度

化工生产中所遇到的流体往往是含有几个组分的混合物。通常手册中所列的为纯物质的密度，所以混合物的平均密度 ρ_m 需通过计算求得。

1. 液体混合物

各组分的浓度常用质量分数来表示。若混合前后各组分体积不变，则 1kg 混合液的体积等于各组分单独存在时的体积之和。混合液体的平均密度 ρ_m 为

$$\frac{1}{\rho_m} = \frac{x_{wA}}{\rho_A} + \frac{x_{wB}}{\rho_B} + \cdots + \frac{x_{wn}}{\rho_n} \qquad (1-4)$$

式中：ρ_A，ρ_B，$\cdots$，ρ_n——液体混合物中各纯组分的密度，kg/m³。

x_{wA}，x_{wB}，$\cdots$，x_{wn}——液体混合物中各组分的质量分数。

2. 气体混合物

各组分的浓度常用体积分数来表示。若混合前后各组分的质量不变，则 $1m^3$ 混合气体的质量等于各组分质量之和，即

$$\rho_m = \rho_A x_{VA} + \rho_B x_{VB} + \cdots + \rho_n x_{Vn} \tag{1-5}$$

式中：x_{VA}，x_{VB}，$\cdots$，x_{Vn} ——气体混合物中各组分的体积分数。

气体混合物的平均密度 ρ_m 也可按式（1-3a）计算，此时应以气体混合物的平均摩尔质量 M_m 代替式中的气体摩尔质量 M。气体混合物的平均分子量 M_m 可按下式求算：

$$M_m = M_A y_A + M_B y_B + \cdots + M_n y_n \tag{1-6}$$

式中：M_A，M_B，$\cdots$，M_n ——气体混合物中各组分的摩尔质量，kg/kmol。

　　　　y_A，y_B，$\cdots$，y_n ——气体混合物中各组分的摩尔分数。

二、流体的静压强

（一）静压强

流体垂直作用于单位面积上的力，称为压强，或称为静压强。其表达式为

$$p = \frac{F_v}{A} \tag{1-7}$$

式中：p ——流体的静压强，Pa。

　　　　F_v ——垂直作用于流体表面上的力，N。

　　　　A ——作用面的面积，m^2。

（二）静压强的单位

在国际单位制（SI 制）中，压强的单位是 Pa，称为帕斯卡。但习惯上还采用其他单位，如 atm（标准大气压）、某流体柱高度、bar（巴）或 kgf/cm^2 等，它们之间的换算关系为：

$1atm = 1.033 kgf/cm^2 = 760 mmHg = 10.33 mH_2O = 1.013\ 3 bar = 1.013\ 3 \times 10^5 Pa$

工程上常用的压强单位是 MPa，$1atm = 0.101\ 33 MPa$。

（三）静压强的表示方法

压强的大小常以两种不同的基准来表示：一是绝对真空，二是大气压强。以绝对真空为基准测得的压强称为绝对压强，以大气压强为基准测得的压强称为表

压或真空度。表压是由压强表直接测得的读数,按其测量原理往往是绝对压强与大气压强的差,即

$$表压 = 绝对压强 - 大气压强$$

真空度是真空表直接测量的读数,其数值表示绝对压强比大气压低多少,即

$$真空度 = 大气压强 - 绝对压强$$

三、流体静力学基本方程

流体静力学基本方程是用于描述静止流体内部,流体在重力和压力作用下的平衡规律。重力可看成不变的,起变化的是压力,所以实际上它是描述静止流体内部压力(压强)变化的规律。这一规律的数学表达式称为流体静力学基本方程,可通过下述方法推导而得。

在密度为 ρ 的静止流体中,任意划出一微元立方体,其边长分别为 dx、dy、dz,它们分别与 x、y、z 轴平行。

由于流体处于静止状态,因此所有作用于该立方体上的力在坐标轴上的投影之代数和应等于零。

对于 z 轴,作用于该立方体上的力有:

①作用于下底面的压力为 $p dx dy$。

②作用于上底面的压力为 $-\left(p + \dfrac{\partial p}{\partial z} dz\right) dx dy$。

③作用于整个立方体的重力为 $-\rho g dx dy dz$。

z 轴方向力的平衡式可写成:

$$p dx dy - \left(p + \frac{\partial p}{\partial z} dz\right) dx dy - \rho g dx dy dz = 0$$

即

$$-\frac{\partial p}{\partial z} dx dy dz - \rho g dx dy dz = 0$$

上式各项除以 $dx dy dz$,则 z 轴方向力的平衡式可简化为

$$-\frac{\partial p}{\partial z} - \rho g = 0 \tag{1-8a}$$

对于 x、y 轴,作用于该立方体的力仅有压力,亦可写出其相应的力的平衡式,简化后得

x 轴

$$-\frac{\partial p}{\partial x} = 0 \qquad (1\text{-}8\text{b})$$

y 轴

$$-\frac{\partial p}{\partial y} = 0 \qquad (1\text{-}8\text{c})$$

式（1-8a）、式（1-8b）、式（1-8c）称为流体平衡微分方程式，积分该微分方程组，可得到流体静力学基本方程式。

将式（1-8a）、式（1-8b）、式（1-8c）分别乘以 $\mathrm{d}z$、$\mathrm{d}x$、$\mathrm{d}y$，并相加后得

$$\frac{\partial p}{\partial x}\mathrm{d}x + \frac{\partial p}{\partial y}\mathrm{d}y + \frac{\partial p}{\partial z}\mathrm{d}z = -\rho g\mathrm{d}z \qquad (1\text{-}8\text{d})$$

上式等号的左侧即为压强的全微分 $\mathrm{d}p$，于是

$$\mathrm{d}p + \rho g\mathrm{d}z = 0 \qquad (1\text{-}8\text{e})$$

对于不可压缩流体，$\rho =$ 常数，积分上式，得

$$\frac{p}{\rho} + gz = 常数 \qquad (1\text{-}8\text{f})$$

液体可视为不可压缩的流体，在静止液体中取任意两点，则有

$$\frac{P_1}{\rho} + gz_1 = \frac{P_2}{\rho} + gz_2 \qquad (1\text{-}9\text{a})$$

或

$$p_2 = p_1 + \rho g(z_1 - z_2) \qquad (1\text{-}9\text{b})$$

为讨论方便，对式（1-9b）进行适当的变换，即使点 1 处于容器的液面上，设液面上方的压强为 p_0，距液面 h 处的点 2 压强为 p，式（1-9b）可改写为

$$p = p_0 + \rho g h \qquad (1\text{-}9\text{c})$$

式（1-9a）、式（1-9b）及式（1-9c）称为流体静力学基本方程式，说明在重力场作用下，静止液体内部压强的变化规律。由式（1-9c）可见：

①当容器液面上方的压强 p_0 一定时，静止液体内部任一点压强 p 的大小与液体本身的密度 ρ 和该点距液面的深度有关。因此，在静止的、连续的同一液体内，处于同一水平面上各点的压强都相等。

②当液面上方的压强 p_0 有改变时，液体内部各点的压强 p 也发生同样大小的改变。

③式（1-9c）可改写为 $\dfrac{p - p_0}{\rho g} = h$。

上式说明，压强差的大小可以用一定高度的液体柱表示。用液体高度来表示压强或压强差时，式中密度 ρ 影响其结果，因此必须注明是何种液体。

④式（1-8f）中 gz 项可以看作为 mgz/m，其中 m 为质量。这样，gz 项实质上是单位质量液体所具有的位能。p/ρ 相应的就是单位质量液体所具有的静压能。位能和静压能都是势能，式（1-8f）表明，静止流体存在着两种形式的势能——位能和静压能，在同一种静止流体中处于不同位置的流体的位能和静压能各不相同，但其总势能则保持不变。若以符号 E_p/p 表示单位质量流体的总势能，则式（1-8f）可改写为

$$\frac{E_p}{\rho} = \frac{p}{\rho} + gz = 常数$$

即

$$E_p = p + \rho gz$$

E_p 单位与压强单位相同，可理解为一种虚拟的压强，其大小与密度 ρ 有关。

虽然静力学基本方程是用液体进行推导的，液体的密度可视为常数，而气体密度则随压力而改变。但考虑到气体密度随容器高低变化甚微，一般也可视为常数，故静力学基本方程也适用于气体。

第二节　流体流动的基本方程式

一、流量与流速

（一）流量

单位时间内流过管道任一截面的流体量称为流量。若流体量用体积来计量，称为体积流量，以 V_s 表示，其单位为 m^3/s；若流体量用质量来计量，则称为质量流量，以 w_s 表示，其单位为 kg/s。

体积流量与质量流量的关系为

$$w_s = V_s \cdot \rho \tag{1-10}$$

式中：ρ——流体的密度，kg/m^3。

（二）流速

单位时间内流体在流动方向上所流经的距离称为流速。以 u 表示，其单位为 m/s。

实验表明，流体流经管道任一截面上各点的流速沿管径而变化，即在管截面中心处为最大，越靠近管壁流速将越小，在管壁处的流速为零。流体在管截面上的速度分布规律较为复杂，在工程计算中为简便起见，流体的流速通常指整个管截面上的一均流速，其表达式为

$$u = \frac{V_s}{A} \tag{1-11}$$

式中：A ——与流动方向相垂直的管道截面积，m^2。

一般管道的截面均为圆形，若以 d 表示管道内径，则

$$u = \frac{V_s}{\frac{\pi}{4}d^2} \tag{1-12}$$

流量与流速的关系为

$$w_s = V_s\rho = uA\rho \tag{1-13}$$

由于气体的体积流量随温度和压强而变化，因而气体的流速也随之而变。因此气体采用质量流速较为方便。

质量流速是单位时间内流体流过管道单位截面积的质量，以 G 表示，其表达式为

$$G = \frac{w_s}{A} = \frac{V_s\rho}{A} = u\rho \tag{1-14}$$

式中：G ——质量流速，亦称质量通量，kg/（$m^2 \cdot s$）。

必须指出，任何一个平均值都不能全面代表一个物理量的分布。式（1-12）所表示的平均流速在流量方面与实际的速度分布是等效的，但在其他方面则并不等效。

二、稳定流动与不稳定流动

在流动系统中，若各截面上流体的流速、压强、密度等有关物理量仅随位置而变化，不随时间而变，这种流动称为稳定流动。若流体在各截面上的有关物理量既随位置而变，又随时间而变，则称为不稳定流动。

化工生产中，流体流动大多为稳定流动，故非特别指出，一般所讨论的均为稳定流动。

三、连续性方程

连续性方程（Continuity Equation）设流体在管道中做连续稳定流动，从截面 1-1 流入，从截面 2-2 流出，若在管道两截面之间流体无漏损，根据质量守恒定律，从截面 1-1 进入的流体质量流量 w_{s1}，应等于从 2-2 截面流出的流体质量流量 w_{s2}，即

$$w_{s1} = w_{s2}$$

由式（1-13）得

$$u_1 A_1 \rho_1 = u_2 A_2 \rho_2 \qquad (1\text{-}15a)$$

此关系可推广到管道的任一截面，即

$$w_s = u_1 A_1 \rho_1 = u_2 A_2 \rho_2 = \cdots = uA\rho = 常数 \qquad (1\text{-}15b)$$

上式称为连续性方程。若流体不可压缩，$\rho = $ 常数，则上式可简化为

$$V_s = u_1 A_1 = u_2 A_2 = \cdots = uA = 常数 \qquad (1\text{-}15c)$$

式（1-15c）说明不可压缩流体不仅流经各截面的质量流量相等，它们的体积流量也相等。

式（1-15a）~式（1-15c）都称为管内稳定流动的连续性方程。它反映了在稳定流动中，流量一定时，管路各截面上流速的变化规律。

由于管道截面大多为圆形，故式（1-15c）又可改写成

$$\frac{u_1}{u_2} = \left(\frac{d_2}{d_1}\right)^2 \qquad (1\text{-}15d)$$

式（1-15d）表明，管内不同截面流速之比与其相应管径的平方成反比。

四、伯努利方程

在流体做一维流动的系统中，若不发生或不考虑内能的变化、无传热过程、无外功加入、不计黏性摩擦、流体不可压缩等，此时机械能是主要的能量形式。伯努利方程是管内流体机械能衡算式，机械能通常包括位能和动能，但在流体流动中静压强做功普遍存在。对管内进行机械能衡算，可以得到流体流动过程中压力、速度和液位等参数之间的关系。

通常把无黏性的流体称为理想流体，建立管内流体机械能衡算式，可通过理想流体运动方程，在一定条件下积分或由热力学第一定律推得，也可直接应用物

理学原理——外力对物体所做的功等于物体能量的增量得到。下面采用后者进行推导。

（一）理想流体的伯努利方程

取任意一段管道 1-2，压力、速度、截面积和距离基准面高度分别为 p、u、A、Z。经历瞬时 dt，该段流体流动至新的位置 1′-2′、由于时间间隔很小，流动距离很短，1 与 1′、2 与 2′ 处的速度、压力、截面积变化均可忽略不计。

1-2 段流体分别受到旁侧流体的推力 F_1 和阻力 F_2，前者与运动方向相同，后者相反，且

$$F_1 = p_1 A_1 , F_2 = p_2 A_2$$

这一对力在流体段 1-2 运动至 1′-2′ 过程中所做的功为：

$$W = F_1 u_1 t - F_2 u_2 t = p_1 A_1 u_1 t - p_2 A_2 u_2 t$$

由连续性方程

$$V_s = A_1 u_1 = A_2 u_2$$

时间 dt 内流过的流体体积

$$\overline{V} = V_s t = A_1 u_1 t = A_2 u_2 t$$

因此

$$W = p_1 \overline{V} - p_2 \overline{V} \tag{1-16}$$

式中：$p\overline{V}$——流动功，也称静压能。

该段流体的流动过程相当于将流体从 1-1′ 移至 2-2′，由于这两部分流体的速度和高度不等，动能和位能也不相等。1-1′ 和 2-2′ 处的位能和动能之和分别为：

$$E_1 = mgZ_1 + \frac{1}{2}mu_1^2$$

$$E_2 = mgZ_2 + \frac{1}{2}mu_2^2$$

能量的变化

$$\Delta E = E_2 - E_1 = \left(mgZ_2 + \frac{1}{2}mu_2^2\right) - \left(mgZ_1 + \frac{1}{2}mu_1^2\right) \tag{1-17a}$$

式中：m 为质量。根据系统内能的增量等于外力所做的功，即 $\Delta E = W$。

$$\left(mgZ_2 + \frac{1}{2}mu_2^2\right) - \left(mgZ_1 + \frac{1}{2}mu_1^2\right) = p_1 \overline{V} - p_2 \overline{V}$$

$$\frac{1}{2}mu_1^2 + mgZ_1 + p_1 \overline{V} = mgZ_2 + \frac{1}{2}mu_2^2 + p_2 \overline{V}$$

由于 1、2 两个截面是任意选取的，因此，对管段任一截面的一般式为

$$mgZ + \frac{1}{2}mu^2 + p\bar{V} = 常数 \qquad (1-17b)$$

对不可压缩流体，ρ 为常数，将 $m = \rho\bar{V}$ 代入式（1-17b）得

$$gZ + \frac{1}{2}u^2 + \frac{P}{\rho} = 常数 \qquad (1-18)$$

式（1-18）称为理想流体的伯努利方程。

（二）实际流体的机械能衡算

实际流体有黏性，管截面的速度分布是不均匀的，近壁处速度小，管中心处速度最大，因此将伯努利方程推广到实际流体时，要取管截面上的平均流速。实际流体在管道内流动时会使一部分机械能转化为热能，引起机械能的损失，称为能量损失，能量损失是由流体的内摩擦引起的，也常称阻力损失。因此必须在机械能衡算时加入能量损失项。外界也常向流体输送机械功，以补偿两截面处的总能量之差以及流体流动时的能量损失。这样，对截面 1-1 与 2-2 间做机械能衡算可得

$$gZ_1 + \frac{p_1}{\rho} + \frac{u_1^2}{2} + W_e = gZ_2 + \frac{p_2}{\rho} + \frac{u_2^2}{2} + \sum h_f \qquad (1-19a)$$

式中：W_e ——截面 1 至截面 2 之间输送设备对单位质量流体所做的有效功，J/kg。

$\sum h_f$ ——单位质量流体由截面 1 流至截面 2 的能量损失，J/kg。

（三）伯努利方程的物理意义

①式（1-18）表示理想流体在管道内做稳定流动而又没有外功加入时，在任一截面上的单位质量流体所具有的位能、动能、静压能之和为一常数，称为总机械能，其单位为 J/kg。即单位质量流体在各截面上所具有的总机械能相等，但每一种形式的机械能不一定相等，这意味着各种形式的机械能可以相互转换，但其和保持不变。

②如果系统的流体是静止的，则 $u = 0$，没有运动，就无阻力，也无外功，即 $\sum h_f = 0$，$W_e = 0$，于是式（1-18）变为

$$gZ_1 + \frac{P_1}{\rho} = gZ_2 + \frac{P_2}{\rho}$$

上式即为流体静力学基本方程。

③式（1-19a）中各项单位为 J/kg，表示单位质量流体所具有的能量。应注意 gZ、$\dfrac{u^2}{2}$、$\dfrac{p}{\rho}$ 与 W_e、$\sum h_f$ 的区别。前三项是指在某截面上流体本身所具有的能量，后两项是指流体在两截面之间所获得和所消耗的能量。

其中 W_e 是决定流体输送设备的重要数据。单位时间输送设备所做的有效功称为有效功率，以 N_e 表示，即

$$N_e = W_e w_s$$

式中：w_s——流体的质量流量，所以 N_e 的单位为 J/s 或 W。

④对于可压缩流体的流动，若两截面间的绝对压强变化小于原来绝对压强的 20%（$\dfrac{p_1 - p_2}{p_1} < 20\%$）时，伯努利方程仍适用，计算时流体密度 ρ 应采用两截面间流体的平均密度 ρ_m。

对于非定态流动系统的任一瞬间，伯努利方程式仍成立。

⑤如果流体的衡算基准不同，式（1-19a）可写成不同形式。

a. 以单位重量流体为衡算基准。将式（1-19a）各项除以 g，则得

$$Z_1 + \frac{u_1^2}{2g} + \frac{p_1}{\rho g} + \frac{W_e}{g} = Z_2 + \frac{u_2^2}{2g} + \frac{p_2}{\rho g} + \frac{\sum h_f}{g}$$

令

$$H_e = \frac{W_e}{g}, \quad H_f = \frac{\sum h_f}{g}$$

则

$$Z_1 + \frac{u_1^2}{2g} + \frac{p_1}{\rho g} + H_e = Z_2 + \frac{u_2^2}{2g} + \frac{p_2}{\rho g} + H_f \qquad (1-19\text{b})$$

上式各项的单位为 $\dfrac{\text{N} \cdot \text{m}}{\text{kg} \cdot \dfrac{\text{m}}{\text{s}^2}} = \text{N} \cdot \text{m/N} = \text{m}$，表示单位总量的流体所具有的能量。常把 Z、$\dfrac{u^2}{2g}$、$\dfrac{p}{\rho g}$ 与 H_f 分别称为位压头、动压头、静压头与压头损失，H_e 则称为输送设备对流体所提供的有效压头。

b. 以单位体积流体为衡算基准。将式（1-19a）各项乘以流体密度 ρ，则

$$Z_1 \rho g + \frac{u_1^2}{2}\rho + p_1 + W_e \rho = Z_2 \rho g + \frac{u_2^2}{2}\rho + p_2 + \rho \sum h_f \qquad (1-19\text{c})$$

上式各项的单位为 $\dfrac{N \cdot m}{kg} \cdot \dfrac{kg}{m^3} = N \cdot m/m^2 = Pa$，表示单位体积流体所具有的能量，简化后即为压强的单位。

第三节 流体流动现象及阻力损失

一、管内流体流动现象

前一节叙述了流体流动过程的连续性方程与伯努利方程。应用这些方程可以预测和计算有关流体流动过程运动参数的变化规律。但是没有叙述能量损失 $\sum h_f$。流体在流动过程中，部分能量消耗于克服流动阻力，而实际流体流动时的阻力以及在传热、传质过程中的阻力都与流动的内部结构密切相关。因此流动的内部结构是流体流动规律的一个重要方面。

（一）黏度

1. 内摩擦力

设有上下两块平行放置、面积很大而相距很近的平板，两板间充满静止的液体。若将下板固定，对上板施加一恒定的外力，使上板做平行于下板的等速直线运动。此时，紧靠上层平板的液体，因附着在板面上，具有与平板相同的速度。而紧靠下层板面的液体，也因附着于下板面而静止不动。在两平板间的液体可看成为许多平行于平板的流体层，层与层之间存在着速度差，即各液体层之间存在着相对运动。速度快液体层对其相邻的速度较慢液体层发生了一个推动其向运动方向前进的力，而同时速度慢液体层对速度快液体层也作用着一个大小相等、方向相反的力，从而阻碍较快液体层向前运动。这种运动着的流体内部相邻两流体层之间的相互作用力，称为流体的内摩擦力或黏滞力。流体运动时内摩擦力的大小，体现了流体黏性的大小。

2. 牛顿黏性定律

实验证明，对于一定的液体，内摩擦力 F 与两流体层的速度差 Δu 成正比，与两层之间的垂直距离 Δy 成反比，与两层间的接触面积 S 成正比，即

引入比例系数 μ，把以上关系写成等式：$F = \mu \dfrac{\Delta u}{\Delta y} S$

化工技术与企业安全管理探索

单位面积上的内摩擦力称剪应力，以 τ 表示；当流体在管内流动，径向速度变化不是直线关系时，则

$$\tau = \frac{F}{S} = \mu \frac{\mathrm{d}u}{\mathrm{d}y} \qquad (1-20)$$

式中：$\dfrac{\mathrm{d}u}{\mathrm{d}y}$——速度梯度，即在流动方向相垂直的 y 方向上流体速度的变化率。

μ——比例系数，称黏性系数或动力黏度，简称黏度。

此式所显示的关系，称牛顿黏性定律。

将式（1-20）改写为

$$\mu = \frac{\tau}{\dfrac{\mathrm{d}u}{\mathrm{d}y}}$$

黏度的物理意义是促使流体流动产生单位速度梯度时剪应力的大小。黏度总是与速度梯度相联系，只有在运动时才显现出来。

黏度是流体物理性质之一，其值由实验测定。温度升高，液体的黏度减小，气体的黏度增大。气体的黏度通常比液体的黏度小两个数量级。压力对液体黏度的影响很小，可忽略不计，气体的黏度，除非在极高或极低的压力下，可以认为与压力无关。

黏度的单位

$$[\mu] = \left[\frac{\tau}{\dfrac{\mathrm{d}u}{\mathrm{d}y}} \right] = \frac{\mathrm{N/m^2}}{\dfrac{\mathrm{m/s}}{m}} = \frac{\mathrm{N \cdot s}}{\mathrm{m^2}} = \mathrm{Pa \cdot s}$$

某些常用流体的黏度，可以从有关手册中查得，但查到的数据常用其他单位制表示，例如在手册中黏度单位常用 cP（厘泊）表示。P（泊）是黏度在物理单位制中的导出单位，即

$$[\mu] = \left[\frac{\tau}{\dfrac{\mathrm{d}u}{\mathrm{d}y}} \right] = \frac{\mathrm{dyn/cm^2}}{\dfrac{\mathrm{cm/s}}{\mathrm{cm}}} = \frac{\mathrm{dyn \cdot s}}{\mathrm{cm^2}} = \frac{g}{\mathrm{cm \cdot s}} = \mathrm{P}（泊）$$

黏度单位的换算关系为 $1\mathrm{cP} = 0.01\mathrm{P} = 0.001\mathrm{Pa \cdot s}$。

运动黏度流体的黏性还可用黏度 μ 与密度 ρ 的比值来表示。这个比值称为运动黏度，以 v 表示，即

$$v = \frac{\mu}{\rho} \qquad\qquad (1-21)$$

运动黏度在法定单位制中的单位为 m²/s；在物理制中的单位为 cm²/s，称为斯托克斯，以 St 表示，$1St = 100cSt = 10^{-4}m^2/s$。

在工业生产中常遇到各种流体的混合物。对混合物的黏度，如缺乏实验数据时，可参阅有关资料，选用适当的经验公式进行估算。

3. 牛顿型流体

服从牛顿黏性定律的流体，称为牛顿型流体，所有气体和大多数液体都属于这一类。不服从牛顿黏性定律的流体称为非牛顿流体。接下来先讨论牛顿型流体。

（二）流动类型与雷诺准数

流体流动存在两种不同形态，假设在一个水箱内，水面下安装一个带喇叭形进口的玻璃管。管下游装有一个阀门，利用阀门的开度调节流量。在喇叭形进口处中心有一根针形小管，自此小管流出一丝有色水流，其密度与水几乎相同。

当水的流量较小时，玻璃管水流中出现一丝稳定而明显的着色直线。随着流速逐渐增加，起先着色线仍然保持平直光滑，当流量增大到某临界值时，着色线开始抖动、弯曲，继而断裂，最后完全与水流主体混在一起，无法分辨，而整个水流也就染上了颜色。

雷诺实验虽然简单，但却揭示出一个极为重要的事实，即流体流动存在着两种截然不同的流型。在前一种流型中，流体质点做直线运动，即流体分层流动，层次分明，彼此互不混杂，故才能使着色线流保持着线形。这种流型被称为层流或滞流。在后一种流型中流体在总体上沿管道向前运动，同时还在各个方向做随机的脉动，正是这种混乱运动使着色线抖动、弯曲以至断裂冲散。这种流型称为湍流或紊流。

不同的流型对流体中的质量传递、热量传递将产生不同的影响。为此，工程设计上需事先判定流型。对管内流动而言，实验表明流动的几何尺寸（管径 d）、流动的平均速度 u 及流体性质（密度 ρ 和黏度 μ）对流型的转变有影响。雷诺发现，可以将这些影响因素综合成一个无因次数群 $\rho du/\mu$ 作为流型的判据，此数群被称为雷诺数，以符号 Re 表示。

雷诺指出：

①当 $Re \leqslant 2\,000$ 时，必定出现层流，此为层流区。

②当 $2\,000 < Re < 4\,000$ 时，有时出现层流，有时出现湍流，依赖于环境，此

为过渡区。

③当 $Re \geq 4\,000$ 时，一般都出现湍流，此为湍流区。

当 $Re \leq 2\,000$ 时，任何扰动只能暂时地使之偏离层流，一旦扰动消失，层流状态必将恢复。因此 $Re \leq 2\,000$ 时，层流是稳定的。

当 Re 数超过 $2\,000$ 时，层流不再是稳定的，但是否出现湍流，取决于外界的扰动。如果扰动很小，不足以使流型转变，则层流仍然能够存在。

$Re \geq 4\,000$ 时，则微小的扰动就可以触发流型的转变，因而一般情况下总出现湍流。

根据 Re 的数值将流动划为三个区：层流区、过渡区及湍流区，但只有两种流型。过渡区不是一种过渡的流型，它只表示在此区内可能出现层流也可能出现湍流。工程上一般按照湍流处理。

(三) 圆管内层流流动速度分布及压降

在充分发展的水平管内对不可压缩流体的稳态流动做力的平衡计算，得到管内流动的剪应力和速度的分布规律。

1. 剪应力分布

由于圆管的轴对称性，圆管内各点速度只取决于径向位置。以管轴为中心，任取一半径为 r ，长度为 $\mathrm{d}L$ 的圆盘微元，上下游圆盘端面处的压强分别为 p 和 $(p+\mathrm{d}p)$ 。

在流动方向上，微元所受各力分别为：

圆盘端面上的压力分别为：$F_1 = \pi r^2 p$ ，$F_2 = \pi r^2 (p+\mathrm{d}p)$

外表面上的剪应力为：$F = (2\pi r \mathrm{d}L)\tau_r$

由于流体在均匀直管内沿水平方向做匀速运动，各外力之和必为零。

即 $\pi r^2 p - \pi r^2 (p+\mathrm{d}p) - (2\pi r \mathrm{d}L)\tau_r = 0$

简化此方程可得

$$\frac{\mathrm{d}p}{\mathrm{d}L} + \frac{2\tau_r}{r} = 0 \qquad (1-22)$$

对于稳态流动无论是层流还是湍流，任何管截面间的压差与 r 无关。当 $r = R$ 时，有

$$\frac{\mathrm{d}p}{\mathrm{d}L} + \frac{2\tau_w}{R} = 0 \qquad (1-23)$$

其中，τ_w 为管内壁处的剪应力，由方程式（1-22）、式（1-23）可得

$$\tau_r = \frac{\tau_w}{R}r \qquad (1-24)$$

当 $r=0$，即管中心处由于轴对称，不存在速度梯度，所以 $\tau_r = 0$。

因此，剪应力 τ_r 和 r 成正比关系，在管中心 $r=0$ 处，$\tau_r = 0$；在管壁 $r=R$ 处，τ_r 达到最大值 τ_w。由推导过程可知，剪应力分布与流体种类、层流和湍流无关，对于层流流动、湍流流动以及牛顿与非牛顿流体都适用。

2. 速度分布

对于牛顿型流体，层流流动时剪应力和速度梯度的关系服从牛顿黏性定律，将黏度的定义式 $\tau_r = -\mu\dfrac{\mathrm{d}u_r}{\mathrm{d}r}$ 代入方程式（1-24），可得

$$\mathrm{d}u_r = -\frac{\tau_w}{\mu R}r\mathrm{d}r$$

利用管壁处流体速度为零的边界条件（$r=R$，$u_r=0$），积分上式，可得圆管内层流速度分布为

$$u_r = \frac{\tau_w}{2\mu R}(R^2 - r^2) \qquad (1-25)$$

将管中心处 $r=R$，$u_r=u_{\max}$ 代入上式，可得最大流速为

$$u_{\max} = \frac{\tau_w}{2\mu R}R^2 = \frac{\tau_w R}{2\mu} \qquad (1-26)$$

式（1-25）与式（1-26）相比可得

$$\frac{u_r}{u_{\max}} = 1 - \left(\frac{r}{R}\right)^2 \qquad (1-27)$$

式（1-27）表明，圆管截面层流时的速度分布为顶点在管中心的抛物线。

3. 平均速度

将式（1-27）代入平均速度的表达式中可得

$$u = \frac{\int_A u_r\mathrm{d}A}{A} = \frac{u_{\max}\int_0^R\left[1-\left(\frac{r}{R}\right)^2\right]2\pi r\mathrm{d}r}{\pi R^2} = \frac{1}{2}u_{\max} \qquad (1-28)$$

即管内做层流流动时，平均速度为管中心最大速度的一半。

4. 压降

实际流体在流动过程中截面压强会发生变化，上、下游截面间的压强差常称

为压降，对式（1-23）进行积分，可得长度为 l 的水平直管段的压降为

$$\Delta p = \frac{2\tau_w l}{R} \qquad (1\text{-}29)$$

由式（1-29）可得最大剪应力的表达式

$$\tau_w = \frac{2\mu u_{\max}}{R} \qquad (1\text{-}30)$$

将其代入式（1-29）中，并利用 $u = 0.5u_{\max}$、$d = 2R$ 可得

$$\Delta p = \frac{32\mu l u}{d^2} \qquad (1\text{-}31)$$

式（1-31）称为哈根-泊肃叶公式。

（四）圆管内湍流流动的速度分布及流动阻力

1. 湍流的基本特征

湍流的基本特征是出现了速度的脉动。流体在管内做湍流流动时，流体质点在沿管轴流动的同时还做着随机的脉动，空间任一点的速度（包括方向及大小）都随时变化。平均值 $\overline{u_x}$ 是指在时间间隔 T 内流体质点经过点 i 的瞬时速度的平均值，称为时均速度，即

$$\overline{u_x} = \frac{1}{T}\int_0^T u_x \mathrm{d}t \qquad (1\text{-}32)$$

在稳定流动系统中，这一时均速度不随时间而改变。实际的湍流流动是在一个时均流动上叠加一个随机的脉动量。

层流时，流体只有轴向速度而无径向速度；然而在湍流时出现了径向的脉动速度，虽然其时间平均值为零，但加速了径向的动量、热量和质量的传递。

2. 速度分布

湍流时的速度分布目前还不能完全利用理论推导求得。由于流体质点的径向脉动和混合，导致截面上速度趋于均匀，当 Re 数值越大，速度分布曲线顶部越平坦，但靠管壁处的速度骤然下降，曲线较陡。

由于湍流时截面速度分布比层流时均匀得多，因此平均流速比层流更接近于管中心最大流速，约为最大流速的 0.8 倍，即 $u \approx 0.8u_{\max}$。

即使湍流时，管壁处的流体速度也等于零，而靠近管壁的流体仍做层流流动，这一流体薄层称层流底。管内流速越大，层流底层就越薄，流体黏度越大，层流底层就越厚。湍流主体与层流底层之间存在着过渡层。

3. 流体在直管内的流动阻力

流体在直管内流动时，流型不同，流动阻力所遵循的规律也不相同。层流时，流动阻力是内摩擦力引起的。对牛顿型流体，内摩擦力大小服从牛顿黏性定律。湍流时，流动阻力除了内摩擦力外，还由于流体质点的脉动产生了附加的阻力。因此总的摩擦应力不再服从牛顿黏性定律，如仍希望用牛顿黏性定律的形式来表示，则应写成：

$$\tau = (\mu + \mu_e) \frac{\mathrm{d}u}{\mathrm{d}y} \tag{1-33}$$

式中：μ_e——涡流黏度，其单位与黏度 μ 的单位一致。涡流黏度不是流体的物理性质，而是与流体流动状况有关的系数。

二、流体流动的阻力损失

管路系统主要由直管和管件组成。管件包括弯头、三通、短管、阀门等。直管和管件都对流动有一定的阻力，消耗一定的机械能。直管造成的机械能损失称为直管阻力损失（或称沿程阻力损失），是由于流体内摩擦而产生的。管件造成的机械能损失称为局部阻力损失，主要是流体流经管件、阀门及管截面的突然扩大或缩小等局部地方所引起的。在运用伯努利方程时，应先分别计算直管阻力和局部阻力损失的数值，然后进行加和。

（一）层流时直管阻力损失计算

流体在均匀直管中做稳定流动时，若 1、2 两截面间未加入机械能，由伯努利方程可知，流体的能量损失为

$$h_f = (gZ_1 - gZ_2) + \frac{p_1 - p_2}{\rho} + \left(\frac{u_1^2 - u_2^2}{2} \right) \tag{1-34}$$

对于均匀直管 $u_1 = u_2$，可知

$$h_f = \left(gZ_1 + \frac{p_1}{\rho} \right) - \left(gZ_2 + \frac{p_2}{\rho} \right) = \frac{E_{p1} - E_{p2}}{\rho} \tag{1-35}$$

即阻力损失表现为流体势能的降低，即 $\Delta E_p / \rho$。若为水平管路 $Z_1 = Z_2$，只要测出两截面上的静压能，就可以知道两截面间的能量损失。

$$h_f = \frac{p_1 - p_2}{\rho}$$

将哈根–泊肃叶公式代入上式，则能量损失为：

$$h_f = \frac{\Delta p}{\rho} = \frac{32\mu l u}{\rho d^2} \tag{1-36}$$

将式（1-36）改写为直管能量损失计算的一般方程式：

$$h_f = \left[\frac{64}{du\rho}\right]\left(\frac{l}{d}\right)\left(\frac{u^2}{2}\right)$$

令

$$\lambda = \frac{64}{Re} \tag{1-37}$$

则

$$h_f = \lambda \frac{l}{d} \frac{u^2}{2} \tag{1-38}$$

式（1-38）称为直管阻力损失的计算通式，称为范宁公式，对于层流和湍流均适用。其中 λ 称为摩擦系数，层流时 $\lambda = \frac{64}{Re}$。

（二）湍流时直管阻力损失计算

湍流时由于情况复杂得多，未能得出摩擦系数 λ 的理论计算式，但可以通过实验研究，获得经验的计算式。这种实验研究方法是化工中常用的方法。

1. 管壁粗糙度对 λ 的影响

管壁粗糙面凸出部分的平均高度，称绝对粗糙度，以 ε 表示。绝对粗糙度与管内径 d 之比值 ε/d 称相对粗糙度。

层流流动时，管壁上凹凸不平的地方都被平稳流动着的流体层所覆盖。由于流体流速较慢，对管壁凸出部分没有什么碰撞作用，所以粗糙度对 λ 值无影响。

湍流流动时，靠近壁面处存在着一厚度为 δ_b 的层流底层，当 Re 较小时，层流底层的厚度 δ_b 大于壁面的绝对粗糙度 ε，粗糙度对 λ 值也无影响，流体如同流过光滑管壁（$\varepsilon = 0$），这种情况称为光滑管流动。随着 Re 值增加，层流底层的厚度变薄，当管壁凸出处部分地暴露在层流底层之外的湍流区域时，流动的流体冲击凸起处时，引起旋涡，使能量损失增大。Re 一定时，管壁粗糙度越大，能量损失也越大。当 Re 增大到一定程度，层流底层薄得足以使表面的凸起完全暴露在湍流主体中，则流动称为完全湍流。

实验研究的基本步骤如下：

（1）析因实验——寻找影响过程的主要因素

对所研究的过程做初步的实验和经验的归纳，尽可能地列出影响过程的主要因素。

对于湍流时直管阻力损失 h_f ，经分析和初步实验获知影响因素为：

流体性质：密度 ρ 、黏度 μ 。

流动的几何尺寸：管径 d 、管长 l 、管壁粗糙度 ε （管内壁表面高低不平）。

流动条件：流速 u 。

于是待求的关系式应为

$$h_f = f(d,\ l,\ \mu,\ \rho,\ u,\ \varepsilon) \tag{1-39}$$

（2）规划实验——减少实验工作量

依靠实验方法求取上述关系时需要多次改变一个自变量的数值，测取 h_f 的值而其他自变量保持不变。这样，自变量个数越多，所需的实验次数急剧增加。为减少实验工作量，需要在实验前进行规划，包括应用正交设计法、因次分析法等，以尽可能减少实验次数。因次分析法是通过将变量组合成无因次数群，从而减少实验自变量的个数，大幅度地减少实验次数，因此在化工上广为应用。

因次分析法的基础是，任何物理方程的等式两边或方程中的每一项均具有相同的因次，此称为因次和谐或因次一致性。从这一基本点出发，任何物理方程都可以转化成无因次形式。

以层流时的阻力损失计算式为例，结合式（1-36），不难看出，式（1-39）可以写成如下形式：

$$\left(\frac{h_f}{u^2}\right) = 32\left(\frac{l}{d}\right)\left(\frac{\mu}{du\rho}\right) \tag{1-40}$$

式中：每一项都为无因次项，称为无因次数群。

换言之，未做无因次处理前，层流时阻力的函数形式为

$$h_f = f(d,\ l,\ \mu,\ \rho,\ u) \tag{1-41}$$

做无因次处理后，可写为

$$\left(\frac{h_f}{u^2}\right) = \varphi\left(\frac{du\rho}{\mu},\ \frac{l}{d}\right) \tag{1-42}$$

对照式（1-39）与式（1-40），不难推测，湍流时的式（1-39）也可写成如下的无因次形式：

$$\left(\frac{h_f}{u^2}\right) = \varphi\left(\frac{du\rho}{\mu},\ \frac{l}{d},\ \frac{\varepsilon}{d}\right) \tag{1-43}$$

式中：$du\rho$ ——雷诺数（Re）。

$\dfrac{\varepsilon}{d}$ ——相对粗糙度。

（3）数据处理

化学工程中通常以幂函数逼近待求函数，如式（1-43）可写成如下形式：

$$\left(\frac{h_f}{u^2}\right) = K\left(\frac{du\rho}{\mu}\right)^{n_1}\left(\frac{\varepsilon}{d}\right)^{n_2}\left(\frac{l}{d}\right)^{n_3} \tag{1-44}$$

写成上式后，实验的任务就简化为确定参数 K、n_1、n_2 和 n_3。

（4）采用线性方法确定参数

幂函数很容易转化成线性。将式（1-40）两端取对数，得

$$\lg\left(\frac{h_f}{u^2}\right) = \lg K + n_1\lg\left(\frac{du\rho}{\mu}\right) + n_2\lg\left(\frac{\varepsilon}{d}\right) + n_3\lg\left(\frac{l}{d}\right) \tag{1-45}$$

在 ε/d 和 l/d 固定的条件下，将 h_f/u^2 和 $du\rho/\mu$ 的实验值在双对数坐标纸上标绘，若所得为一直线，则证明待求函数可以用幂函数逼近，该直线的斜率即为 n_1。同样地，可以确定 n_2 和 n_3 的数值。常数 K 可由直线的截距求出。

如果所标绘的不是一条直线，表明在实验的范围内幂函数不适用。但是仍然可以分段近似地取为直线，即以一条折线近似地代替曲线。对于每一个折线段，幂函数仍可适用。

因此，对于无法用理论解析方法解决的问题，可以通过上述四个步骤利用实验予以解决。

2. 因次分析法

因次分析法的基本定理是 π 定理：设影响该现象的物理量数为 n 个，这些物理量的基本因次数为 m 个，则该物理现象可用 $N = n - m$ 个独立的无因次数群关系式表示，这类无因次数群称为准数。

由式（1-39）可知湍流时直管内的摩擦阻力的关系式为：

$$\Delta p = f(d,\ l,\ u,\ \rho,\ \mu,\ \varepsilon)$$

将式（1-39）写成幂函数形式

$$\Delta_P = K d^a l^b u^c \rho^d \mu^e \varepsilon^f \tag{1-46}$$

式中：系数 K 及各指数 a、b、…都待决定。

将各物理量的因次代入式（1-39），得

$$ML^{-1}\theta^{-2} = L^a L^b (L\theta^{-1})^c (ML^{-3})^d (ML^{-1}\theta^{-1})^e L^f$$

即

$$ML^{-1}\theta^{-2} = M^{d+e}L^{a+b+c-3d-e+f}\theta^{-c-e}$$

将 a、c、d 值代入式（1-46），得

$$\Delta p = Kd^{-b-e-f}l^b u^{2-e}\rho^{1-e}\mu^e\varepsilon^f$$

将指数相同的物理量合并，即得

$$\frac{\Delta p}{\rho u^2} = K\left(\frac{l}{d}\right)^b\left(\frac{du\rho}{\mu}\right)^{-e}\left(\frac{\varepsilon}{d}\right)^f \tag{1-47}$$

通过因次分析法，由函数式（1-39）变成无因次数群式（1-47）时，变量数减少了三个，从而可简化实验。$\Delta p/\rho u^2$ 称为欧拉数，它是机械能损失和动能之比。

3. 湍流直管阻力损失的经验式

对均匀水平直管，实验得 Δp 与 l 成正比，故式（1-47）可写成如下形式：

$$\frac{\Delta p}{\rho} = 2K\varphi\left(Re, \frac{\varepsilon}{d}\right)\left(\frac{l}{d}\right)\left(\frac{u^2}{2}\right) \tag{1-48}$$

或

$$h_f = \frac{\Delta p}{\rho} = \varphi\left(Re, \frac{\varepsilon}{d}\right)\left(\frac{l}{d}\right)\frac{u^2}{2} = \lambda\frac{l}{d}\frac{u^2}{2} \tag{1-49}$$

上式即式（1-38），对于湍流

$$\lambda = \varphi\left(Re, \frac{\varepsilon}{d}\right) \tag{1-50}$$

λ 与 Re 和 ε/d 的关系由实验确定，其结果可绘制成图或表示成函数的形式。数 λ 的值，湍流流动直管阻力损失也可以通过式（1-49）范宁公式进行计算。

（三）局部阻力损失

各种管件都会产生阻力损失。与直管阻力的沿程均匀分布不同，这种阻力损失集中在管件所在处，因而称为局部阻力损失。流体流经阀门、弯头、三通和异径管等管件时，由于流道的急剧变化而产生边界层分离，产生的大量旋涡消耗了机械能。

下面以管路直径突然扩大或缩小来说明。流道突然扩大，下游压强上升，流体在逆压强梯度下流动，极易发生边界层分离而产生旋涡。流道突然缩小时，流体在顺压强梯度下流动，不会发生边界层脱体现象。因此，在收缩部分不发生明显的阻力损失。但流体有惯性，流道将继续收缩，然后流道重又扩大。这时，流

体转而在逆压强梯度下流动，也就产生边界层分离和旋涡。

其他管件，如各种阀门都会由于流道的急剧改变而发生类似现象，造成局部阻力损失。

局部阻力损失的计算有两种近似的方法：阻力系数法及当量长度法。

1. 阻力系数法

近似认为局部阻力损失服从平方定律，即

$$h_f = \zeta \frac{u^2}{2} \qquad (1-51)$$

式中：ζ ——管件及阀件的阻力系数。

2. 当量长度法

近似认为局部阻力损失可以相当于某个长度的直管的损失，即

$$h_f = \lambda \frac{l_e}{d} \frac{u^2}{2} \qquad (1-52)$$

式中：l_e ——管件及阀件的当量长度，由实验测得。

必须注意，对于扩大和缩小，式（1-51）、式（1-52）中的 u 是用小管截面计算得到的平均速度。

显然，式（1-51）与式（1-52）两种计算方法所得结果不会一致，它们都是近似的估算值。

实际应用时，长距离输送以直管阻力损失为主，车间管路则往往以局部阻力损失为主。

第四节　流速和流量的测量

一、测速管

测速管又名皮托管。皮托管由两根同心圆管组成，内管前端敞开，管口截面（4点截面）垂直于流动方向并正对流体流动方向。外管前端封闭，但管侧壁在距前端一定距离处四周开有一些小孔，流体在小孔旁流过（B）。内、外管的另一端分别与 U 形压差计的接口相连，并引至被测管路的管外。

由皮托管测得的是点速度。管内流体流量则可根据截面速度分布用积分法求

得。对于圆管，速度分布规律已知，因此，可测量管中心的最大流速 u_{max} ，然后根据平均流速与最大流速的关系，求出截面的平均流速，进而求出流量。

为保证皮托管测量的精确性，安装时要注意：

①要求测量点前、后段有一约等于管路直径 50 倍长度的直管距离，最少也应在 8~12 倍。

②必须保证管口截面严格垂直于流动方向。

③皮托管直径应小于管径的 1/50，最少也应小于 l/15。

皮托管的优点是阻力小，适用于测量大直径气体管路内的流速；缺点是不能直接测出平均速度，且 U 形压差计压差读数较小。

二、孔板流量计

（一）孔板流量计的结构

在管路里垂直插入一片中央开有圆孔的板，圆孔中心位于管路中心线上，即构成孔板流量计。板上圆孔经精致加工，其侧边与管轴成 45°角，称锐孔，板称为孔板。

（二）测量原理

流体流到锐孔时，流动截面收缩，流过孔口后，由于惯性作用，流动截面还要继续收缩一定距离后才逐渐扩大到整个管截面。流动截面最小处称为缩脉。流体在缩脉处的流速最大，即动能最大，而相应的静压能就最低。因此，当流体以一定流量流过小孔时，就产生一定的压强差，流量越大，所产生的压强差也就越大。所以可利用压强差的方法来度量流体的流量。

从孔板流量计的测量原理可知，孔板流量计只能用于测定流量，不能测定速度分布。

（三）安装

在安装位置的上、下游都要有一段内径不变的直管。通常要求上游直管长度为管径的 50 倍，下游直管长度为管径的 10 倍。若较小时，则这段长度可缩短至 5 倍。

孔板流量计是一种简便且易于制造的装置，在工业上广泛使用，其系列规格可查阅有关手册。其主要缺点是流体经过孔板的阻力损失较大，且孔口边缘容易磨损和磨蚀，因此对孔板流量计需定期进行校正。

三、文丘里流量计

为了减少流体流经上述孔板的阻力损失，可以用一段渐缩管、一段渐扩管来代替孔板，这样构成的流量计称为文丘里（Venturi）流量计。

文丘里流量计的收缩管一般制成收缩角为 15°~25°；扩大管的扩大角为 5°~7°。文丘里流量计的主要优点是能耗少，大多用于低压气体的测量。

四、转子流量计

（一）转子流量计的结构

转子流量计是在一根截面积自下而上逐渐扩大的垂直锥形玻璃管内，装有一个能够旋转自如的由金属或其他材质制成的转子（或称浮子）。被测流体从玻璃管底部进入，从顶部流出。

（二）测量原理

当流体自下而上流过垂直的锥形管时，转子受到两个力的作用：一是垂直向上的推动力，它等于流体流经转子与锥管间的形环截面所产生的压力差；二是垂直向下的净重力，它等于转子所受的重力减去流体对转子的浮力。当流量加大使压力差大于转子的净重力时，转子就上升；当流量减小使压力差小于转子的净重力时，转子就下沉；当压力差与转子的净重力相等时，转子处于平衡状态，即停留在一定位置上。在玻璃管外表面上刻有读数，根据转子的停留位置，即可读出被测流体的流量。

（三）刻度换算和测量范围

通常转子流量计出厂前，均用20℃的水或20℃、$1.013 \times 10^5 Pa$ 的空气进行标定，直接将流量值刻于玻璃管上。当被测流体与上述条件不符时，应做刻度换算。

转子流量计的优点：能量损失小，读数方便，测量范围宽，能用于腐蚀性流体。缺点：玻璃管易于破损，安装时必须保持垂直并需安装支路以便于检修。

第二章　非均相物系的分离

第一节　沉降分离

一、沉降分离概述

沉降技术主要用于非均相混合物的分离，即不同形态或不同物质之间有明显界面的系统的分离。

非均相物系包括气固体系、液固体系、气液体系、液液体系等。分离非均相物系的主要方法有沉降和过滤分离技术。

非均相物系的分离主要用于回收有用物质、净化分散介质和除去废液及废气中的有害物质等。

沉降，主要是利用被分离物质之间的密度差异进行分离。

二、重力沉降

在重力场中进行的沉降过程称为重力沉降。

（一）球形颗粒的自由沉降

1. 沉降过程

（1）沉降颗粒受力分析

将一个表面光滑的刚性球形颗粒置于静止的流体中，若颗粒的密度大于流体的密度，则颗粒所受重力大于浮力，颗粒将在流体中沉降。此时颗粒受到三个力的作用，即阻力 F_d、浮力 F_b 和重力 F_g。对于一定的流体和颗粒，阻力随颗粒的沉降速度而变，而重力和浮力是恒定的。

若颗粒的密度为 ρ_p，直径为 d_p，流体的密度为 ρ，则颗粒所受的三个力为

重力

$$F_g = \frac{\pi}{6}d_p^3\rho_p g \tag{2-1}$$

浮力

$$F_b = \frac{\pi}{6}d_p^3\rho g \tag{2-2}$$

阻力

$$F_d = \xi A \frac{\rho u^2}{2} \tag{2-3}$$

式中：ξ——阻力系数，无因次。

A——颗粒在垂直于其运动方向的平面上的投影面积，$A = \dfrac{\pi d_p^2}{4}$，m^2。

u——颗粒相对于流体的降落速度，m/s。

ρ_p、ρ——颗粒和流体的密度，kg/m^3。

d_p——颗粒直径，m。

在静止流体中，颗粒的沉降速度一般经历加速和匀速两个阶段。颗粒开始沉降的瞬间，初速度为零，使得阻力为零，加速度为最大值。颗粒开始沉降后，阻力随速度的增加而加大，加速度则相应减小；当速度达到某一值时，阻力、浮力与重力平衡，颗粒所受合力为零，加速度为零，颗粒的速度不再变化，开始做匀速沉降运动。

（2）沉降的加速阶段

根据牛顿第二运动定律可知，上述三力的合力应等于颗粒的质量与其加速度的乘积，即

$$F_g - F_b - F_d = m\frac{du}{dt} \tag{2-4}$$

或

$$\frac{\pi}{6}d_p^3\rho_p g - \frac{\pi}{6}d_p^3\rho g - \xi A \frac{\rho u^2}{2} = m\frac{du}{dt} \tag{2-5}$$

式中：m——颗粒的质量，kg。

du/dt——加速度，m/s^2。

t——时间，s。

由于小颗粒的比表面积很大，颗粒与流体间的接触面积很大，颗粒开始沉降

后，在极短的时间内阻力便与颗粒所受的净重力接近平衡。因此，颗粒沉降时加速阶段时间很短，对整个沉降过程来说往往可以忽略。

（3）沉降的匀速阶段

此阶段中颗粒相对于流体的运动速度 u_t 称为沉降速度，由于该速度是加速段终了时颗粒相对于流体的运动速度，故又称为"终端速度"，也称为自由沉降速度。从式（2-5）可得出沉降速度的表达式。当加速度为零时，$u = u_t$，则

$$u_t = \sqrt{\frac{4d_p(\rho_p - \rho)g}{3\zeta\rho}} \tag{2-6}$$

式中：u_t——颗粒的自由沉降速度，m/s。

2. 沉降速度的计算

（1）阻力系数 ξ

首先需要确定阻力系数 ξ 值，才能用式（2-6）计算沉降速度。根据因次分析，ξ 是颗粒与流体相对运动时雷诺准数 Re_t 的函数。

$$Re_t = \frac{d_p u_t \rho}{\mu}$$

式中：μ——流体的黏度，Pa·s。

对球形颗粒（φ_s），曲线按 Re_t 值大致分为三个区域，各区域内的曲线可分别用以下相应的关系式表达。

①滞流区或斯托克斯（Stokes）定律区

Re_t 非常低时（$10^{-4} < Re_t < 1$），流体的流动称为爬流（又称蠕动流），可以推出流体对球形颗粒的阻力为

$$F_d = 3\pi u_t \mu d_p \tag{2-7}$$

式（2-7）称为斯托克斯定律，此区域称为滞流区或斯托克斯定律区。与式（2-3）比较可得

$$\zeta = \frac{24}{Re_t} \tag{2-8}$$

②过渡区或艾仑（Allen）定律区（$1 < Re_t < 10^3$）

$$\zeta = \frac{18.5}{Re_t^{0.6}} \tag{2-9}$$

③湍流区或牛顿（Newton）定律区（$103 < Re_t < 2 \times 10^5$）

$$\zeta = 0.44 \tag{2-10}$$

（2）沉降速度

将式（2-8）、式（2-9）及式（2-10）分别代入式（2-6），便可得到球形颗粒在相应各区的沉降速度公式：

滞流区

$$u_t = \frac{d_p^2(\rho_p - \rho)g}{18\mu} \qquad (2-11)$$

过渡区

$$u_t = 0.27\sqrt{\frac{d_p(\rho_p - \rho)g}{\rho}Re_t^{0.6}} \qquad (2-12)$$

湍流区

$$u_t = 1.74\sqrt{\frac{d_p(\rho_p - \rho)g}{\rho}} \qquad (2-13)$$

球形颗粒在流体中的沉降速度，可根据不同流型分别选用上述三式进行计算。式（2-11）、式（2-12）及式（2-13）分别称为斯托克斯公式、艾仑公式和牛顿公式。由于沉降操作中涉及的颗粒直径都较小，操作通常处于滞流区，所以斯托克斯公式应用较多。

3. 沉降速度的影响因素

沉降速度由颗粒特性（ρ_p、形状、大小及运动的方向）、流体特性（ρ、μ）及沉降环境等综合因素所决定。

上面得到的式（2-11）~式（2-13）是表面光滑的刚性球形颗粒在流体中做自由沉降时的速度计算式。自由沉降是指在沉降过程中，任一颗粒的沉降不因其他颗粒的存在而受到干扰。单个颗粒在大空间中的沉降或气态非均相物系中颗粒的沉降都可视为自由沉降。相反地，如果分散相的体积分数较高，颗粒间有明显的相互作用，容器壁面对颗粒沉降的影响不可忽略，这时的沉降称为干扰沉降或受阻沉降。液态非均相物系中，当分散相浓度较高时，往往发生干扰沉降。在实际沉降操作中，沉降速度受以下因素的影响。

（1）颗粒的最小尺寸

上述自由沉降速度的公式不适用于非常细小的颗粒（如小于 0.5mm）的沉降计算，这是因为流体分子热运动使得颗粒发生布朗运动。当 $Re_t > 10^{-4}$ 时，布朗运动的影响可不考虑。

（2）颗粒的体积浓度

当颗粒的体积浓度小于0.2%时，前述各种沉降速度关系式的计算偏差在1%以内。当颗粒浓度较高时，由于颗粒间相互作用明显，便发生干扰沉降。

（3）颗粒形状的影响

同一种固体物质，球形或近球形颗粒比同体积的非球形颗粒的沉降要快一些。

相同 Re_t 下，颗粒的球形度越小，阻力系数 ζ 越大，但 φ_s 值对 ζ 的影响在滞流区内并不显著。随着 Re_t 的增大，这种影响逐渐变大。

（4）器壁效应

容器的壁面和底面会对沉降的颗粒产生曳力，使颗粒的实际沉降速度低于自由沉降速度。当容器尺寸远远大于颗粒尺寸时（如100倍以上），器壁效应可以忽略，否则，应考虑器壁效应对沉降速度 u_t 的影响。在斯托克斯定律区，器壁对沉降速度的影响可用下式修正：

$$u'_t = \frac{u_t}{1 + 2.1 \dfrac{d_p}{D}} \qquad (2-14)$$

式中：u'_t——颗粒的实际沉降速度，m/s；

$\quad\quad D$——容器的直径，m。

（5）流体的黏度

在湍流区内，流体黏性对沉降速度无明显影响，而流体在颗粒后半部出现的边界层分离所引起的形体阻力占主要地位。在滞流区内，由流体黏性引起的表面摩擦力占主要地位。在过渡区，表面摩擦阻力和形体阻力都不可忽略。当雷诺准数 Re_t 超过 2×10^5 时，出现湍流边界层，此时边界层分离的现象减弱，所以阻力系数 ζ 突然下降，但在实际沉降操作中很少能达到这个区域。

4. 沉降速度的计算方法

在给定介质中颗粒的沉降速度可采用下述三种方法计算。

（1）试差法

由式（2-11）、式（2-12）及式（2-13）计算沉降速度 u_t 时，首先需要根据雷诺准数 Re_t 值判断流型，才能选用相应的计算公式。但 Re_t 中含有待求的沉降速度 u_t，所以，沉降速度的计算需采用试差法，即先假设沉降属于某一流型（如滞流区），选用与该流型相对应的沉降速度公式计算 u_t，然后用求出的 u_t 计

算 Re_t 值，检验是否在原假设的流型区域内。如果与原假设一致，则计算的 u_t 有效。否则，按计算的 Re_t 值所确定的流型，另选相应的计算公式求 u_t，直到用 u_t 的计算值算出的值与选用公式的 Re_t 值范围相符为止。

（2）摩擦数群法

为避免试差，可使其两个坐标轴之一变成不包含 u_t 的无因次数群，进而便可求得 u_t。

由式（2-6）可得

$$\zeta = \frac{4gd_p(\rho_p - \rho)}{3u_t^2\rho} \tag{2-15}$$

又因为

$$Re_t^2 = \frac{d_p^2 u_t^2 \rho^2}{\mu^2}$$

上两式相乘可消去 u_t，即

$$\zeta Re_t^2 = \frac{4gd_p^3\rho(\rho_p - \rho)}{3\mu^2} \tag{2-16}$$

再令

$$K = d_p \sqrt[3]{\frac{\rho(\rho_p - \rho)g}{\mu^2}} \tag{2-17}$$

得到

$$\zeta Re_t^2 = \frac{4}{3}K^3 \tag{2-18}$$

若要计算介质中具有某一沉降速度 u_t 的颗粒的直径，可用 ζ 与 Re_t^{-1} 相乘，得到一不含颗粒直径 d_p 的无因次数群 ζRe_t^{-1}：

$$\zeta Re_t^{-1} = \frac{4\mu g(\rho_p - \rho)}{3u_t^3\rho^2}$$

根据 ζRe_t^{-1} 值查出 Re_t^{-1}，再反求直径，即

$$d = \frac{\mu Re_t}{\rho u_t} \tag{2-19}$$

（3）无因次判别因子法

仿照摩擦数群法的思路，设法找到一个不含 u_t 的无因次数群作为判别流型的判据。将式（2-13）代入雷诺准数定义式，根据式（2-16）得

$$Re_t = \frac{d_p^3(\rho_p - \rho)\rho g}{18\mu^2} = \frac{K^3}{18} \quad\quad (2-20)$$

在斯托克斯定律区，$Re_t^{-1} \leqslant 1$，则 $K \leqslant 2.62$，同理可得牛顿定律区的下限值为 69.1。因此，$K \leqslant 2.62$ 为斯托克斯定律区，$2.62 < K \leqslant 69.1$ 为艾仑定律区，$K > 69.1$ 为牛顿定律区。

这样，计算已知直径的球形颗粒的沉降速度时，可根据 K 值选用相应的公式计算 u_t，从而避免试差。

(二) 重力沉降设备

1. 降尘室

依靠重力沉降从气流中分离出尘粒的设备称为降尘室。

（1）单层降尘室

含尘气体进入沉降室后，颗粒随气流有一水平向前的运动，速度 u，同时，在重力作用下，以沉降速度 u_t 向下沉降。只要颗粒能够在气体通过降尘室的时间内降至室底，便可从气流中分离出来。

指定粒径的颗粒能够被分离出来的必要条件是，气体在降尘室内的停留时间等于或大于颗粒从设备最高处降至底部所需要的时间。

设降尘室的长度为 l，宽度为 b，高度为 H，含尘气通过降尘室的体积流量为 V_s，气体在降尘室内的水平通过速度为 u，则位于降尘室最高点的颗粒沉降到室底所需的时间为

$$\theta_t = \frac{H}{u_t}$$

气体通过降尘室的时间为

$$\theta = \frac{l}{u}$$

颗粒被分离出来，则气体在降尘室内的停留时间至少需等于颗粒的沉降时间，即

$$\theta \geqslant \theta_t \text{ 或 } \frac{l}{u} \geqslant \frac{H}{u_t} \quad\quad (2-21)$$

气体在降尘室内的水平通过速度为

$$u = \frac{V_s}{Hb}$$

将此式代入式（2-21）并整理得

$$V_s \leqslant lbu_t \qquad (2-22a)$$

（2）多层降尘室

式（2-22a）表明，理论上降尘室的生产能力只与其沉降面积 bl 及颗粒的沉降速度 u_t 有关，而与降尘室高度 H 无关。所以降尘室一般设计成扁平形，或在室内均匀设置多层水平隔板，通常隔板间距为 40~100mm，构成多层降尘室。

若降尘室内设置 n 层水平隔板，则多层降尘室的生产能力变为

$$V_s = bl(n + 1) u_t \qquad (2-22b)$$

通常，被处理的含尘气体中的颗粒大小不均，沉降速度 u_t 应根据需完全分离的最小颗粒尺寸计算。

降尘室结构简单，流体阻力小，但体积庞大，分离效率低，通常只适用于分离粒度大于 50mm 的粗粒，一般作为预除尘使用。多层降尘室虽能分离较细的颗粒且节省占地面积，但清灰比较麻烦。

2. 沉降槽

沉降槽又称为增浓器和澄清器，是利用重力沉降来提高悬浮液浓度并同时得到澄清液体的设备。沉降槽可间歇操作也可连续操作。

连续沉降槽是底部做成锥状的大直径浅槽。悬浮液经中央进料口送到液面以下 0.3~1.0m 处，在尽可能减小扰动的情况下，迅速分散到整个横截面上，液体向上流动，清液经由槽顶端四周的溢流堰连续流出，称为溢流；固体颗粒下沉至底部，槽底有徐徐旋转的耙将沉渣缓慢地聚拢到底部中央的排渣口连续排出，排出的稠浆称为底流。

连续沉降槽的直径大的可达数百米，小的为数米；高度为 2.5~4m。有时将数个沉降槽垂直叠放，共用一根中心竖轴带动各槽的转耙。多层沉降槽可以节省地面，但控制操作较为复杂。连续沉降槽适于浓度不高、处理量大、颗粒不太细的悬浮液，常见的污水处理就是一例。

3. 分级器

利用重力沉降可将悬浮液中不同粒度的颗粒进行粗略分离，或将两种不同密度的颗粒进行分类。这样的过程统称为分级，实现分级操作的设备称为分级器。

三、离心沉降

离心沉降指在惯性离心力作用下实现的沉降过程。对于颗粒较细、两相密度差较小的非均相物系，在离心力场中可得到较好的分离。通常，液固悬浮物系的离心沉降可在旋液分离器或离心机中进行，气固非均相物质的离心沉降在旋风分离器中进行。

（一）惯性离心力作用下的沉降速度

当流体围绕某一中心轴做圆周运动时，便形成了惯性离心力场。在与轴距离为 R、切向速度为 u_T 的位置上，离心加速度为 $\dfrac{u_T}{R}$。显然，离心加速度不是常数，随位置及切向速度而变，其方向是沿旋转半径从中心指向外周。

当流体带着颗粒旋转时，如果颗粒的密度大于流体的密度，则惯性离心力将会使颗粒在径向上与流体发生相对运动而飞离中心。惯性离心力场中颗粒在径向上受到三个力的作用，即惯性离心力、向心力（其方向为沿半径指向旋转中心）和阻力（与颗粒的运动方向相反，其方向为沿半径指向中心）。如果球形颗粒的直径为 d_p、密度为 ρ_p，流体密度为 ρ，颗粒与中心轴的距离为 R，切向速度为 u_T，则上述三个力分别为：

惯性离心力

$$\frac{\pi}{6}d_p^3\rho_p\frac{u_T^2}{R}$$

向心力

$$\frac{\pi}{6}d_p^3\rho\frac{u_T^2}{R}$$

阻力

$$\zeta\frac{\pi}{4}d_p^2\rho\frac{u_r^2}{2}$$

式中：u_r——颗粒与流体在径向上的相对速度，m/s。

平衡时颗粒在径向上相对于流体的运动速度 u_r 便是它在此位置上的离心沉降速度：

$$u_r = \sqrt{\frac{4d_p(\rho_p - \rho)}{3\zeta\rho}\frac{u_T^2}{R}} \tag{2-23}$$

比较式（2-23）与式（2-6）可以看出，若将重力加速度 g 用离心加速度 $\dfrac{u_{\mathrm{T}}^2}{R}$ 代替，则式（2-6）便成为式（2-23）。离心沉降速度 u_{r} 随位置而变，不是恒定值，而重力沉降速度 u_{t} 则是恒定不变的。离心沉降速度 u_{r} 不是颗粒运动的绝对速度，而是绝对速度在径向上的分量，且方向不是向下而是沿半径向外。

离心沉降时，若颗粒与流体的相对运动处于滞流区，阻力系数 ζ 可用式（2-8）表示，于是得到

$$u_{\mathrm{r}} = \frac{d_{\mathrm{p}}^2(\rho_{\mathrm{p}} - \rho)}{18\mu} \frac{u_{\mathrm{T}}^2}{R} \qquad (2\text{-}24)$$

式（2-24）与式（2-11）相比可知，同一颗粒在相同介质中的离心沉降速度与重力沉降速度的比值为：

$$\frac{u_{\mathrm{r}}}{u_{\mathrm{t}}} = \frac{u_{\mathrm{T}}^2}{Rg} = K_{\mathrm{C}} \qquad (2\text{-}25)$$

比值 K_{C} 称为离心分离因数。分离因数是离心分离设备的重要指标。旋风或旋液分离器的分离因数一般在 5~2 500，某些高速离心机，分离因数 K_{C} 值可高达数十万。这表明颗粒在上述条件下的离心沉降速度比重力沉降速度大百倍以上，足见离心沉降设备的分离效果远好于重力沉降设备。

（二）离心沉降分离设备

此处以旋风分离器为主进行介绍。

1. 旋风分离器的结构

旋风分离器主体的上部为圆筒形，下部为圆锥形。各部位尺寸均与圆筒直径成比例。

旋风分离器的应用已有近百年的历史，其造价低廉，结构简单，没有活动部件，可用多种材料制造，分离效率较高，操作范围广，所以至今仍在机械、化工、冶金、采矿、轻工等行业广泛采用。对颗粒含量高于 200g/m³ 的气体，由于颗粒聚结作用，旋风分离器甚至能除去 3μm 以下的颗粒。旋风分离器还可以从气流中分离除去雾沫，一般用来除去气流中直径在 5μm 以上的颗粒。对于直径在 5μm 以下的小颗粒，须用袋滤器或湿法捕集。旋风分离器不适用于处理含湿量高的粉尘、黏性粉尘及腐蚀性粉尘。

2. 旋风分离器的性能

评价旋风分离器性能的主要指标是从气流中分离颗粒的效果及气体经过旋风

分离器的压降。分离效果可用临界粒径和分离效率来表示。

①临界粒径。理论上能够完全被旋风分离器分离下来的最小颗粒直径称为临界粒径。临界粒径是判断旋风分离器分离效率高低的重要依据之一。临界粒径越小，说明旋风分离器的分离性能越好。

②分离效率。有两种表示旋风分离器的分离效率：一是分效率，又称粒级效率，以 η_{pi} 代表；二是总效率，以 η_0 代表。

粒级效率 η_{pi}：按粒度分别表明其被分离下来的质量分数，称为粒级效率。一般把气流中所含颗粒的尺寸范围分成 n 个小段，其中第 i 个小段范围的颗粒（d_{pi} 为平均粒径）的粒级效率定义为

$$\eta_{pi} = \frac{C_{1i} - C_{2i}}{C_{1i}} \tag{2-26}$$

式中：C_{1i}——旋风分离器进口气体中粒径在第 i 小段范围内的颗粒的质量浓度，g/m^3。

C_{2i}——旋风分离器出口气体中粒径在第 i 小段范围内的颗粒的质量浓度，g/m^3。

粒级效率 η_{pi} 与粒径 d_{pi} 的对应关系可用曲线表示，称为粒级效率曲线。这种曲线可通过实测旋风分离器进、出气流中所含尘粒的质量浓度及粒度分布而获得。

通常把旋风分离器的粒级效率 η_{pi} 标绘成粒径比 d_{pi}/d_{50} 的函数曲线。d_{50} 是粒级效率恰为 50% 的颗粒直径，称为分割粒径。d_{50} 可用下式估算：

$$d_{50} \approx 0.27 \sqrt{\frac{\mu D}{\mu_i(\rho_p - \rho)}} \tag{2-27}$$

总效率 η_0：指进入旋风分离器的全部颗粒中被分离下来的质量分数，即

$$\eta_0 = \frac{C_1 - C_2}{C_1} \tag{2-28}$$

式中：C_1——旋风分离器进口气体含尘质量浓度，g/m^3。

C_2——旋风分离器出口气体含尘质量浓度，g/m^3。

总效率是工程中最常用的，也是最易于测定的分离效率。

由粒级效率估算总效率，旋风分离器总效率 η_0 不仅取决于各种颗粒的粒级效率，而且取决于气流中所含尘粒的粒度分布。即使同一设备处于同样操作条件下，如果气流含尘的粒度分布不同，也会得到不同的总效率。如果已知粒级效率

曲线及气流中颗粒的粒度分布数据，则可按下式估算总效率：

$$\eta_0 = \sum_{i=1}^{n} x_i \eta_{pi} \tag{2-29}$$

式中：x_i——粒径在第 i 小段范围内的颗粒占全部颗粒的质量分数。

η_{pi}——第 i 小段粒径范围内颗粒的粒级效率。

n——全部粒径被划分的段数。

③压降。气体经旋风分离器时，流动时的局部阻力以及气体旋转运动所产生的动能损失，及进气管和排气管及主体器壁所引起的摩擦阻力等，都会造成气体的压降。

$$\Delta p = \xi \frac{\rho u_i^2}{2} \tag{2-30}$$

式中：ξ——比例系数，即阻力系数。

对于同一结构型式及尺寸比例的旋风分离器，ξ 为常数，不因尺寸大小而变。

④旋风分离器性能的影响因素。影响旋风分离器性能的因素较多，其中最重要的是物理性质及操作条件。一般来说，粒径大、颗粒密度大、进口气速高及粉尘浓度高等情况均有利于分离。例如含尘浓度高则有利于颗粒的聚结，可以提高效率，而且颗粒浓度增大可以抑制气体涡流，从而使阻力下降，所以较高的含尘浓度对压降与效率两个方面都是有利的。但有些因素对这两方面的影响是相互矛盾的，譬如进口气速稍高有利于分离，但过高则导致涡流加剧；增大压降也不利于分离。因此，旋风分离器的进口气速在 10~25m/s 范围内为宜。

3. 旋风分离器类型

旋风分离器的性能不仅与设备的结构尺寸密切相关，还受含尘气流的物理性质、含尘浓度、粒度分布及操作条件的影响。只有各部分结构尺寸恰当，才能获得较高的分离效率和较低的压降。

目前我国对各种类型的旋风分离器已制定了系列标准，各种型号旋风分离器的尺寸和性能均可从有关资料和手册中查到。

第二节　过滤分离

一、过滤原理

过滤属于流体通过颗粒床层（固定床）的流动现象，过滤操作是分离固—

液悬浮物系最普通、最有效的单元操作之一，通过过滤操作可获得清净的液体或固相产品。过滤操作与沉降分离相比，过滤可使悬浮液的分离更迅速、更彻底。在某些场合，过滤是沉降的后续操作，也属于机械分离操作，与蒸发、干燥等加热去湿方法相比，过滤方法去湿能量消耗比较低。

过滤是在外力作用下，使悬浮液中的液体通过多孔介质的孔道，而固体颗粒被截留在介质上，从而实现固、液分离的操作。其中多孔介质称为过滤介质，所处理的悬浮液称为滤浆或料浆，滤浆中被过滤介质截留的固体颗粒称为滤渣或滤饼，滤浆中通过滤饼及过滤介质的液体称为滤液。实现过滤操作的外力可以是重力、压强差或惯性离心力。在化工中应用最多的是以压强差为推动力的过滤。

(一) 过滤方式

工业上的过滤操作主要分为饼层过滤、深床过滤、膜过滤。

1. 饼层过滤

悬浮液置于过滤介质的一侧，过滤介质常用多孔织物，但其网孔尺寸未必一定小于被截留的颗粒直径。固体物质沉积于介质表面而形成滤饼层。过滤介质中微细孔道的尺寸可能大于悬浮液中部分小颗粒的尺寸，因而，过滤之初会有一些细小颗粒穿过介质而使滤液浑浊，但是不久颗粒会在孔道中发生"架桥"现象，使小于孔道尺寸的细小颗粒也能被截留。随着滤渣的逐渐累积，在介质上形成了一个滤渣层，称为滤饼。滤饼形成后，滤液变清，过滤真正开始进行。所以说在饼层过滤中，真正发挥截留颗粒作用的主要是滤饼层而不是过滤介质。通常，过滤开始阶段得到的浑浊液，待滤饼形成后应返回滤浆槽重新处理。饼层过滤适用于处理固体含量较高（固相体积分率约在1%以上）的悬浮液。

2. 深床过滤

深床过滤时，过滤介质是很厚的颗粒床层，过滤时固体颗粒并不形成滤饼，悬浮液中的固体颗粒沉积于过滤介质床层内部，悬浮液中的颗粒尺寸小于床层孔道尺寸。当颗粒随流体在床层内的曲折孔道中流过时，在表面力和静电的作用下附着在孔道壁上。这种过滤适用于处理固体颗粒含量极少（固相体积分数<0.1%以下）、颗粒很小的悬浮液。自来水厂饮用水的净化，以及从合成纤维丝液中除去极细固体物质等，均采用这种过滤方法。

3. 膜过滤

除以上两种过滤方式外，膜过滤作为一种精密分离技术，近年来发展很快，已应用于许多行业。膜过滤是利用膜孔隙的选择透过性进行两相分离的技术。以膜两侧的流体压差为推动力，使溶剂、无机离子、小分子等透过膜，而截留微粒及大分子。膜过滤又分为微孔过滤和超滤，微孔过滤截留 $0.5\sim50\mu m$ 的颗粒，超滤截留 $0.05\sim10\mu m$ 的颗粒，而常规过滤截留 $50\mu m$ 以上的颗粒。

化工中所处理的悬浮液固相浓度往往较高，故本节只讨论饼层过滤。

(二) 过滤介质

过滤介质起着支撑滤饼的作用，对其基本要求是具有足够的机械强度和尽可能小的流动阻力，同时，还应具有相应的耐腐蚀性和耐热性。

工业操作使用的过滤介质主要有以下四种。

1. 织物介质（又称滤布）

指由棉、毛、丝、麻等天然纤维及合成纤维制成的织物，以及由玻璃丝、金属丝等织成的网。这类介质能截留颗粒的最小直径为 $5\sim65\mu m$。织物介质在工业上应用最为广泛。

2. 多孔固体介质

具有很多微细孔道的固体材料，此类介质如多孔陶瓷、多孔塑料及多孔金属制成的管或板，能拦截 $1\sim3\mu m$ 的微细颗粒。

3. 堆积介质

由各种固体颗粒（砂、木炭、石棉、硅藻土）或非编织纤维等堆积而成，一般用于处理含固体量很少的悬浮液。多用于深床过滤中，如水的净化处理等。

4. 多孔膜

用于膜过滤的各种有机高分子膜和无机材料膜。广泛使用的是粗醋酸纤维素和芳香聚酰胺系两大类有机高分子膜。

过滤介质的选择要根据悬浮液中固体颗粒的含量及粒度范围，介质所能承受的温度和它的化学稳定性、机械强度等因素来考虑。

(三) 滤饼的压缩性和助滤剂

随着过滤操作的进行，滤饼的厚度逐渐增加，因此滤液的流动阻力也逐渐增加。构成滤饼的颗粒特性决定流动阻力的大小。某些悬浮液中的颗粒所形成的滤饼具有一定的刚性，颗粒如果是不易变形的坚硬固体（如硅藻土、碳酸钙等），则当滤饼两侧的压强差增大时，颗粒的形状和颗粒间的空隙不会发生明显变化，单位厚度床层的流动阻力可视作恒定，这类滤饼称为不可压缩滤饼。相反地，另一些滤饼中的固体颗粒受压就会发生变形，如一些胶体物质，则当滤饼两侧的压强差增大时，颗粒的形状和颗粒间的空隙会有明显的改变，单位厚度饼层的流动阻力随压强差增大而增大，这种滤饼为可压缩滤饼。

为了降低可压缩滤饼的过滤阻力，可加入助滤剂以改变滤饼的结构，增加滤饼刚性。助滤剂是某种质地坚硬而能形成疏松饼层的固体颗粒或纤维状物质，将其混入悬浮液或预涂于过滤介质上，可以改善饼层的性能，减少流动阻力，使滤液得以畅流。

对助滤剂的基本要求如下：

一是能形成多孔饼层的刚性颗粒，以保持滤饼有较高的空隙率，使滤饼有良好的渗透性及较低的流动阻力。

二是有化学稳定性，不与悬浮液发生化学反应，不溶于液相中。

一般只有在以获得清净滤液为目的时，才使用助滤剂。常用的助滤剂有粒状（硅藻土、珍珠岩粉、碳粉或石棉粉等）和纤维状（纤维素、石棉等）两大类。

（四）滤饼的洗涤

某些过滤过程常需要回收滤饼中的残留或除去滤饼中的可溶性盐，则在过滤过程结束后用清水或其他液体通过饼层流动，此过程称为洗涤。

二、过滤的数学描述——过滤基本方程式

（一）过滤过程的数学描述——物料衡算

对指定的悬浮液，获得一定量的滤液必形成相对应的量的滤饼，其关系取决于悬浮液中固体的含固量，并可以通过物料衡算求出。悬浮液中固体含固量的表示方法通常有两种，即质量分数 w（kg 固体/kg 悬浮液）和体积分数 φ（m³ 固体/m³悬浮液）。对颗粒在液体中不发生溶胀效应的物系，按体积加和原则，两者的关系式为

$$\varphi = \frac{w/\rho_p}{w/\rho_p + (1 - w)/\rho} \qquad (2-31)$$

式中：ρ_p，ρ——固体颗粒和溶液的密度。

物料衡算时，对固体量和总量可列出两个衡算式（对液体和总量也相同）：

$$V_悬 = V + LA \qquad (2-32)$$

$$V_{悬}\phi = LA(1 - \varepsilon) \tag{2-33}$$

式中：$V_{悬}$ ——获得滤液量为 V 并形成厚度为 L 的滤饼所消耗的悬浮液总量。

ε ——滤饼空隙率。

A ——过滤面积。

由以上两式可得出滤饼厚度为：

$$L = \frac{\phi}{1 - \varepsilon - \phi}q \tag{2-34}$$

上式表明，在过滤时若滤饼的空隙率不变，则滤饼厚度 L 与单位面积累积滤液量 q 成正比。一般情况下，悬浮液中颗粒的体积分数 φ 都较滤饼的空隙率 ε 小得多，则式（2-34）中分母的 φ 值可忽略不计，有

$$L = \frac{\phi}{1 - \varepsilon}q \tag{2-35}$$

式中：q ——单位过滤面所获得的滤液量，m^3/m^2。

（二）滤液通过饼层的流动特点

1. 非定态过程

过滤操作中，滤液通过滤饼和过滤介质的流动属于固定床的一种情况。滤饼厚度随过程进行而不断增加，若过滤过程中维持操作压强不变，则随滤饼增厚，过滤阻力加大，滤液通过的速度将减小；反过来，若要维持滤液通过饼层的速率不变，则须不断增大操作压强。

2. 层流流动

由于构成滤饼层的颗粒尺寸通常很小，形成的滤液通道不仅细小曲折，而且相互交联，形成不规则的网状结构，所以滤液在通道内的流动阻力很大，流速很小，多属于层流流动的范围。关于固定床压降的计算式可用来描述过滤操作过程，适用于低雷诺数下，可用康采尼公式来进行描述：

$$u = \frac{\varepsilon^3}{5a^2(1 - \varepsilon)^2}\left(\frac{\Delta p_c}{\mu L}\right) \tag{2-36a}$$

式中：Δp_c ——滤液通过滤饼层的压降，Pa。

L ——床层厚度，m。

μ ——滤液黏度，Pa·s。

ε ——床层空隙率，m^3/m^3。

a ——颗粒比表面积，m^2/m^3。

u ——按整个床层截面计算的滤液流速，m/s。

（三）过滤速率与过滤速度

过滤速率的定义为单位时间获得的滤液体积，单位为 m³/s。而过滤速度则是指单位过滤面积上的过滤速率，应注意不要将二者相混淆。若过滤过程中其他因素维持不变，则由于滤饼厚度不断增加，过滤速度会逐渐变小。任一瞬间的过滤速度应写成如下形式：

$$u = \frac{dV}{Ad\tau} = \frac{\varepsilon^3}{5a^2(1-\varepsilon)^2}\left(\frac{\Delta p_c}{\mu L}\right) \tag{2-36b}$$

而过滤速率为

$$\frac{dV}{d\tau} = \frac{\varepsilon^3}{5a^2(1-\varepsilon)^2}\left(\frac{A\Delta p_c}{\mu L}\right) \tag{2-37}$$

式中：V ——滤液量，m³。

τ ——过滤时间，s。

A ——过滤面积，m²。

（四）过滤阻力

1. 滤饼的阻力

在式（2-36b）和式（2-37）中，$\left(\dfrac{\varepsilon^3}{5a^2(1-\varepsilon)^2}\right)$ 反映了颗粒及颗粒床层的特性，其值是由物料自身的性质决定的，若将其取倒数定义 r，其意义为滤饼的比阻，单位为 m⁻²：

$$r = \frac{5a^2(1-\varepsilon)^2}{\varepsilon^3} \tag{2-38}$$

则式（2-36b）可写为

$$u = \frac{dV}{Ad\tau} = \frac{\Delta p_c}{r\mu L} = \frac{\Delta p_c}{\mu R} \tag{2-39}$$

式中：R ——滤饼阻力，1/m，其计算式为 $R = rL$。

显然，式（2-39）中的分子是施加于滤饼两端的压差，可看作过滤操作的推动力，而分母 $r\mu L$ 可视为滤饼对过滤操作造成的阻力，故该式也可写为

$$过滤速率 = \frac{过程的推动力(\Delta p)}{过程阻力(r\mu L)} \tag{2-40}$$

式中：$r\mu L$ 或 R 为过滤阻力。其中 μr 为比阻，但因 μ 代表滤液的影响因素，μL 代

表滤饼的影响因素，因此习惯上将称为滤饼的比阻，R 称为滤饼阻力。

比阻 r 是单位厚度滤饼的阻力，它在数值上等于黏度为 1Pa·s 的滤液以 1m/s 的平均流速通过厚度为 1m 的滤饼层时所产生的压降。比阻反映了颗粒形状、尺寸及床层的空隙率对滤液流动的影响。床层空隙率 ε 越小及颗粒比表面积值 a 越大，则床层越致密，对流体流动的阻滞作用也越大。

2. 过滤介质的阻力

式（2-40）表示过滤速率，其优点在于同电路中的欧姆定律具有相同的形式，在串联过程中推动力分别具有加和性。在过滤过程中，滤液除了通过滤饼时遇到阻力，在通过过滤介质时也会遇到同样的阻力。过滤介质的阻力与其材质、厚度等因素有关。其大小可视为通过单位过滤面积获得当量滤液量 q_e 所形成的虚拟滤饼层的阻力。通常把过滤介质的阻力视为常数，仿照式（2-39）可以写出滤液穿过过滤介质层的速度关系式

$$\frac{\mathrm{d}V}{A\mathrm{d}\tau} = \frac{\Delta p_m}{\mu R_m} \tag{2-41}$$

式中：Δp_m ——过滤介质上、下游两侧的压强差，Pa。

R_m ——过滤介质阻力，1/m。

3. 过滤总阻力

由于过滤介质的阻力与最初形成的滤饼层的阻力往往是无法分开的，因此很难划定介质与滤饼之间的分界面，更难测定分界面处的压强，所以过滤计算中总是把过滤介质与滤饼联合起来考虑。

通常，滤饼与滤布的面积相同，所以两层中的过滤速度应相等，则过滤的总阻力应为滤饼和过滤介质阻力之和，即过滤速率为

$$\frac{\mathrm{d}V}{A\mathrm{d}\tau} = \frac{\Delta p_c + \Delta p_m}{\mu R + \mu R_m} = \frac{\Delta p}{\mu(R + R_m)} \tag{2-42}$$

式中：$\Delta p = \Delta p_c + \Delta p_m$，代表滤饼与滤布两侧的总压降，称为过滤压强差。在实际过滤设备上，常有一侧处于大气压下，此时 Δp 就是另一侧表压的绝对值，所以 Δp 也称为过滤的表压强。式（2-42）表明，过滤推动力为滤液通过串联的滤饼与滤布的总压降，过滤总阻力为滤饼与过滤介质的阻力之和，即 $\sum R = \mu(R + R_m)$。

为方便起见，假设过滤介质对滤液流动的阻力相当于厚度为 L_e 的滤饼层的阻力，即

$$rL_e = R_m$$

于是，式（2-41）可写为

$$\frac{dV}{Ad\tau} = \frac{\Delta p}{\mu(rL + rL_e)} = \frac{\Delta p}{\mu r(L + L_e)} \qquad (2-43)$$

式中：L_e——过滤介质的当量滤饼厚度，或称虚拟滤饼厚度，m。

在一定操作条件下，以一定介质过滤一定悬浮液时，L_e 为定值；但同一介质在不同的过滤操作中，L_e 值不同。

三、过滤基本方程式

过滤过程中，饼厚 L 难以直接测定，而滤液体积 V 则易于测量，故用 V 来计算过滤速度更为方便。

若每获得 $1m^3$ 滤液所形成的滤饼体积为 μm^3，则任一瞬间的滤饼厚度与当时已经获得的滤液体积之间的关系为

$$LA = vV \qquad (2-44)$$

则

$$L = \frac{vV}{A} \qquad (2-45)$$

式中：v——滤饼体积与相应的滤液体积之比，无因次，或 m^3/m^2。

同理，如生成厚度为 L_e 的滤饼所应获得的滤体体积以 V_e 表示，则

$$L_e = \frac{vV_e}{A} \qquad (2-46)$$

式中：V_e——过滤介质的当量滤液体积，或称虚拟滤液体积，m^3。

V_e 是与 L_e 相对应的滤液体积，因此，一定的操作条件下，以一定介质过滤一定的悬浮液时，V_e 为定值，但同一介质在不同的过滤操作中 V_e 值不同。

前文已经通过物料衡算得出滤饼厚度和悬浮液空隙率的关系为式（2-34）：

$$L = \frac{\phi}{1 - \varepsilon - \phi}q$$

（一）不可压缩滤饼的过滤基本方程式

将式（2-45）和式（2-46）代入式（2-43）中，得

$$\frac{dV}{d\tau} = \frac{A^2\Delta p}{\mu rv(V + V_e)} \qquad (2-47)$$

若令 $q = \dfrac{V}{A}$，$q_e = \dfrac{V_e}{A}$，则

$$\frac{\mathrm{d}V}{\mathrm{d}\tau} = \frac{\Delta p}{\mu r v (q + q_e)} \tag{2-48}$$

式中：q——单位过滤面积所得滤液体积，m^3/m^2；

$\quad\quad q_e$——单位过滤面积所得当量滤液体积，m^3/m^2。

式（2-48）是过滤速率与各相关因素间的一般关系式，为不可压缩滤饼的过滤基本方程式。

（二）可压缩滤饼的过滤基本方程式

对可压缩滤饼，比阻在过滤过程中将不再是常数，它是两侧压强差的函数。通常用下面的经验公式来粗略估算压强差增大时比阻的变化，即

$$r = r' (\Delta p)^s \tag{2-49}$$

式中：r'——单位压强差下滤饼的比阻，$1/m^2$；

$\quad\quad \Delta p$——过滤压强差，Pa；

$\quad\quad s$——滤饼的压缩性指数，无因次。一般情况下，$s = 0 \sim 1$；对于不可压缩滤饼，$s = 0$。

在一定压强差范围内，上式对大多数可压缩滤饼都适用。

将式（2-49）代入式（2-48），得到

$$\frac{\mathrm{d}V}{\mathrm{d}\tau} = \frac{A^2 \Delta p^{1-s}}{\mu r' v (V + V_e)} \tag{2-50}$$

或

$$\frac{\mathrm{d}V}{\mathrm{d}\tau} = \frac{\Delta p^{1-s}}{\mu r' v (q + q_e)} \tag{2-51}$$

上式为过滤基本方程式的一般表达式，适用于可压缩滤饼及不可压缩滤饼。表示过滤进程中某一瞬间的过滤速率与物系性质、操作压强及该时刻以前的累计滤液量之间的关系，是过滤计算及强化过滤操作的基本依据。对于不可压缩滤饼，因 $s = 0$，上式即简化为式（2-47）。

由式（2-47）可以看出，影响过滤速率的物性参数很多，包括悬浮液的性质（ϕ、μ 等）及滤饼特性（空隙率 ε、比表面积 a、比阻 r 等）。为计算过滤速率本应先获取这些参数，但这些参数在一般的恒压过滤操作中保持恒定，因此可以将这些参数归并为一常数，即令

$$k = \frac{1}{r'\mu v} \text{ 以及 } K = \frac{2\Delta p^{1-s}}{r'\mu v} = 2k\Delta p^{1-s} \tag{2-52a}$$

当滤饼不可压缩时，$s = 0$，则上式变为

$$K = \frac{2\Delta p}{r\mu v} = 2k\Delta p \tag{2-52b}$$

这种方法称为参数归并法。K 和 q_e 为过滤常数，可用实验测定，后面将会涉及。

将式（2-52b）代入式（2-48）可得

$$\frac{\mathrm{d}q}{\mathrm{d}\tau} = \frac{K}{2(q + q_e)} \tag{2-53}$$

或

$$\frac{\mathrm{d}V}{\mathrm{d}\tau} = \frac{KA^2}{2(V + V_e)} \tag{2-54}$$

式（2-53）和式（2-54）为过滤过程的基本方程式。

四、过滤操作方式

应用过滤基本方程式时，须针对具体的操作方式积分式（2-53），得到过滤时间与所得滤液体积之间的关系。过滤的操作方式有两种，即恒压过滤及恒速过滤。有时，为避免过滤初期因压强差过高而引起滤液浑浊或滤布堵塞，可采用先恒速后恒压的复合操作方式，过滤开始时以较低的恒定速度操作，当表压升至给定数值后，再转入恒压操作。当然，工业上也有既非恒速亦非恒压的过滤操作，如用离心泵向压滤机送浆。

五、恒压过滤

（一）恒压过滤计算

若过滤操作是在恒定压强差下进行的，则称为恒压过滤。恒压过滤是最常见的过滤方式。连续过滤机内进行的过滤都是恒压过滤，间歇过滤机内进行的过滤也多为恒压过滤。恒压过滤时，滤饼不断变厚致使阻力逐渐增加，但推动力恒定，因而过滤速率逐渐变小。

恒压过滤时，压强差 Δp 不变，k、A、s、V_e 也都是常数，则过滤时间与所得滤液体积之间的关系如下：

在边界条件 $\tau = 0$, $V = 0$; $\tau = \tau$, $V = V$ 下对式 (2-54) 积分

$$\int_{V=0}^{V=V} (V + V_e)\, \mathrm{d}V = \frac{KA^2}{2} \int_{\tau=0}^{\tau=\tau} \mathrm{d}\tau$$

可得

$$V^2 + 2VV_e = KA^2\tau \qquad (2\text{-}55a)$$

或

$$q^2 + 2qq_e = K\tau \qquad (2\text{-}55b)$$

此两式表示了恒压条件下过滤时累计滤液量 q (或 V) 与过滤时间 τ 的关系, 称为恒压过滤方程。

上式称为恒压过滤方程式, 它表明恒压过滤时滤液体积与过滤时间的关系为抛物线方程。

当过滤介质阻力可以忽略时, $V_e = 0$, $\tau_e = 0$, 则式 (2-55a) 可简化为

$$V^2 = KA^2\tau \qquad (2\text{-}56a)$$

或

$$q^2 = K\tau \qquad (2\text{-}56b)$$

恒压过滤方程式中 K 是由物料特性及过滤压强差所决定的常数, 称为过滤常数, 其单位为 $\mathrm{m^2/s}$; τ_e 与 q_e 是反映过滤介质阻力大小的常数, 均称为介质常数, 单位分别为 s 和 $\mathrm{m^3/m^2}$。三者总称为过滤常数, 其数值由实验测定。

(二) 恒速过滤与先恒速后恒压的过滤

1. 恒速过滤

恒速过滤是维持过滤速率 $\mathrm{d}q/\mathrm{d}\tau$ 恒定的过滤方式。当用排量固定的正位移泵向过滤机供料, 并且支路阀处于关闭状态时, 过滤速率便是恒定的。此情况下, 随着过滤的进行, 滤饼不断增厚, 过滤阻力不断增大, 要维持过滤速率不变, 必须不断增大过滤的推动力——压强差。

恒速过滤时的过滤速度为

$$\frac{\mathrm{d}V}{A\mathrm{d}\tau} = \frac{V}{A\tau} = \frac{q}{\tau} = u_R = 常数 \qquad (2\text{-}57)$$

即

$$\frac{q}{\tau} = \frac{K}{2(q + q_e)}$$

$$q^2 + qq_e = \frac{K}{2}\tau \qquad (2-58a)$$

或

$$V^2 + VV_e = \frac{KA^2}{2}\tau \qquad (2-58b)$$

式中：u_R ——恒速阶段的过滤速度，m/s。

式（2-58a）和式（2-58b）均为恒速过滤方程。

2. 先恒速后恒压过滤

实际过滤操作中多采用先恒速后恒压的复合式操作方式。

由于采用正位移泵，过滤初期保持恒定速率，泵出口表压强逐渐升高。经过 τ_1 时间（获得体积 V_1 的滤液）后，表压强达到能使支路阀自动开启的给定数值，此时支路阀开启，开始有部分料浆返回泵的入口，进入压滤机的料浆流量逐渐减小，而压滤机入口表压强维持恒定。这后一阶段的操作即为恒压过滤。

若令 V_1、τ_1 分别代表恒速阶段的过滤时间及所得滤液体积，则恒压阶段式（2-54）的积分式为

$$\int_{V=V_1}^{V=V} (V + V_e)\,\frac{\mathrm{d}V}{\mathrm{d}\tau} = \frac{KA^2}{2} \int_{\tau=\tau_1}^{\tau=\tau} \mathrm{d}\tau \qquad (2-59)$$

积分可得

$$(V^2 - V_1^2) + 2V_e(V - V_1) = KA^2(\tau - \tau_1) \qquad (2-60a)$$

或

$$(q^2 - q_1^2) + 2q_e(q - q_1) = K(\tau - \tau_1) \qquad (2-60b)$$

此式即为恒压阶段的过滤方程，式中 $(V - V_1) = \Delta V$、$(\tau - \tau_1) = \Delta\tau$ 分别代表转入恒压操作后所得的滤液体积及所经历的过滤时间。

（三）过滤常数的测定

1. 恒压下 K、q_e、τ_e 的测定

恒压和恒速过滤方程中均包括过滤常数 K、q_e。其测定方式是在指定的压强差下对同一悬浮料浆在实验室中小型设备内进行。

实验在恒定条件下进行，将恒压过滤方程式（2-55b）改写可得到

$$\frac{\tau}{q} = \frac{1}{K}q + \frac{2}{K}q_e \qquad (2-61)$$

上式表明，在恒压过滤时 $\left(\dfrac{\tau}{q}\right)$ 与 q 之间具有线性关系，直线的斜率为 $\left(\dfrac{1}{K}\right)$，截距为 $\left(\dfrac{2}{K}q_e\right)$。在不同的过滤时间 τ，记录单位过滤面积所得的滤液量 q，可根据式（2-61）求得过滤常数 K 和 q_e。上式仅对过滤一开始就是恒压操作有效。若在恒压过滤之前的 τ_1 时间内单位过滤面积已得滤液为 V_1，可将式（2-61）改写为

$$\frac{\tau - \tau_1}{q - q_1} = \frac{1}{K}(q - q_1) + \frac{2}{K}(q_e - q_1) \qquad (2-62)$$

上式表明，在恒压过滤时 $\left(\dfrac{\tau - \tau_1}{q - q_1}\right)$ 与 $(q - q_1)$ 之间同样具有线性关系，依然可以求出恒压过滤常数 K 和 q_e。

在实验过程中，在过滤面积 A 上对待测的悬浮料浆进行恒压过滤实验，每隔一定时间测定所得滤液体积，并由此算出相应的 $q = v/a$ 值，从而得到一系列相互对应的 $\Delta\tau$ 与 Δq 的值。在直角坐标系中标绘 $\dfrac{\Delta\tau}{\Delta q}$ 与 q 间的函数关系，可得一条直线，由直线的斜率 $\left(\dfrac{1}{K}\right)$ 及截距 $\left(\dfrac{2}{K}q_e\right)$ 的数值便可求得 K 与 q_e。

另外，当进行过滤实验比较困难时，只要能够获得指定条件下的过滤时间与滤液量的两组对应数据，也可计算出过滤常数，因为

$$q^2 + 2qq_e = K\tau \qquad (2-63)$$

将已知的两组 $q - \tau$ 对应数据代入上式，便可解出 q_e 及 K。但是注意，如此求得的过滤常数，其准确性完全依赖于这仅有的两组数据，可靠程度往往较差。

2. 压缩性指数 s 的测定

滤饼的压缩性指数 s 以及物料特性常数 k 的确定需要若干不同压强差下对指定物料进行过滤试验的数据，先求出若干过滤压强差下的 K 值，然后对 $K - \Delta p$ 数据加以处理，即可求得 s 及 k 值：

$$K = 2k\Delta p^{1-s} \qquad (2-64)$$

对上式两端取对数，得 $\lg K = (1 - s)\lg(\Delta p) + \lg(2k)$。

因 $k = 1/(\mu r'v)$ 为常数，故 K 与 Δp 的关系在双对数坐标上标绘应具有线性关系，直线的斜率为 $(1 - s)$，截距为 $2k$。由此可得滤饼的压缩性指数 s 及物料特性常数 k。值得注意的是，上述求压缩性指数的方法是建立在 v 值恒定的条件

下的，这就要求在过滤压强变化范围内，滤饼的空隙率应没有显著改变。

六、过滤设备

在工业生产中，各种生产工艺形成的悬浮液的性质有很大差别，过滤的目的、原料的处理量等要求也各不相同，为适应各种不同的要求开发了多种形式的过滤机。

过滤设备分类：

按照操作方式可分为间歇过滤机与连续过滤机。

按照采用的压强差可分为压滤、吸滤和离心过滤机。

工业上应用最广泛的板框过滤机和叶滤机为间歇压滤型过滤机，转筒真空过滤机则为吸滤型连续过滤机。离心过滤机有三足式及活塞推料、卧式刮刀卸料等种类。

七、滤饼的洗涤

过滤之后所形成滤饼层的空隙内仍残留滤液。洗涤滤饼的目的是回收滞留在颗粒缝隙间的滤液，或净化构成滤饼的颗粒。洗涤操作大多具有恒速恒压的特点。当滤饼需要洗涤时，单位面积洗涤液的用量 q_w 须由实验决定。

单位时间内消耗的洗涤水容积称为洗涤速率，以 $(dV/d\tau)_w$ 表示。由于洗涤水里不含固相，在洗涤过程中滤饼不再增厚，过滤阻力不变，洗涤速率为一常数，因而，洗涤没有恒速和恒压的区别。若每次过滤后用体积为 V_w 的洗涤水洗涤滤饼，则洗涤速率为

$$\left(\frac{dq}{d\tau}\right)_w = \frac{\Delta p}{r\mu_w v(q + q_e)} \quad (2-65)$$

若每次过滤后以体积为 q_w 的洗涤水洗涤滤饼，则所需洗涤时间为

$$\tau_w = \frac{q_w}{(dq/d\tau)_w} \quad (2-66)$$

式中：q ——过滤终了时单位过滤面积的累计滤液量；下标 w 表示洗涤操作。

影响洗涤速率的因素可根据过滤基本方程式来分析，即

$$\frac{dq}{d\tau} = \frac{\Delta p^{1-s}}{\mu r'(L + L_e)} \quad (2-67)$$

对于一定的悬浮液，r' 为常数。当洗涤与过滤终了时的操作压强相同，洗涤

水与滤液黏度相近时，则洗涤速率 $\left(\dfrac{\mathrm{d}q}{\mathrm{d}\tau}\right)_{\mathrm{w}}$ 与过滤终了时的过滤速率 $\left(\dfrac{\mathrm{d}q}{\mathrm{d}\tau}\right)_{\mathrm{E}}$ 有一定关系，这个关系取决于特定过滤设备上采用的洗涤方式。对于连续式过滤机及叶滤机等所采用的是置换洗涤法，洗涤与过滤终了时的滤液流过的路径基本相同，而且洗涤与过滤面积也相同，故洗涤速率大致等于过滤终了时的过滤速率，即

$$\left(\frac{\mathrm{d}q}{\mathrm{d}\tau}\right)_{\mathrm{w}} = \left(\frac{\mathrm{d}q}{\mathrm{d}\tau}\right)_{\mathrm{E}} = \frac{K}{2(q+q_e)} \tag{2-68}$$

式中：q——过滤终了时所得的单位面积的滤液体积，$\mathrm{m^3/m^2}$。下标 E 表示过滤终了时刻。

与叶滤机洗涤方式不同，板框压滤机采用的是横穿洗涤法，洗涤水穿过整个厚度的滤饼，流动路径的长度约为过滤终了时滤液流动路径的 2 倍；洗涤水横穿两层滤布而滤液只需穿过一层滤布，洗涤水流通面积为过滤面积的一半，即

$$(L+L_e)_{\mathrm{w}} = 2\,(L+L_e)_{\mathrm{E}}\,,\ A_{\mathrm{w}} = A/2$$

将以上关系代入过滤基本方程式，可得

$$\left(\frac{\mathrm{d}q}{\mathrm{d}\tau}\right)_{\mathrm{w}} = \frac{1}{4}\left(\frac{\mathrm{d}q}{\mathrm{d}\tau}\right)_{\mathrm{E}} = \frac{K}{8(q+q_e)} \tag{2-69}$$

即板框压滤机上的洗涤速率约为过滤终了时过滤速率的 1/4。

当洗涤液与滤液黏度相等、洗涤与过滤终了时的操作压强相同时，板框压滤机的洗涤时间为

$$\tau_{\mathrm{w}} = \frac{8(q+q_e)q_{\mathrm{w}}}{K} \tag{2-70a}$$

或

$$\tau_{\mathrm{w}} = \frac{8(V+V_e)V_{\mathrm{w}}}{KA^2} \tag{2-70b}$$

若洗涤水黏度、洗涤水表压与滤液黏度、过滤压强差有明显差异，则所需的洗涤时间可按下式进行校正：

$$\tau'_{\mathrm{w}} = \tau_{\mathrm{w}}\left(\frac{\mu_{\mathrm{w}}}{\mu}\right)\left(\frac{\Delta p}{\Delta p_{\mathrm{w}}}\right) \tag{2-71}$$

式中：τ'_{w}——校正后的洗涤时间，s。

$\quad\quad\tau_{\mathrm{w}}$——未经校正的洗涤时间，s。

$\quad\quad\mu_{\mathrm{w}}$——洗涤水黏度，$\mathrm{Pa\cdot s}$。

$\quad\quad\Delta p$——过滤终了时刻的推动力，Pa。

Δp_w ——洗涤推动力，Pa。

八、过滤机的生产能力

过滤机的生产能力通常以单位时间获得的滤液体积来计算；少数情况下，也有按滤饼的产量或滤饼中固相物质的产量来计算的。

（一）间歇过滤机的生产能力

间歇过滤机的特点是在整个过滤机上依次进行一个过滤循环中的过滤、洗涤、卸渣、清理、装合等操作。已知过滤设备的过滤面积 A 和指定的操作压强 Δp，计算过滤机的生产能力，这属于典型的操作型问题。叶滤机和压滤机都是典型的间歇式过滤机，在每一循环周期中，全部过滤面积只有部分时间在进行过滤，而过滤之外的其他各步操作（包括洗涤操作时间 τ_w，组装、卸渣及清洗滤布等辅助时间 τ_D）所占用的时间也必须计入生产时间内。因此生产能力应以整个操作周期为基准来计算。一个操作周期的总时间为

$$\sum \tau = \tau + \tau_w + \tau_D \tag{2-72}$$

式中：$\sum \tau$ ——一个操作循环的时间，即操作周期，s。

τ ——一个操作循环内的过滤时间，s。

τ_w ——一个操作循环内的洗涤时间，s。

τ_D ——一个操作循环内的卸渣、清理、装合等辅助操作所需时间，s。

则生产能力的计算式为：

$$Q = \frac{3\,600V}{\sum \tau} = \frac{3\,600V}{\tau + \tau_w + \tau_D} \tag{2-73}$$

式中：V ——一个操作循环内所获得的滤液体积（过滤时间内所获得的滤液体积），m^3。

Q ——生产能力，m^3/h。

（二）连续过滤机（转筒真空过滤机）的生产能力

转筒真空过滤机的特点是过滤、洗涤、卸饼等操作在转筒表面的不同区域内同时进行；任何时刻总有一部分表面在进行过滤；任何一部分表面只有在其浸没在滤浆中那段时间才是有效过滤时间。

连续式过滤机的生产能力计算也以一个操作周期为基准，一个操作周期就是

转筒旋转一周所用时间 T。若转筒转速为 n（r/min），转筒表面浸入滤浆中的分数称为浸没度，以 ψ 表示，则

$$T = \frac{60}{n}$$

$$\psi = \text{浸没角度} / 360° \tag{2-74}$$

转鼓在回转一周的过程中，任何一块表面都只有部分时间进行过滤操作。那么，在一个过滤周期内，转筒表面上任何一块过滤面积所经历的过滤时间均为

$$\tau = \psi T = \frac{60\psi}{n} \tag{2-75}$$

所以，从生产能力的角度来看，一台总过滤面积为 A、浸没度为 ψ、转速为 n 的连续转筒真空过滤机，与一台在同样条件下操作的过滤面积为 A、操作周期为 T、每次过滤时间为 τ 的间歇式板框压滤机是等效的。这样，就把真空转鼓过滤机部分转鼓表面的连续过滤转换为全部转鼓表面的间歇过滤，使得恒压过滤方程式依然适用。因而，可以完全依照前面所述的间歇式过滤机生产能力的计算方法来解决连续式过滤机生产能力的计算。转筒真空过滤机是在恒压差下操作的，根据恒压过滤基本方程式可知转筒每转一周所得的滤液体积为

$$V = \sqrt{KA^2\tau + V_e^2} - V_e = \sqrt{KA^2\left(\frac{60\psi}{n}\right) + V_e^2} - V_e \tag{2-76}$$

则每小时所得滤液体积，即生产能力为

$$Q = 60nV = 60\left(\sqrt{60KA^2\psi n + V_e^2 n^2} - V_e n\right) \tag{2-77}$$

若过滤介质阻力可略去不计，则上式可写成

$$Q = 60nV = 60\sqrt{60KA^2\psi n} = 465A\sqrt{Kn\psi} \tag{2-78}$$

式（2-78）指明了提高连续过滤机生产能力的途径，即适当加大转速及浸没程度并使 K 值增大。

例如对特定的连续过滤机，浸没度越大，转速越快，生产能力也就越大。但实际上 ψ 过大会使其他操作的面积减少得过多，难以操作。若旋转过快会使得滤饼太薄，难以用刮刀卸除，同时也不利于洗涤，而且功率消耗增大。最合适的转速须经试验来决定。

第三节　固体流态化

一、固体流态化概述

凭借流动流体的作用，使大量固体颗粒悬浮于流体中并呈现出类似于流体的某些特性，这就是固体流态化。借助固体颗粒的流态化状态而实现某些生产过程的操作，称为流态化技术。

化学工业中广泛利用流态化技术以强化传热、传质，进行流体或固体的物理、化学加工，甚至颗粒的输送。

（一）流态化现象

所谓流态化就是固体颗粒像流体一样流动的现象。首先讨论均匀颗粒组成的理想流化床。当流体以不同速度向上通过固体颗粒床层时，可能会出现以下两种情况。

1. 固定床阶段

当流体向上流过颗粒床层时，如果流速较低，颗粒能够保持静止状态，流体只能穿过颗粒之间的空隙而流动，这种床层称为固定床，床层高度为 L_0 不变。

保持固定床状态的流体最大空塔速度为

$$u'_{max} = \varepsilon_0 u_t$$

式中：ε_0——固定床的空隙率，m^3/m^3。

u_t——颗粒的带出速度，即沉降速度，m/s。

2. 流化床阶段

当流体空塔速度 u 稍大于 u'_{max} 时，颗粒开始松动，床层略有膨胀，但颗粒仍不能自由运动，这种情况称为初始流化或临界流化，此时床层高度为 L_{mf}，空塔气速称为初始流化速度或临界流化速度，以 u_{mf} 表示。

当流体的实际速度 $u_1(u_1 = u/\varepsilon)$ 与颗粒的沉降速度 u_t 相同时，固体颗粒将悬浮于流体中做随机运动，床层空隙率增大，开始膨胀、增高，此时颗粒与流体之间的摩擦力恰好与其净重力相平衡。之后颗粒间的实际流速恒等于 u_t，床层高度将随流速提高而升高，但这种床层具有类似于流体的性质，故称为流化床。

若流速再升高达到某一极限时（$u_1 > u_t$），流化床的颗粒分散悬浮于气流中，并不断被气流带走，这种床层称为稀相输送床，颗粒开始被带出的速度称为带出速度。

狭义流化床特指上述第二阶段（流化床阶段），广义流化床泛指非固定阶段的流固系统，其中包括流化床、载流床、气力或液力输送。

（二）实际流化床中两种不同流化形式

1. 散式流化

随流速增大，床层逐渐膨胀而没有气泡产生，颗粒间的距离均匀增大，床层高度上升，并保持稳定的上界面。而在流态化时，通过床层的流体称为流化介质。散式流化的特点是固体颗粒均匀地分散在流化介质中，类似于理想流化床。通常，两相密度差小的系统趋向于散式流化，故大多数液—固流化属于"散式流化"。

2. 聚式流化

在气—固系统的流化床中，超过流化所需最小气量的那部分气体以气泡形式通过颗粒层，上升至床层上界面时破裂，这些气泡内可能夹带有少量固体颗粒。此时床层内分为两相：一相是空隙小而固体浓度大的气固均匀混合物构成的连续相，称为乳化相；另一相则是夹带有少量固体颗粒而以气泡形式通过床层的不连续相，称为气泡相。由于气泡在床层中上升时逐渐长大、合并，至床层上界面处破裂，所以床层极不稳定，床层压降也随之波动。一般对于密度差较大的气—固流化系统，趋向于形成聚式流化。

二、流化床的流体力学

（一）流化床的压降

在理想状态下，流体通过床层颗粒时，大致可分为以下两个阶段。

1. 固定床阶段

此时气速较低，气体通过静止不动床层的空隙流动，气速增大，气体通过床层的压降也相应增加。

2. 流化床阶段

当气速继续增大，床层空隙率增大，颗粒重排，颗粒开始逐渐地悬浮在流体中自由运动，整个床层的压降保持不变，但床层的高度亦随气速的提高而增高。

当流化床气速降低时，床层高度、空隙率随之降低。这是由于从流化床阶段进入固定床阶段时，床层由于曾被吹松，其空隙率比相同气速下未被吹松的固定床要大，因此，相应的压降会小一些。

与之对应的流速称为临界流化速度 u_{mf}，它是最小流化速度。相应的床层空隙率称为临界空隙率 ε_{mf}。

流化床阶段中床层的压降，可根据颗粒与流体间的摩擦力恰与其净重力平衡的关系求出，即

$$\Delta p = L_{mf}(1 - \varepsilon_{mf})(\rho_p - \rho)g \tag{2-79a}$$

式中：L_{mf}——开始流化时床层的高度，m。

流化床的一个重要特征是随着流速的增大及床层高度和空隙率 ε 的增加，Δp 却维持不变。根据这一特点，可通过测定床层压降来判断流化质量优劣。整个流化床阶段的压降为

$$\Delta p = L(1 - \varepsilon)(\rho_p - \rho)g \tag{2-79b}$$

在气—固系统中，ρ 与 ρ_p 相比较小可以忽略，Δp 约等于单位面积床层的重力。

3. 气流输送阶段

在此阶段，气流中颗粒浓度降低，由浓相变为稀相，使压降变小，并呈现出复杂的流动情况。

（二）类似于液体的特点

在流化床中，气、固两相的运动状态就像沸腾的液体，因此流化床也称为沸腾床。流化床具有液体的某些性质，如无固定形状，随容器形状而变，具有流动性，有上界面；当容器倾斜时，床层上界面将保持水平，当两个床层连通时，它们的上界面自动调整至同一水平面；比床层密度小的物体被推入床层后会浮在床层表面上；可从小孔中喷出，从一个容器流入另一个容器。类似于液体的这种特性使操作易于实现自动化和连续化。

（三）床层内固体颗粒的均匀混合

流化床内的固体颗粒处于悬浮状态并不停地运动，这种颗粒的剧烈运动和均匀混合使床层基本处于全混状态，整个床层的温度、组成均匀一致。这一特征使流化床中气—固系统的传热大大强化，床层的操作温度也易于调控。但颗粒的激烈运动使颗粒间和颗粒与器壁间产生强烈的碰撞与摩擦，造成颗粒破碎和固体壁

面磨损；当固体颗粒连续进出床层时，会造成颗粒在床层内的停留时间不均，导致固体产品的质量不均。

（四）流化床的不正常现象

1. 腾涌现象

腾涌现象主要出现在气—固流化床中。若气速过高，或床层高度与直径之比过大，或气体分布不均时，会发生气泡合并现象。当床层直径与气泡直径相等时，气泡将床层分为几段，形成相互间隔的气泡层与颗粒层。颗粒层被气泡推着向上运动，到达上部后气泡突然破裂，颗粒则分散落下，这种现象称为腾涌现象。出现腾涌时 Δp-u 曲线上表现为 Δp 在理论值附近大幅度地波动。这是因为气泡向上推动颗粒层时，颗粒与器壁的摩擦造成压降大于理论值，而气泡破裂时压降又低于理论值。

当流化床发生腾涌时，不仅使颗粒对器壁的磨损加剧，气—固接触不均，而且引起设备振动。因此，为避免腾涌现象的发生，应采用适宜的床层高度与床径比及适宜的气速。

2. 沟流现象

沟流现象发生在气体通过床层时形成短路，大部分气体穿过沟道上升，没有与固体颗粒很好地接触时，由于部分床层变成死床，故在图上表现为 Δp 低于单位床层面积上的重力。

颗粒的粒度过细、密度大、易于粘连，以及气体在分布板处的初始分布不均，都容易引起沟流。沟流现象的出现主要与颗粒的特性和气体分布板的结构有关。

（五）流化床的操作范围

为使固体颗粒床层在流化状态下操作，必须使气速大于临界气速 u_{mf}，而最大气速又不得超过颗粒带出速度。

1. 临界流化速度

临界流化速度的确定主要有实验测定法和关联式计算法两种方法。

（1）实验测定法

利用这套测试装置可测定固体颗粒床层从固定床到流化床，再从流化床回到固定床时压降与气体流速之间的相互关系。

化工技术与企业安全管理探索

测定时常用空气作为流化介质，实际生产时根据其所用的介质及其他条件加以校正。设 u'_{mf} 是以空气为流化介质时测定的临界流化速度，则实际生产中的临界流化速度 u_{mf} 可用下式推算：

$$u_{mf} = u'_{mf} \frac{(\rho_p - \rho)\mu_a}{(\rho_p - \rho)\mu}$$ (2-80)

式中：ρ——实际流化介质密度，kg/m^3。

ρ_p——空气密度，kg/m^3。

μ——实际流化介质黏度，$Pa \cdot s$。

μ_a——空气的黏度，$Pa \cdot s$。

（2）关联式计算法

对于单分散性固体颗粒，其临界流化速度为

$$u_{mf} = \varepsilon_{mf} u_t$$

对于多分散性粒子床层，则需通过关联计算。

由于临界点是固定床到流化床的转折点，所以临界点的压降既符合流化床的规律也符合固定床的规律。

当颗粒直径较小时，颗粒床层雷诺数 Re_b 一般小于20，得到起始流化速度计算式为

$$u_{mf} = \frac{(\phi_s d_p)^2 (\rho_p - \rho)g}{150\mu}\left(\frac{\varepsilon_{mf}^3}{1 - \varepsilon_{mf}}\right)$$ (2-81)

对于大颗粒，Re_b 一般大于 1 000，得到

$$u_{mf}^2 = \frac{\phi_s d_p (\rho_p - \rho)g}{1.75\rho}\varepsilon_{mf}^3$$ (2-82)

式中：d_p——颗粒直径，m。非球形颗粒时用当量直径，非均匀颗粒时用颗粒群的平均直径。

应用式（2-81）、式（2-82）计算时，床层的临界空隙率的数据常不易获得，对于许多不同系统，发现存在以下经验关系：

$$\frac{1 - \varepsilon_{mf}}{\phi_s^2 \varepsilon_{mf}^3} \approx 1 \text{ 和 } \frac{1}{\phi_s \varepsilon_{mf}^3} \approx 14$$ (2-83)

当 ε_{mf} 和 ϕ_s 未知时，可将此两个经验关系式分别代入式（2-81）和式（2-82），从而得到计算 u_{mf} 的两个近似式：

对于小颗粒

$$u_{mf} = \frac{d_p^2 (\rho_p - \rho) g}{1\,650\mu} \qquad (2-84)$$

对于大颗粒

$$u_{mf}^2 = \frac{d_p (\rho_p - \rho) g}{24.5\rho} \qquad (2-85)$$

上述处理方法不能用于固体粒度差异很大的窄筛分的混合物，仅适用于粒度分布较为均匀的混合颗粒床层。例如在由两种粒度相差悬殊（大颗粒直径与小颗粒直径之比大于 6 时）的固体颗粒混合物构成的床层中，细粉可能在粗颗粒的间隙中流化起来，而粗颗粒依然不能悬浮。

当缺乏实验条件时，可用关联式法进行估算，实验测定的流化速度既准确又可靠。

2. 带出速度

计算 u_{mf} 时要用实际存在于床层中不同粒度颗粒的平均直径 d_p，而计算 u_t 时则必须用具有相当数量的最小颗粒直径。

3. 流化床的操作范围

可用比值 u_t/u_{mf} 的大小来衡量流化床的操作范围，该比值称为流化数。对于均匀的细颗粒，由式（2-84）和式（2-11）可得

$$u_t/u_{mf} = 91.7 \qquad (2-86)$$

对于大颗粒，由式（2-85）和式（2-13）可得

$$u_t/u_{mf} = 8.62 \qquad (2-87)$$

研究表明，u_t/u_{mf} 比值常在 $10 \sim 90$。u_t/u_{mf} 比值是表示正常操作时允许气速波动范围的指标，大颗粒床层的 u_t/u_{mf} 值较小，说明其操作灵活性较差。

（六）流化床的总高度

流化床的总高度分为稀相段（分离区）和密相段（浓相区）。流化床界面以上的区域称为稀相区，界面以下的区域称为浓相区。流化床的总高度为稀相段与密相段高度之和。

1. 浓相区高度

由于床层内颗粒质量是一定的，因此，浓相区高度 L 与起始流化高度 L_{mf} 之间有如下关系：

$$R_\text{C} = \frac{L}{L_\text{mf}} = \frac{1 - \varepsilon_\text{mf}}{1 - \varepsilon_0} \tag{2-88}$$

R_C 称为流化床的膨胀比。确定 L 的关键是确定床层空隙率 ε_0。

影响 R_C 的因素主要是床层高径比及气速。

2. 分离高度

流化床中的固体颗粒都有一定的粒度分布，而且在操作过程中也会因为颗粒间的碰撞、磨损产生一些细小的颗粒，因此，流化床的颗粒中会有一部分细小颗粒的沉降速度低于气流速度，在操作中会被带离浓相区，经过分离区而被流体带出器外。另外，气体通过流化床时，气泡在床层表面上破裂时会将一些固体颗粒抛入稀相区，这些颗粒中大部分颗粒的沉降速度大于气流速度，因此，它们到达一定高度后又会落回床层。这样就使得离床面距离越远的区域，其固体颗粒的浓度越小，离开床层表面一定距离后，固体颗粒的浓度基本不再变化。固体颗粒浓度开始保持不变的最小距离称为分离区高度，又称 TDH（Transport Disengaging Height）。床层界面之上必须有一定的分离区，以使沉降速度大于气流速度的颗粒能够重新沉降到浓相区，而不被气流带走。

影响分离区高度的因素比较复杂，系统物性、设备及操作条件均会对其产生影响，至今尚无适当的计算公式，有时取其等于浓相段高度 L。为减少细粒被带出，可在分离段上再增加一定高度的扩大段。

三、气力输送

（一）概述

利用气体在管内的流动来输送粉粒状固体的方法称为气力输送。作为输送介质的气体通常是空气，但在输送易燃易爆粉料时，须采用如氮气等惰性气体。

气力输送的主要优点有：

一是可在运输过程中（或输送终端）同时进行粉碎、分级、加热、冷却及干燥等操作。

二是系统密闭，避免物料的飞扬、受潮、受污染，改善了劳动条件。

三是易于实现自动化、连续化操作，便于同连续的化工过程衔接。

四是占地面积小，设备紧凑，可以根据具体条件灵活地安排线路，如可以水平、倾斜或垂直地布置管路。

但是，气力输送与其他机械输送方法相比也存在一些缺点，如颗粒尺寸受到一定限制（<30mm）；动力消耗较大，在输送过程中物料破碎及物料对管壁的磨损不可避免，不适于输送黏附性较强或高速运动时易产生静电的物料。

（二）气力输送的分类

1. 按气流中固气比（混合比）分类

（1）稀相输送

混合比在 25 以下（通常 $R = 0.1 \sim 25$）的气力输送称为稀相输送。在稀相输送中，气速较高，固体颗粒呈悬浮态。目前，我国稀相输送的应用较多。

（2）密相输送

混合比大于 25 的气力输送称为密相输送。在密相输送中，固体颗粒呈集团状态。一股压缩空气通过发送罐上罐内的喷气环将粉料吹松，另一股表压为 150~300kPa 的气流通过脉冲发生器以 20~40r/min 的频率间断地吹入输料管入口处，将流出的粉料切割成料栓与气栓相间的粒度系统，凭借空气的压强推动料栓在输送管中向前移动。

密相输送的特点是低风量高风压，物料在管内呈流态化。此类装置的输送能力大，输送距离可长达 100~1 000m，尾部所需的气固分离设备简单。由于物料或多或少呈集团状低速运动，物料的破碎及管道磨损较轻，但操作较困难。目前密相输送广泛应用于水泥、塑料粉、纯碱、催化剂等粉料物料的输送。

2. 按气流压强分类

（1）吸引式

输送管中的压强低于常压的输送称为吸引式气力输送。气源真空度不超过 10kPa 的称为低真空式，主要用于近距离、小输送量的细粉尘的除尘清扫；气源真空度在 10~50kPa 的称为高真空式，主要用在粒度不大、密度介于 1 000~1 500kg/m³ 的颗粒的输送。吸引式输送的输送量一般都不大，输送距离也不超过 50~100m。

稀相吸引式气力输送往往在物料吸入口处设有带吸嘴的挠性管，以便将分散于各处的或在低处、深处的散装物料收集至储仓。这种输送方式适用于须在输送起始处避免粉尘飞扬的场合。

（2）压送式

输送管中的压强高于常压的输送称为压送式气力输送。按照气源的表压强可分为低压和高压两种。气源表压强不超过 50kPa 的为低压式。这种输送方式在一般化工厂中用得最多，适用于小量粉粒状物料的近距离输送。高压式输送的气源表压强可高达 700kPa，用于大量粉粒状物料的输送，输送距离可长达 600~700m。

　　气流输送可在水平、垂直或倾斜管道中进行，所采用的气速和混合比都可在较大范围内变化，从而使管内气固两相流动的特性有较大差异。

第三章 传热与蒸发

第一节 传热原理

一、传热概述

传热即热量的传递，是自然界和工程技术领域中极普遍的一种传递过程。由热力学第二定律可知，凡是有温度差存在的地方，就必然有热的传递。轻工业生产中的很多单元操作过程通常都需要控制在某一温度下进行，为了达到和保持所要求的温度，就需要向设备导入或从它向外移出一定的热量。轻工设备的保温、生产过程中热能的合理利用，以及废热的回收都涉及传热的问题。传热过程普遍存在于轻工业生产之中，且具有极其重要的作用。

轻工业生产中对传热过程的要求，通常有两种情况：一种是强化传热过程，即要求传热设备的传热情况良好，以达到用小的传热设备完成规定的传热任务的目的，或挖掘传热设备的潜力，以提高传热速率，如各种换热设备的传热。另一种是减弱传热过程，如对高温设备与蒸气管道的保温以及对低温设备与冷冻管道的隔热，以达到节约热能、维持操作条件稳定和改善操作人员劳动条件等目的。

（一）传热的基本方式

热量的传递是由物体内或系统内两部分之间的温度不同而引起的。当无外功输入时，热总是自动地从温度较高的部分传给温度较低的部分，或从温度较高的物体传给温度较低的物体。根据传热机理的不同，热量的传递可分成传导、对流和辐射三种基本方式。

1. 传导（又称导热）

当物体的内部或两个直接接触的物体之间存在温度差时，物体中温度较高部分的分子或自由电子，因振动或碰撞将热能以动能的形式传给相邻温度较低的分子，这种传热方式称为热传导。它的特点是物体内的分子或质点不发生宏观的相对位移。固体的传热、静止液体或气体的传热都属于导热；在层流流体中，传热方向与流向垂直时亦为导热。

2. 对流

对流传热是指流体中质点发生相对位移而引起的热交换。对流传热仅发生在流体中，因此，它与流体的流动状况密切相关。对流传热伴随流体质点间的热传导，流体与固体表面之间的对流传热即是典型的例子。虽然它实际上包括了对流和传导两种方式，但习惯上都称为对流传热。

如果流体质点的相对位移是由流体内部各处温度不同而引起的局部密度差所致，称为自然对流。例如，用水壶烧开水时，炉火只加热水壶的底部，但最后全壶的水都会沸腾，这是因为壶底部的水受热后膨胀，密度变小，于是上浮；但壶内上部未受热的冷水密度没有变小而比下部的水的密度大，就向下沉，由于壶内各部位水的密度差形成了川流不息的循环流动。

当流体质点的运动是由泵（或风机、搅拌器）等外力所引起的，称为强制对流。轻工业生产中的换热过程，往往是通过泵、风机或搅拌器迫使流体流动进行换热，属于强制对流传热。

由于质点湍动，所以对流传热比导热的效果要好，而强制对流传热的效果又比自然对流要好。在同一流体中，有可能同时发生自然对流和强制对流。

实际上，在热对流的同时，流体各部分之间还存在着导热，形成一种较复杂的热传递过程。

3. 辐射

热能以电磁波的形式通过空间的传播称为热辐射。任何物体（气体、固体和液体）都能以辐射的方式传热，而不需借助任何传递介质。在放热处，热能转变为辐射能，以电磁波的形式发射而在空间传播，当此辐射遇到另一能够吸收辐射能的物体时，则可部分或全部地被吸收并再转变为热能。两物体之间的辐射传热过程，则是相互辐射和吸收能量的总结果。

物体的热辐射能力与温度有关。物体只要在绝对零度以上，就能发射辐射能，温度越高，辐射能力越强。

在生产实际中，上述三种传热方式很少单独存在，而往往是以两种或三种方式同时出现，在不同场合以某一种方式为主。如热量通过管壁的传热是导热，轻化工厂普遍使用的间壁式换热器主要是以对流和导热相结合的方式进行传热。

（二）工业上的换热方法

在轻化工生产中，换热的具体形式虽然很多，但都不外乎加热、冷却、汽化和冷凝，而这些传热过程通常是在两种流体之间进行的。凡是参与传热的流体，称为载热体，其中温度较高的并在过程中放出热量的，称为热载热体；温度较低的并在过程中获得热量的，称为冷载热体。如果过程的目的是将冷载热体加热，则所用的热载热体称为加热剂；如果过程的目的是将热载热体冷却，则所用的冷载热体称为冷却剂。工业上常用的加热剂有烟道气、水蒸气、热油或热水以及其他的高温流体等；常用的冷却剂有冷水、空气和冰冻盐水等。实现冷、热流体之间热传递的设备，称为换热器。

工业上的换热方法，按其工作原理和设备类型可分成以下三类。

1. 间壁式换热

在这类换热过程中，冷、热流体被一固体壁面隔开，互相不接触，热载热体将热量传给设备壁面，壁面再将热量传给冷载热体。它适用于冷、热两股流体不允许直接混合的场合，是轻化工生产过程中普遍采用的换热方法，实现这种换热方法的设备，称为间壁式换热器。

2. 混合式换热

混合式换热的特点是冷、热两流体直接接触，在混合接触过程中进行换热。如通常使用的凉水塔、玻璃钢冷却塔、混合式冷凝器等都属于这一种类型。它们具有传热速率快、效率高和设备简单的优点，但只适用于允许两股流体直接接触并混合的场合。

3. 蓄热式换热

这种形式的换热通常是在一个被称为蓄热器的设备内进行的。蓄热器内装有耐火砖之类的固体填充物，操作时，首先通入热流体，利用热流体的热量使填充物温度升高，贮存了热量，然后改通冷流体，填充物释放出所贮存的热量而将冷流体加热，从而达到冷、热流体进行换热的目的。

（三）稳定传热和不稳定传热

传热过程分稳定传热和不稳定传热两种。在传热过程中，传热面上各点的温度仅因位置不同而不同，但不随时间而改变的，称为稳定传热。

稳定传热的特点是单位时间内通过传热间壁的热量是一个常量。与此相反，若传热过程中各点温度不仅随位置变化，而且随时间发生变化的，这种传热过程就是不稳定传热。

连续生产过程中所进行的传热多为稳定传热。在间歇操作的换热设备中，或连续操作的换热器的开、停机阶段的换热，都属于不稳定传热。

二、热传导

（一）热传导机理简介

热传导是起因于物体内部分子、原子和电子的微观运动的一种传热方式。温度不同时，这些微观粒子的热运动激烈程度不同。因此，在不同物体之间或同一物体内部存在温度差时，就会通过这些微观粒子的振动、位移和相互碰撞而发生能量的传递，称为热传导，又称导热。不同相态的物质内部导热机理不尽相同。气体内部的导热主要是其分子做不规则热运动时相互碰撞的结果；非导电固体中，分子在其晶格结构的平衡位置附近振动，将能量传递给相邻分子，实现导热；而金属固体的导热是凭借自由电子在晶格结构之间的运动完成的；关于液体的导热机理，一种观点认为它类似于气体，更多的研究者认为它接近于非导电固体的导热机理。总的来说，关于导热过程的微观机理，目前人们的认识还不完全清楚。

（二）热传导速率的表达——傅里叶定律

物体内部存在温差时，在导热机理的作用下发生导热过程。针对某一微元传热面，傅里叶定律给出了导热速率的表达式：

$$dQ = -\lambda dA \frac{\partial t}{\partial n} \qquad (3-1)$$

式中：Q——导热速率，W。

A——导热面积，m^2。

λ——热导率，W/（m·t）。

式（3-1）表明，导热速率与微元所在处的温度梯度成正比，其中负号的含义是传热方向与温度梯度的方向相反，傅里叶定律的表达式还可以写成导热热通量的形式：

$$q = -\lambda \frac{\partial t}{\partial n} \qquad (3-2)$$

（三）热导率

由式（3-2）可见，热导率是单位温度梯度下的导热热通量，因而它代表物质的导热能力。作为物质的基本物理性质之一，热导率的数值与物质的结构、组成、温度、压强等许多因素有关，可用实验的方法测得。工程上常用材料的热导率可在相关的工程设计手册中查到。一般说来，金属的热导率最大，液体的较小，气体的最小。

1. 固体的热导率

金属的热导率与材料的纯度有关，合金材料热导率小于纯金属。各种固体材料的热导率均与温度有关。对绝大多数的均质固体而言，热导率与温度近似呈线性关系，可用下式表示：

$$\lambda = \lambda_0(1 + \alpha t) \tag{3-3}$$

式中：λ ——固体在温度 t℃时的热导率，W/（m·T）。

λ_0——固体在0℃时的热导率，W/（m·T）。

α ——温度系数，1/℃，对大多数金属材料为负值，而对大多数非金属材料则为正值。

在工程计算中，常遇到固体壁面两侧温度不同的情况。此时，可按平均温度确定温度场中材料的热导率。

2. 液体的热导率

金属液体的热导率很大，而非金属液体的热导率较小，但比固体绝热材料大。一般来说，纯液体的热导率比其溶液的热导率大。

3. 气体的热导率

气体的热导率随温度升高而增大。在相当大的压力变化范围内，气体的热导率与压力的关系不是很大，只有在压力大于 2×10^8 Pa 或很低时，如低于 2.6×10^4 Pa，热导率才随压力的升高而增大。气体的热导率很小，对导热不利，但却对保温有利。软木、玻璃棉等材料就是由于其内部空隙中存在气体，所以其平均热导率较小。

（四）单层平壁的定态热传导

工业炉平壁保温层内的传热过程可视为平壁热传导。工业炉平壁其高度、宽度与厚度相比都很大，则该壁边缘处的散热可以忽略。假设壁内温度只沿垂直于壁面的方向而变化，即壁内所有垂直于 x 轴的平面都是等温面，平壁两侧表面温度保持均匀，分别为 t_1 和 t_2，且 $t_1 > t_2$。若 t_1 和 t_2 不随时间而变，则壁内传热过程系一维定态热传导。在该平壁内位置为 x 处取一厚度为 dk 的薄层，傅里叶定律可以写为

$$Q = -\lambda A \frac{dt}{dn} \tag{3-4}$$

式（3-4）中 A 为垂直于 x 轴的平壁面积，Q 为与之对应的导热速率。若材料的热导率不随温度而变化（或取 t_1 和 t_2 之平均值下的热导率），积分该式

$$\int_{t_1}^{t_2} dt = -\frac{Q}{A\lambda} \int_0^b dx$$

即

$$Q = \lambda A \frac{t_1 - t_2}{b} \tag{3-5}$$

式（3-5）又可以写成如下形式：

$$Q = \frac{\Delta t}{\dfrac{b}{\lambda A}} = \frac{\Delta t}{R} = \frac{推动力}{热阻} \tag{3-6}$$

式中：$\Delta t = t_1 - t_2$——导热推动力。

$R = b/\lambda A$——导热热阻。

式（3-6）表明，导热速率正比于推动力，反比于热阻，这一规律与电学中的欧姆定律极为相似。另外，导热层厚度越大，导热面积和热导率越小，则导热热阻越大。

（五）单层圆筒壁的定态热传导

在生产装置中，绝大多数的容器、管道及其他设备外壁都是圆筒壁的。因此，研究通过圆筒壁的热传导问题更具有工程实际意义。

考虑单层圆筒壁，其长度为 l，内半径为 r_1，外半径为 r_2，内、外表面的温度分别为 t_1 和 t_2，并且 $t_1 > t_2$。假定壁内温度只沿圆筒壁半径方向变化，且不随时间而变，则壁内传热过程系一维定态热传导，壁内任意一个圆筒面均为等温面。将材料热导率按常数考虑，在该壁内取一半径为 r、厚度为 dr 的薄层，其两侧面温差为 dt，傅里叶定律可以写成

$$Q = -\lambda A \frac{dt}{dr} = -\lambda 2\pi r l \frac{dt}{dr}$$

根据边界条件：$r = r_1$ 时，$t = t_1$；$r = r_2$ 时，$t = t_2$，对该式积分，可得

$$\int_{r_1}^{r_2} Q \mathrm{d}r = -\int_{t_1}^{t_2} \lambda 2\pi r l \mathrm{d}t$$

即

$$Q = \frac{2\pi l \lambda (t_1 - t_2)}{\ln \dfrac{r_2}{r_1}} = \frac{2\pi l (t_1 - t_2)}{\dfrac{1}{\lambda}\ln \dfrac{r_2}{r_1}} \tag{3-7}$$

式（3-7）可用于计算单层圆筒热传导速率。该式可进一步写为推动力与阻力之比的形式。

$$Q = \frac{2\pi l \lambda (t_1 - t_2)(r_2 - r_1)}{(r_2 - r_1)\ln \dfrac{2\pi l r_2}{2\pi l r_1}} = \frac{\lambda (t_1 - t_2)(A_2 - A_1)}{b \ln \dfrac{A_2}{A_1}} = \frac{t_1 - t_2}{\dfrac{b}{\lambda A_m}} = \frac{\Delta t}{R} = \frac{\text{推动力}}{\text{热阻}}$$

$$\tag{3-8}$$

其中，$b = r_2 - r_1$，为圆筒壁的壁厚；A_1、A_2 分别为圆筒壁的内、外表面积；A_m 为 A_1、A_2 的对数平均值，称为圆筒壁的对数平均面积，见下式：

$$A_m = \frac{A_2 - A_1}{\ln \dfrac{A_2}{A_1}} \tag{3-9}$$

A_m 也可以用 $A_m = 2\pi r_m l$ 计算，其中

$$r_m = \frac{r_2 - r_1}{\ln \dfrac{r_2}{r_1}} \tag{3-10}$$

r_m 称为圆筒壁的对数平均半径，当（r_2/r_1）<2 时，通常也采用 r_2 和 r_1 的算数平均值表示 r_m。

若对前面的微分方程进行不定积分，可得圆筒壁内温度分布如下：

$$t = -\frac{Q}{2\pi l \lambda}\ln r + C \tag{3-11}$$

可见，壁内各等温面温度沿半径方向按对数规律变化。

需要指出的是，在平壁的一维定态热传导中，通过各等温面的导热速率 Q 和导热热通量 q 是保持不变的；在圆筒壁的一维定态热传导中，通过各等温面的导热速率亦相等，但导热热通量随等温面半径的增大而减小。

（六）通过多层壁的定态热传导

在工业生产装置中，设备外面往往包有不止一层保温或隔热材料，与此相关

的就是通过多层壁的热传导问题。

1. 多层平壁定态热传导

以面积为 A 的三层平壁为例，各层的壁厚分别为 b_1、b_2 和 b_3，热导率分别为 λ_1、λ_2 和 λ_3。假设层与层之间接触良好，即相接触的两表面温度相同。各表面温度分别为 t_1、t_2、t_3 和 t_4，且 $t_1 > t_2 > t_3 > t_4$。在定态热传导中，通过各层平壁的导热速率相等，即

$$Q_1 = Q_2 = Q_3 = Q$$

由式（3-5）可得

$$Q = \frac{t_1 - t_2}{\dfrac{b_1}{\lambda_1 A}} = \frac{t_2 - t_3}{\dfrac{b_2}{\lambda_2 A}} = \frac{t_3 - t_4}{\dfrac{b_3}{\lambda_3 A}} \tag{3-12}$$

在上式（3-12）中，将各分式的分子相加作为分子，各分式分母相加作为分母，所得新分式值与原各分式相等

$$Q = \frac{\sum \Delta t_i}{\sum\limits_{i=1}^{3} \dfrac{b_i}{\lambda_i A}} = \frac{t_1 - t_4}{\sum\limits_{i=1}^{3} \dfrac{b_i}{\lambda_i A}} = \frac{t_1 - t_4}{\sum\limits_{i=1}^{3} R_i} = \frac{\text{总推动力}}{\text{总热阻}} \tag{3-13}$$

式（3-13）可用于计算三层平壁定态热传导速率。该式还可以推广至九层平壁，即

$$Q = \frac{t_1 - t_{n+1}}{\sum\limits_{i=1}^{n} \dfrac{b_i}{\lambda_i A}} = \frac{t_1 - t_{n+1}}{\sum\limits_{i=1}^{n} R_i} = \frac{\text{总推动力}}{\text{总热阻}} \tag{3-14}$$

2. 多层平圆筒壁定态热传导

由式（3-7）出发，按类似于导出式（3-13）的方法可得

$$Q = \frac{2\pi l(t_1 - t_4)}{\dfrac{1}{\lambda_1}\ln\dfrac{r_2}{r_1} + \dfrac{1}{\lambda_2}\ln\dfrac{r_3}{r_2} + \dfrac{1}{\lambda_3}\ln\dfrac{r_4}{r_3}} \tag{3-15}$$

同样地，用于计算三层圆筒壁导热速率的式（3-15）也可以推广至 n 层圆筒壁，即

$$Q = \frac{t_1 - t_{n+1}}{\sum\limits_{i=1}^{n} \dfrac{b_i}{\lambda_i A_{mi}}} = \frac{\sum\limits_{i=1}^{n} \Delta t}{\sum\limits_{i=1}^{n} R_i} = \frac{2\pi l(t_1 - t_{n+1})}{\sum\limits_{i=1}^{n} \dfrac{1}{\lambda_i}\ln\dfrac{r_i + 1}{r_i}} \tag{3-16}$$

化工技术与企业安全管理探索

从以上的推导过程可以看出，在多层壁的定态热传导过程中，每层壁都有自己的推动力和阻力。通过各层的导热速率相等，它既等于某层的推动力与其阻力之比，也等于各层推动力之和与各层阻力之和的比值。另外，也正是因为各层的导热速率相等，哪层的温差（推动力）越大，哪层的热阻也越大，反之亦然。

三、对流传热

对流传热是依靠流体质点移动进行热量传递的传热基本方式，生产中多存在于流体流过固体壁面时的传热过程。对流传热按流体在传热过程中的状态分为流体无相变的对流传热和流体有相变的对流传热。因其传热机理较复杂，影响因素多，一般的理论不能完全解释比较复杂的实际过程。

（一）对流传热速率方程和对流传热系数

1. 对流传热速率方程

对流传热过程的影响因素较多，工程计算中常运用半经验的方法处理。由生产实践可知，稳态传热过程中，传热速率与温度差、传热面积成正比，引入比例系数后，对流传热速率方程可表示为

$$Q = \alpha A \Delta t \tag{3-17a}$$

式中：Q ——对流传热速率，W。

α ——对流传热系数，$W/(m^2 \cdot ℃)$。

A ——传热面积，m^2。

Δt ——流体与壁面的温度差，℃。

式（3-17a）又称牛顿冷却公式，将原本比较复杂的对流传热关系式进行了简化处理，式中 α 的对流传热系数为管长的平均值。

2. 对流传热系数

由式（3-17a）可得到对流传热系数的定义式，即

$$\alpha = \frac{Q}{A\Delta t} \tag{3-17b}$$

对流传热系数在数值上等于单位温度差下，单位传热面积的对流传热速率。若传热面积一定，对流传热系数越大，则传热热阻越小，传热效果也越好。

对流传热系数 α 不是物质的物性参数，只反映对流传热的快慢，其数值须结合具体的影响因素加以确定。

（二）对流传热机理

对流传热受流体流动状况影响很大，其一般过程为冷、热流体的传热方向总是垂直于它们的流动方向，取流体流动方向上的任一垂直截面作为讨论对象，则热流体湍流主体中的热量经过渡区、层流底层传至壁面一侧，而壁面另一侧的热量又经层流底层、过渡区传至冷流体的湍流主体。

当固体壁面两侧流体湍流流动时，紧靠壁面处总会存在一薄层流体呈层流流动，即层流底层。层流底层中流体分层运动，层与层之间无流体的宏观运动，因此垂直于流动方向上仅有热传导而无热对流。由于流体的导热系数普遍较小，因而该层的热阻较大，温度梯度也较大。层流底层与湍流主体之间称为过渡区，该区域内热量传递依靠热对流与热传导共同作用，且二者的影响大致相当。在湍流主体中，流体质点剧烈运动并充满旋涡，使各处的动量和热量充分传递，传热阻力很小，温度基本上相同。所以，对流传热是热对流与热传导联合作用的传热过程，传热热阻主要集中在层流底层。

与流动边界层形成过程类似，当流体温度和壁面温度不同时，各层流体间存在温度差，靠近壁面的薄层流体集中了几乎全部的温度变化，这一薄层称为热边界层。热边界层的厚薄会影响温度在此区域的分布，热边界层越薄则层内温度梯度越大。热边界层之外的区域通常视为温度基本相同。

在工程应用中，为了简化处理，常根据上述对流传热的基本特征提出各种实用的理论模型。在膜理论模型中，假设有一靠近壁面的流体膜，膜内流体做层流流动，膜外做湍流流动，所有热阻都叠加在膜内。所以，湍流程度越大，该膜厚度越薄，其他条件一定时，对流传热效果更好。为了进一步分析层流底层对传热的影响，也有学者提出了边界层双层模型，即忽略过渡区，流体只分为层流底层与湍流主体两部分，且湍流主体中的流体质点只能达到层流底层的边缘。

（三）对流传热系数的影响因素及其经验关联式

1. 影响对流传热系数的主要因素

实验研究表明，对流传热系数 α 主要受以下因素影响。

（1）流体物理性质

在相同外部条件下，流体的物理性质不同，对流传热系数也会有所差异。其中，黏度、密度、比热容、导热系数和体积膨胀系数的影响尤为突出。黏度越大，湍流程度越小，相应的对流传热系数越小；密度与比热容的乘积可表征单位体积该流体携带热量的能力，其值越大，对流传热系数越大；导热系数越大，对流传热系数越大；体积膨胀系数越大，则能够产生较大的密度差，可促进自然对流的传热，对流传热系数越大。

（2）流体流动状态

当流体呈层流流动时，由于分层流动，无流体质点的混杂，热传导成为热量传递的主要形式；当流体呈湍流流动时，湍流主体中有质点的混杂运动并伴随旋涡生成，传热更加充分，即 α 增大。湍流时的对流传热系数较层流时的大。

（3）流体流动起因

对流传热分为自然对流和强制对流。自然对流是流体内部因温度差异而引起各部分的密度不同所产生的流体质点呈上升或下降运动而引起的流动。强制对流是流体在外力作用下产生的流动。通常，强制对流的流速比自然对流的高，因而 α 也大。

（4）流体相变

流体有无相态变化对对流传热系数影响较大。通常传热过程中流体发生相变时（如蒸气在冷壁面上的冷凝或热壁面上的沸腾）的对流传热系数比不发生相变时大得多。蒸气冷凝或液体沸腾时，放出或吸收了汽化热 r（J/kg），对同一液体，其 r 值较比热容 c_p 大，因此相变时的 α 值较无相变时的大。

（5）传热面影响

传热面的形状、相对位置及尺寸等均对对流传热系数产生影响。传热面的形状有管式、板式、翅片式等；传热面有水平放置、垂直放置及管内流动、管外沿轴向流动或垂直于轴向流动等；传热面尺寸有管内径及外径、管长、平板的宽与长等。

由于影响对流传热系数 α 值的因素太多，目前尚未建立能确定多因素影响下对流传热系数的理论计算公式。生产过程中多采用实验方法测定 α 值，为减少实验工作量，引入量纲分析法。该方法可将影响对流传热系数的因数归纳成若干个量纲为1的数群（也称准数），再通过实验确定各数群之间的关系，从而得到不同情况下对流传热系数的关联式。

2. 流体无相变时的对流传热系数经验关联式

（1）流体在管内的强制对流传热系数

①圆形直管内强制湍流时的对流传热系数。对于低黏度流体，一般选用下列关联式：

化工技术与企业安全管理探索

$$Nu = 0.023Re^{0.8}Pr^n \tag{3-18a}$$

式中：Re——雷诺数。

Pr——普朗特数。

为了便于计算，式（3-18a）也可表示为

$$\alpha = 0.023\frac{\lambda}{d}\left(\frac{du\rho}{\mu}\right)^{0.8}\left(\frac{c_p\mu}{\lambda}\right)^n \tag{3-18b}$$

式（3-18a）和式（3-18b）中，定性温度取流体进、出口温度的算术平均值，特征尺寸取管内径 d；应用范围为 $Re > 10^4$，$0.7 < Pr < 120$，管长与管径比 $l/d > 60$，流体黏度 $\mu < 2$ MPa·s；指数 n 的值为 0.3（流体被冷却时）或 0.4（流体被加热时）。应注意 $Pr = c_p\mu/\lambda C_p$ 的单位是 J/（kg·K）。

对于高黏度液体，一般选用关联式

$$Nu = 0.27Re^{0.8}Pr^{1/3}\left(\frac{\mu}{\mu_w}\right)^{0.14} \tag{3-19a}$$

或

$$\alpha = 0.027\frac{\lambda}{d}\left(\frac{du\rho}{\mu}\right)^{0.8}\left(\frac{c_p\mu}{\lambda}\right)^{\frac{1}{3}}\left(\frac{\mu}{\mu_w}\right)^{0.14} \tag{3-19b}$$

式（3-19a）和式（3-19b）中，定性温度除 μ_w 以取壁温外，其余均取流体进、出口温度的算术平均值；特征尺寸取管内径 d；应用范围为 $Re > 10^4$，$0.7 < Pr < 16\,700$，$l/d > 60$。$\left(\frac{\mu}{\mu_w}\right)^{0.14}$ 为校正项。一般情况下，壁温未知，须用试差法计算。为了计算方便，工程应用中常取其近似值，即液体被加热时，取 $\left(\frac{\mu}{\mu_w}\right)^{0.14}$ =0.15；液体被冷却时，取 $\left(\frac{\mu}{\mu_w}\right)^{0.14}$ =0.95。

②圆形直管内强制过渡流时的对流传热系数。当 Re 为 2 300~10 000 时，流体介于湍流与层流之间，可先用式（3-18）和式（3-19）计算出对流传热系数 a，再乘以校正系数 Φ。

$$\Phi = 1 - \frac{6 \times 10^5}{Re^{1.8}} \tag{3-20}$$

③圆形直管内强制层流时的对流传热系数。当管径较小，管路水平放置，壁面与流体间温差较小，流体的 μ/ρ 值较大时，自然对流对强制层流传热的影响可忽略。此时，可用关联式表示为

$$Nu = 1.86 Re^{1/3} Pr^{1/3} \left(\frac{d}{l}\right)^{1/3} \left(\frac{\mu}{\mu_w}\right)^{0.14} \tag{3-21}$$

式中：定性温度除 μ_w 取壁温外，其余均取流体进、出口温度的算术平均值；特征尺寸取管内径 d；应用范围为 $Re < 2\,300$，$0.6 < Pr < 6700$，$\left(Re Pr \dfrac{d}{l}\right) > 10$。

由于流体在管内做强制层流时往往伴有自然对流传热，所以情况较复杂。当自然对流影响不能忽略时，应在式（3-21）计算结果的基础上乘以相应的校正系数。

④当流体在非圆形管内做强制对流。当流体在非圆形管内做强制对流时，只需将特征尺寸由管内径 d 改为当量直径 d_e 即可，仍采用上述各关联式。

$$d_e = 4 \times \frac{\text{流体流动截面积}}{\text{润湿周边}}$$

此外，有些场合也要求使用传热当量直径 d'_e。

$$d'_e = 4 \times \frac{\text{流体流动截面积}}{\text{传热周边}}$$

（2）流体在管外的强制对流传热系数

在换热器的相关计算中会遇到大量流体垂直流过管束的情况。此时，管与管之间影响明显，传热情况比流体垂直流过单管的对流传热更加复杂。

通常，管束的排列分为直列和错列两种。流体在管束外垂直流过时的对流传热系数可按下式计算

$$Nu = c_1 c_2 Re^n Pr^{0.4} \tag{3-22}$$

式中：c_1、c_2、n 的取值均由实验确定（见表3-1）。

式（3-22）中，定性温度取流体进、出口温度的算术平均值；特征尺寸取外径 d_0；流速取各排最窄通道处的流速；应用范围为 $Re = 5 \times 10^3 \sim 7 \times 10^4$，$\dfrac{x_1}{d_0} = 1.2 \sim 5$，$\dfrac{x_2}{d_0} = 1.2 \sim 5$，其中 x_1、x_2 分别为纵向、横向的管间距。当 $\dfrac{x_1}{d_0} = 1.2 \sim 3$ 时，$c_1 = 1 + 0.1 \dfrac{x_1}{d_0}$；当 $\dfrac{x_1}{d_0} > 3$ 时，$c_1 = 1.3$。

表 3-1　式（3-22）中 c_2 及 n 值选择

管子排数	直列		错列	
	c_2	n	c_2	n
1	0.6	0.171	0.6	0.171
2	0.65	0.157	0.6	0.228
3	0.65	0.157	0.6	0.290
4	0.65	0.157	0.6	0.290

应指出，无论是直列还是错列，流体流经第 1 排管子时，流动情况相同。从第 2 排开始，流体因在错列管束间通过受阻，湍动程度增大，所以错列时的对流传热系数更大。从第 3 排以后，直列或错列的对流传热系数基本不再改变。

管束的平均对流传热系数计算公式为：

$$\alpha = \frac{\alpha_1 A_1 + \alpha_2 A_2 + \cdots + \alpha_n A_n}{A_1 + A_2 + \cdots + A_n} \tag{3-23}$$

式中：$A_1, A_2, \cdots, A_n$ ——各排传热管的传热面积。

$\alpha_1, \alpha_2, \cdots, \alpha_n$ ——各排的对流传热系数。

（3）流体的自然对流传热系数

自然对流传热系数仅与 Gr 准数（格拉斯霍夫数）和 Pr 准数有关。其准数关系式为

$$Nu = C(GrPr)^n \tag{3-24a}$$

或

$$\alpha = C\frac{\lambda}{l}\left(\frac{\rho^2 g\beta \Delta t l^3}{\mu^2} \times \frac{\mu C_p}{\lambda}\right)^n \tag{3-24b}$$

式中：C、n 均由实验测得，其数值选择见表 3-2。此时的定性温度取膜温 t_m，即流体进、出口平均温度 t 与壁温 t_w 的算术平均值。

在生产中，管路或传热设备表面与周围大气之间传热时可用式（3-24a）或式（3-24b）计算相应的对流传热系数。

表 3-2 式（3-24）中 C 及 n 值选择

传热面	特征尺寸	$GrPr$	C	n
垂直管或板	高度	$10^4 \sim 10^9$	0.59	1/4
		$10^9 \sim 10^{12}$	0.1	1/3
水平圆管	外径	$10^4 \sim 10^9$	0.53	1/4
		$10^9 \sim 10^{12}$	0.13	1/3

3. 流体有相变时的对流传热系数经验关联式

（1）蒸气冷凝时的对流传热系数

蒸气冷凝有膜状冷凝和滴状冷凝两种方式。当饱和蒸气与低于饱和温度的壁面接触时，蒸气放出潜热并冷凝成液体。若冷凝液能润湿壁面，在壁面上形成一层连续的液膜并向下流动，称为膜状冷凝；若冷凝液不能润湿壁面，而是在壁面上聚集成许多液滴，并沿壁面落下，称为滴状冷凝。膜状冷凝时形成的液膜阻碍了壁面与冷凝蒸气间的热量传递，成为其主要热阻；而滴状冷凝时无液膜覆盖，壁面大部分面积直接暴露在蒸气中，其对流传热系数比膜状冷凝时要大几倍到十几倍。工业生产中大多为膜状冷凝，因此冷凝器的设计总是按膜状冷凝处理。下面仅讨论单组分饱和蒸气膜状冷凝时的对流传热系数计算方法。

①蒸气在水平管外冷凝。蒸气在水平管外冷凝时的对流传热系数计算式为

$$\alpha = 0.725 \left(\frac{\rho^2 g \lambda^3 r}{n^{2/3} d_0 \mu \Delta t} \right)^{1/4} \tag{3-25}$$

式中：ρ ——冷凝液的质量流量，kg/m^3。

　　　　λ ——冷凝液的导热系数，$W/（m \cdot T）$。

　　　　r ——饱和蒸气的冷凝热，J/kg。

　　　　μ ——冷凝液的黏度，$Pa \cdot s$。

　　　　d_0 ——管外径，m。

　　　　Δt ——蒸气饱和温度 t_s 与壁面温度 t_w 之差，$\Delta t = t_s - t_w$，℃。

　　　　n ——水平管束在垂直列上的管数，若为单根水平管，则 $n = 1$。

定性温度除蒸气冷凝热 γ 取饱和温度 t_s 外，其余均取膜温 t_m；特征尺寸取管

外径 d_0。

②蒸气在垂直管外或垂直平板侧冷凝。蒸气在垂直管外或垂直平板侧冷凝时的对流传热系数同液膜的流动方式有关。当液膜为层流时的计算式为

$$\alpha = 1.13 \left(\frac{\rho^2 g \lambda^3 r}{\mu l \Delta t} \right)^{1/4} \tag{3-26}$$

式中：l ——垂直管或是板的高度，同时也是特征尺寸。

当液膜为湍流（$Re > 1\,800$）时，其对流传热系数可按下式计算。

$$\alpha = 0.0077 \left(\frac{\rho^2 g \lambda^3}{\mu^2} \right)^{1/3} Re^{0.4} \tag{3-27}$$

判断液膜流型时，可使用以下 Re 表达式：

$$Re = \frac{d_e u \rho}{\mu} = \frac{4W}{b\mu} \tag{3-28}$$

式中：W ——冷凝液的质量流量，kg/s。

b ——湿润周边，m。

由 $Q = Wr$ 和 $Q = \alpha A \Delta t = \alpha b l \Delta t$ 可得

$$\frac{W}{b} = \frac{\alpha l \Delta t}{r} \tag{3-29}$$

因此，式（3-28）可表示为

$$Re = \frac{4\alpha l \Delta t}{r\mu}$$

式中：α ——对流传热系数，W/（m^2 · ℃）。

l ——壁面高度，m。

r ——比汽化热，取饱和温度 t_s 下的数值，J/kg。

μ ——冷凝液在膜温 $t = (t_s + t_w)/2$ 下的黏度，Pa · s。

Δt ——蒸气饱和温度 t_s 与壁面温度 t_w 之差，$\Delta t = t_s - t_w$，℃。

在计算 α 时，应先假设液膜的流型。求出 α 值后需要计算 Re，看是否在所假设的流型范围内。

（2）液体沸腾时的对流传热系数

当液体温度高于饱和温度时，液相内部产生气泡，部分液相转变为气相，液体沸腾。液体沸腾可划分为大容器沸腾和管内沸腾两种类型。将加热面浸入液体中，液体在加热面外的大容器内加热沸腾，为大容器沸腾，由自然对流和气泡扰动引起；液体在管内流动过程中受热沸腾，为管内沸腾，传热机理比前者更加复

杂。本节主要讨论大容器沸腾。

液体沸腾时可以观察到浸于液体中的加热面上不断有气泡生成、长大、脱离并上升到液体表面。达到沸腾状态需满足两个条件：一是液体过热度，即液体主体温度与饱和温度的差 $\Delta t = t - t_s$；二是能够提供汽化核心。研究表明，液体的过热度越大，越容易生成气泡，而壁面处的温度与饱和温度的差值最大，因此加热面上最易生成气泡；此时，加热面并非完全平整，其上有凹陷的小坑并残有微量气体，一旦受热则成为汽化核心，满足了沸腾的条件。

以常压下水在大容器中沸腾传热为例，饱和沸腾时壁面处的温度差 $\Delta t = t_s - t_w$ 对沸腾传热系数 α 产生一定影响，其关系曲线又称沸腾曲线。根据曲线走势，沸腾过程可分为自然对流、泡状沸腾和膜状沸腾三个阶段。自然对流阶段时，Δt 较小，液体自然对流，无沸腾现象，α 值略有增大；泡状沸腾阶段时，Δt 不断增大，汽化核心处的气泡生成速度随之增加，并浮升至蒸气空间，此时液体受到剧烈扰动，α 值迅速增大；膜状沸腾阶段时，Δt 继续增大，大量气泡在脱离壁面前形成气膜，阻断了液体与加热面的接触，α 值急剧下降至临界点，此时，传热面完全被气膜覆盖，α 值基本不变。

影响沸腾传热系数的主要因素有液体性质、温度差、操作压力和加热面情况等。通常情况下，α 值随液体密度、导热系数的增加而增大，随液体的黏度、表面张力的增加而减小。温度差是发生沸腾的重要影响因素，其与沸腾传热系数的关系可参考沸腾曲线。提高操作压力即提高液体饱和温度，降低了黏度和表面张力，有利于沸腾传热。加热面的表面状况及材料性质都会影响沸腾传热，一般来说，表面清洁、无油垢时，α 值较大。壁面粗糙使汽化核心增多，也能促进沸腾传热。

四、辐射传热

辐射传热是指以电磁波的形式进行热量传递。

黑度（ε）是指某物体吸收辐射能的能力与黑体吸收辐射能的能力之比。

某物体的吸收率为 $A = \dfrac{q_A}{q}$；黑体的吸收率为 $A = \dfrac{q_A}{q} = 1$，则 $q_A = q$；灰体的黑度 $\varepsilon = \dfrac{Aq}{q} = A$。

这说明，物体的黑度在数值上等于物体的吸收率。

关于黑度及辐射的概念，日常生活中有许多智力测验题。例如有形状、外观、质量完全相同的黑、白大缸子各五个，让一个盲人来辨认，哪个是黑？哪个是白？聪明的盲人如何分辨呢？再如，为什么在夏天没多少人穿黑色衬衫等。

斯蒂芬-玻耳兹曼定律：黑体的辐射能力 E_0 与热力学温度的四次方成正比。

$$E_0 = C_0 \left(\frac{T}{100}\right)^4 \tag{3-30}$$

式中：C_0——黑体的辐射系数，其数值为 5.669 $W \cdot m^{-2} \cdot K^{-4}$。

灰体的辐射能力 E（实质为热量通量）为

$$E = \varepsilon E_0 = \varepsilon C_0 \left(\frac{T}{100}\right)^4 \tag{3-31}$$

辐射传热的传热速率由式（3-32）计算，即

$$q = C_{1-2} A \varphi \left[\left(\frac{T_1}{100}\right)^4 - \left(\frac{T_2}{100}\right)^4 \right] \tag{3-32}$$

式中：C_{1-2}——辐射系数，与相对位置有关，$W \cdot m^{-2} \cdot K^{-4}$。

φ——角系数，与投影角度有关。

A——基准传热面积，亦与相对位置有关，m^2。

T_1，T_2——热、冷物体的温度，K。

q——辐射传热速率（下同），W。

对于不同形状和不同位置的热、冷流体，其辐射传热速率，按下列公式计算。

①一热表面（下标1）被另一更大冷表面（下标2）所包围，其辐射传热速率为

$$q = \frac{5.669}{\dfrac{1}{\varepsilon_1} + \dfrac{A_1}{A_2}\left(\dfrac{1}{\varepsilon_2} - 1\right)} A_1 \left[\left(\frac{T_1}{100}\right)^4 - \left(\frac{T_2}{100}\right)^4 \right] \tag{3-33a}$$

②对于两个大而面积相近的平面，即 $A_2 = A_1$，简化式（3-33a），其辐射传热速率为

$$q = \frac{5.669}{\dfrac{1}{\varepsilon_1} + \left(\dfrac{1}{\varepsilon_2} - 1\right)} A_1 \left[\left(\frac{T_1}{100}\right)^4 - \left(\frac{T_2}{100}\right)^4 \right] \tag{3-33b}$$

③一热表面被另一无限大冷表面所包围，即 $A_2 \gg A_1$，简化式（3-33a），则

$$q = 5.669 \varepsilon_1 A_1 \left[\left(\frac{T_1}{100}\right)^4 - \left(\frac{T_2}{100}\right)^4 \right] \tag{3-33c}$$

式中：ε_1，ε_2——热表面 1 和冷表面 2 的黑度系数。

A_1，A_2——热表面 1 和冷表面 2 的面积，m^2。

由此看出，式（3-33a）是基本的，而式（3-33b）、式（3-33c）则是式（3-33a）的两种特殊情况。

需要强调的是，一般物体温度低于 400℃（673 K）时，可忽略辐射传热的影响。所以在化工热交换计算中，一般都不考虑辐射传热。

第二节　蒸发及其设备

一、蒸发概述

蒸发是将溶液加热至沸腾，使其中部分溶剂汽化并被移除的一种单元操作。蒸发广泛应用于化工、轻工、食品、医药等行业中。就蒸发目的而言，通常是为了浓缩溶液，如稀碱液、果汁、糖汁、稀牛奶、黑液等蒸发浓缩。但有时是为了脱除杂质、制取溶剂，如海水淡化的蒸发、制取可饮用的淡水等。

被蒸发的溶液中，溶剂应具有挥发性而溶质是不挥发的。当溶液被加热至沸腾时，溶剂汽化变成蒸气，而从溶液中分离出来。如果产生的蒸气不及时排除，则蒸气与溶液间趋于平衡状态，使汽化不能继续进行。故进行蒸发的必要条件是热能的不断供给以及所生成的蒸气的不断排除。蒸气的排除通常采用冷凝法。

蒸发操作主要采用饱和水蒸气加热，而被蒸发的物料大多是水溶液，故蒸发时产生的蒸气也是水蒸气。为了区别，前者称为加热蒸气，后者称为二次蒸气。遇高沸点溶液，可选用其他的高温载热体及电加热、熔盐加热、烟道气加热等。

蒸发操作可以在加压、常压或减压下进行。常压蒸发时，采用敞口设备，二次蒸气直接排到大气中，所用的设备和工艺条件都最为简单。采用加压蒸发主要是为了提高二次蒸气的温度，以提高热能的利用率；同时，提高溶液的沸点还可以增加溶液的流动性，改善传热效果。但工业上的蒸发操作大部分是在减压下进行的，这是由于真空蒸发具有如下优点：

一是在加热蒸气压力相同的情况下，减压蒸发时溶液的沸点低，传热温差可以增大，因而对一定的传热量，可以节省蒸发器的传热面积。

二是可以利用低压蒸气或废气作为热源。

三是适用于处理热敏性溶液，即在高温下易分解、聚合或变质的溶液。

四是操作温度低，散失于外界的热量也可相应减少。

但是采用真空蒸发时，因溶液的沸点降低，使黏度增大，导致传热系数下降；且需要减压装置（真空泵），并消耗一定的能量。

如果所产生的二次蒸气不再利用，经直接冷凝后排去的蒸发操作，称为单效蒸发。如把二次蒸气引到另一压力较低的蒸发器，作为加热蒸气使用，这种使二次蒸气在蒸发过程中得到多次利用的操作，称为多效蒸发。

常见的蒸发过程实质上是在间壁两侧进行蒸气冷凝和溶液沸腾的传热过程，所以蒸发器也是一种换热器。但是，和一般的传热过程相比，蒸发过程有以下特点：

一是蒸发的物料是含有不挥发性溶质的溶液。由拉乌尔定律可知，在相同温度下，其蒸气压比纯溶剂低，因此，在相同压力下，溶液的沸点高于纯溶剂的沸点。故当加热蒸气温度一定时，蒸发溶液时的传热温度差就比蒸发纯溶剂的小。这是蒸发操作的一个特点。

二是蒸发时汽化的溶剂量较大，需要消耗大量的加热蒸气。如何充分利用热量以提高加热蒸气的利用率是蒸发操作的另一个特点。

三是蒸发的溶液本身常具有某些特性，例如有些物料在浓缩时可能结垢或析出结晶，有些热敏性物料在高温下易分解变质，有些则具有较大的黏度或较强的腐蚀性，等等。这是蒸发操作的又一特点。如何根据物料的这些特性和工艺要求，选择适宜的蒸发方法和设备，是必须考虑的问题。

二、单效蒸发与真空蒸发

（一）单效蒸发流程

蒸发器由加热室和蒸发室两部分组成。加热室为列管式换热器，加热蒸气在加热室的管间冷凝，放出的热量通过管壁传给列管内的溶液，使其沸腾并汽化，气液混合物则在分离室中分离，其中液体又落回加热室，当浓缩到规定浓度后排出蒸发器。分离室分离出的蒸气（又称二次蒸气，以区别于加热蒸气或生蒸气），先经顶部除沫器除沫，再进入混合冷凝器与冷水相混，被直接冷凝后，通过大气腿排出。不凝性气体经分离器和缓冲罐由真空泵排出。

（二）单效蒸发设计计算

单效蒸发设计计算内容有如下三点：

一是确定水的蒸发量。

二是加热蒸气消耗量。

三是蒸发器所需传热面积。

在给定生产任务和操作条件（如进料量、温度和浓度，完成液的浓度，加热蒸气的压力和冷凝器操作压力）的情况下，上述任务可通过物料衡算、热量衡算和传热速率方程求解。

1. 蒸发水量的计算

对蒸发器进行溶质的物料衡算，可得

$$Fx_0 = (F - W)x_1 = Lx_1$$

由此可得水的蒸发量

$$W = F\left(1 - \frac{x_0}{x_1}\right) \tag{3-34}$$

完成液的浓度

$$x_1 = \frac{Fx_0}{F - W} \tag{3-35}$$

式中：F ——原料液量，kg/h。

W ——蒸发水量，kg/h。

L ——完成液量，kg/h。

x_0——原料液中溶质的质量分数。

x_1——完成液中溶质的质量分数。

2. 加热蒸气消耗量的计算

加热蒸气用量可通过热量衡算求得，即

$$DH + Fh_0 = WH' + Lh_1 + Dh_c + Q_L \tag{3-36a}$$

或

$$Q = D(H - h_c) = WH' + Lh_1 - Fh_0 + Q_L \tag{3-36b}$$

式中：H ——加热蒸气的焓，kJ/kg。

H' ——二次蒸气的焓，kJ/kg。

h_0——原料液的焓，kJ/kg。

h_1——完成液的焓，kJ/kg。

h_c——加热室排出冷凝液的焓，kJ/h。

Q ——蒸发器的热负荷或传热速率，kJ/h。

Q_L ——热损失，kJ/kg。

考虑溶液浓缩热不大，并将 H' 取 t_1 下饱和蒸气的焓，则式（3-36b）可写为

$$D = \frac{Fc_{p0}(t_1 - t_0) + Wr' + Q_L}{r} \qquad (3-37)$$

式中：r、r' ——加热蒸气的汽化潜热、二次蒸气的汽化潜热，kJ/kg。

c_{p0} ——原料液的比热容，kJ/（kg·℃）。

若原料由预热器加热至沸点后进料（沸点进料），即 $t_0 = t_1$，并不计热损失，则式（3-37）可写为

$$D = \frac{Wr'}{r} \qquad (3-38a)$$

或

$$\frac{D}{W} = \frac{r}{r} \qquad (3-38b)$$

式中：D/W 称为单位蒸气消耗量，它表示加热蒸气的利用程度，也称蒸气的经济性。由于蒸气的汽化潜热随压力变化不大，故 $r = r'$。对单效蒸发而言，$D/W = 1$，即蒸发 1kg 水需要约 1kg 加热蒸气，实际操作中由于存在热损失等原因，$D/W \approx 1$。可见单效蒸发的能耗很大，是很不经济的。

3. 传热面积的计算

蒸发器的传热面积可通过传热速率方程求得，即

$$Q = KA\Delta t_m \qquad (3-39a)$$

或

$$A = \frac{Q}{K\Delta t_m} \qquad (3-39b)$$

式中：A ——蒸发器的传热面积，m²。

K ——蒸发器的总传热系数，W/（m²·K）。

Δt_m ——传热平均温度差，℃。

Q ——蒸发器的热负荷，W 或 kJ/kg。

式（3-39）中，Q 可通过对加热室做热量衡算求得。若忽略热损失，Q 即为加热蒸气冷凝放出的热量，即

$$Q = D(H - h_c) = Dr \qquad (3-40)$$

但在确定 Δt_m 和 K 时，却有别于一般换热器的计算方法。

（1）传热平均温度差 Δt_m 的确定

在蒸发操作中，蒸发器加热室一侧是蒸气冷凝，另一侧为液体沸腾，因此其传热平均温度差应为

$$\Delta t_m = T - t_1 \qquad (3-41)$$

式中：T——加热蒸气的温度，℃。

t_1——操作条件下溶液的沸点，℃。

（2）总传热系数 K 的确定

蒸发器的总传热系数可按下式计算：

$$K = \cfrac{1}{\cfrac{1}{\alpha_i} + R_i + \cfrac{b}{\lambda} + R_0 + \cfrac{1}{\alpha_0}} \qquad (3-42)$$

式中：α_i——管内溶液沸腾的对流传热系数，W/（$m^2 \cdot$℃）。

α_0——管外蒸气冷凝的对流传热系数，W/（$m^2 \cdot$℃）。

R_i——管内污垢热阻，$m^2 \cdot$℃/W。

R_0——管外污垢热阻，$m^2 \cdot$℃/W。

$\cfrac{b}{\lambda}$——管壁热阻，$m^2 \cdot$℃/W。

由于蒸发过程中加热面处溶液中的水分汽化，浓度上升，因此溶液很容易超过饱和状态，溶质析出并包裹固体杂质，附着于表面，形成污垢，所以 R_i 往往是蒸发器总热阻的主要部分。为降低污垢热阻，工程中常采用的措施是加快溶液循环速率，在溶液中加入晶种和微量的阻垢剂等。设计时，污垢热阻 R_i 目前仍需根据经验数据确定。通常管内溶液沸腾对流传热系数 α_i 是影响总传热系数的主要因素，而且影响 α_i 的因素很多，如溶液的性质，沸腾传热的状况，操作条件和蒸发器的结构等。目前虽然对管内沸腾做过不少研究，但其所推荐的经验关联式并不大可靠，再加上管内污垢热阻变化较大，因此，蒸发器的总传热系数仍主要靠现场实测，以作为设计计算的依据。

（三）蒸发器的生产能力与生产强度

1. 蒸发器的生产能力

蒸发器的生产能力可用单位时间内蒸发的水分量来表示。由于蒸发水分量取决于传热量的大小，因此其生产能力也可表示为

$$Q = KA(T - t_1) \tag{3-43}$$

2. 蒸发器的生产强度

式（3-43）可以看出蒸发器的生产能力仅反映蒸发器生产量的大小，而引入蒸发强度的概念却可反映蒸发器的优劣。

蒸发器的生产强度简称蒸发强度，是指单位时间单位传热面积上所蒸发的水量。即

$$U = \frac{W}{A} \tag{3-44}$$

式中：U ——蒸发强度，$kg/(m^2 \cdot h)$。

蒸发强度通常可用于评价蒸发器的优劣。对于一定的蒸发任务而言，若蒸发强度越大，则所需的传热面积越小，即设备的投资就越低。

若不计热损失和浓缩热，料液又为沸点进料，由式（3-39）、式（3-40）和式（3-44）可得

$$U = \frac{W}{A} = \frac{K\Delta t_m}{r} \tag{3-45}$$

由式（3-44）可知，提高蒸发强度的主要途径是提高总传热系数 K 和传热温度差 Δt_m。

3. 提高蒸发强度的途径

（1）提高传热温度差

提高传热温度差可从提高热源的温度或降低溶液的沸点等角度考虑，工程上通常采用下列措施来实现。

①真空蒸发。真空蒸发可以降低溶液沸点，增大传热推动力，提高蒸发器的生产强度，同时由于沸点较低，可减少或防止热敏性物料的分解。另外，真空蒸发可降低对加热热源的要求，即可利用低温位的水蒸气作为热源。但是，应该指出，溶液沸点降低，其黏度会增高，并使总传热系数 K 下降。当然，真空蒸发要增加真空设备并增加动力消耗。

②高温热源。提高 Δt_m 的另一个措施是提高加热蒸气的压力，但这时要对蒸发器的设计和操作提出严格要求。一般加热蒸气压力不超过 $0.6 \sim 0.8$ MPa。对于某些物料，如果压蒸气仍不能满足要求时，则可选用高温导热油、熔盐或改用电加热，以增大传热推动力。

（2）提高总传热系数

蒸发器的总传热系数主要取决于溶液的性质、沸腾状况、操作条件以及蒸发器的结构等。这些已在前面论述，因此，合理设计蒸发器以实现良好的溶液循环流动、及时排除加热室中不凝性气体、定期清洗蒸发器（加热室内管）均是提高和保持蒸发器在高强度下操作的重要措施。

三、多效蒸发

为了减少蒸气消耗量，人们考虑利用前一个蒸发器生成的二次蒸气，来作为后一个蒸发器的加热介质。后一个蒸发器的蒸发室是前一个蒸发器的冷凝器，此即多效蒸发。因为二次蒸气的压力比前一个加热蒸气的压力低，所以后一个蒸发器应在更低的压力下操作，即需有抽真空的装置。

两个蒸发器串联操作，前一个称作一效，后一个称作二效。效数越多，单位蒸气消耗量越小，如表3-3所示。

表3-3　单位蒸气消耗量

效数	单效	双效	三效	四效	五效
$(D/W)_{最小}$	1.1	0.57	0.4	0.3	0.27

四、蒸发设备

蒸发属于传热过程，其设备与换热器并无本质的区别。但是蒸发过程又具有不同于传热过程的特殊性，需要不断移除产生的二次蒸气，并分离二次蒸气夹带的溶液液滴，因此蒸发设备中除了加热室外，还需要一个进行气液分离的蒸发室，以及除去液沫的除沫器、除去二次蒸气的冷凝器和真空蒸发时采用的真空泵等辅助设备。

（一）蒸发器的结构

蒸发器主要由加热室和分离室组成。加热室有多种形式，以适应各种生产工艺的不同要求。按照溶液在加热室中运动的情况，可将蒸发器分为循环型和单程型（不循环）两类。

1. 循环型蒸发器

循环型蒸发器的特点是溶液在蒸发器中做有规律的循环流动，增强管内流体与管壁的对流传热，因而可以提高传热效果。根据引起循环运动的原因不同，分为自然循环型和强制循环型两类。自然循环型由于溶液各处受热程度不同，产生密度差引起溶液流动；强制循环型由于受到外力迫使溶液沿一定方向流动。

（1）自然循环型蒸发器

①中央循环管式蒸发器。中央循环管式蒸发器是目前应用最为广泛的一种蒸发器。加热室由管径为 25 ~ 75mm、长 1 ~ 2m 的垂直列管组成，管外（壳程）通加热蒸气，管束中央有一根直径较大的管子，其截面为其余加热管截面的 40% ~ 100%。周围细管内的液体与中央粗管内的液体由于密度不同形成溶液在细管内向上、粗管内向下有规律的自然循环运动，溶液的循环速度取决于产生的密度差的大小以及管子的长度等。密度越大，管子越长，循环速度越大。加热汽化后含有液沫的气体进入蒸发室，一些小液滴之间相互碰撞而凝结成较大液滴，在重力的作用下落回到加热室，二次蒸气与液滴分开，含有少量液滴的蒸气经过蒸发器顶部除沫器后排出，送入冷凝器或作为其他加热设备的热源，经浓缩后的完成液从下部排出。中央粗管的存在，促进了蒸发器内流体的流动，因此称此管为中央循环管，这种蒸发器称为中央循环管式蒸发器。

②外热式蒸发器。其特征是将热室与分离室分开，两者之间的距离和循环速度可调，从而使料液在加热室内不沸腾，而恰在高出加热管顶端处沸腾，管子不易被析出的晶体堵塞。与中央循环管式蒸发器相比，细管组成的管束与粗管分离，粗管不被加热，且细管的管长加长，管长与直径之比为 50 ：100。外热式蒸发器的这种结构，使得细管和粗管内液体的密度差增大，液体在细管和粗管内循环的速度加快（循环速度可达 1.5m/s，还可用泵强制循环，而中央循环管式蒸发器液体的循环速度一般为 0.5m/s），传热效果增强。

③悬筐式蒸发器。悬筐式蒸发器是中央循环管式蒸发器的改进。加热室悬挂于器内，可由顶部取出，便于清洗与更换。壳体与加热室之间的环形间隙作为循环通道，作用与中央循环管类似，操作时溶液沿环隙通道下降而沿加热管上升循环运动。环隙通道的截面积是加热管总截面积的 100% ~ 150%，因此溶液的循环速度较快，为 1 ~ 1.5m/s。它适用于黏性中等、轻度结垢或有晶体析出的溶液，缺点是设备耗材量大、占地面大、加热管内的溶液滞流量大。

④列文式蒸发器。其主要的结构特点是在加热室的上部增设一个沸腾室。沸腾室内产生的液柱压力使加热室操作压力增大，以至于液体在沸腾室内不沸腾。通过工艺条件控制，使溶液在离开加热管时才沸腾汽化。这样，大大减小了溶液

在加热管内因沸腾浓缩而析出结晶和结垢的可能性。另外，由于其循环管截面积较大，溶液循环时的阻力减小；加之循环管不受热，使两个管段中溶液的密度差加大，因此循环推动力加大，溶液的循环速度可达 $2\sim3m/s$，其传热系数接近于强制循环型蒸发器的传热系数。但是其设备庞大，金属消耗量大，需要高大的厂房。

（2）强制循环型蒸发器

通过采用泵进行强制循环，可增加溶液的循环速度。这样不仅提高了沸腾传热系数，而且降低了单程汽化率。在同样蒸发能力下（单位时间的溶剂汽化量），循环速度越快，单位时间通过加热管的液体量越多，溶液一次通过加热管后，汽化的百分数（汽化率）也越低。此时，溶液在加热壁面附近的局部浓度增高现象可减轻，加热面上结垢现象可以延缓。溶液浓度越高，为减少结垢所需的循环速度越快。

2. 单程型蒸发器（膜式蒸发器）

（1）升膜式蒸发器

它的加热管束可长达 $3\sim10m$。溶液由加热管底部进入，加热蒸气在管外冷凝，经一段距离的加热、汽化后，管内气泡逐渐增多，最终液体被上升的蒸气拉成环状薄膜，沿管壁呈膜状向上运动，气液混合物由管口高速冲出一起进入分离室。被浓缩的液体经气液分离即排出分离室，二次蒸气从分离室顶部排出。升膜式蒸发器适用于蒸发量大（较稀的溶液）、热敏性及易起泡的溶液；不适用于高黏度（大于 $0.05Pa\cdot s$）、易结晶、结垢的溶液。

（2）降膜式蒸发器

其结构与升膜式蒸发器的基本相同，所不同的是料液由加热室顶部加入，经液体分布器分布后呈膜状向下流动，并蒸发浓缩。气液混合物由加热管下端引出，进入分离室，经气液分离即得完成液。为使溶液在加热管内壁形成均匀液膜，且不利于二次蒸气沿管壁向上流动，须设计良好的液体分布器。降膜式蒸发器适用于蒸发热敏性物料，而不适用于易结晶、结垢和黏度大的物料。

（3）升—降膜式蒸发器

将升膜和降膜蒸发器装在一个壳体中，即构成升—降膜式蒸发器。预热后的原料液先经升膜加热管上升，然后由降膜加热管下降，再在分离室一次蒸气分离，即得完成液。

这种蒸发器多用于蒸发过程中溶液黏度变化大、水分蒸发量不大和厂房高度受到限制的场合。

（4）刮片式蒸发器

它有一个带加热夹套的壳体，壳体内装有旋转刮板。料液自顶部切线进入蒸发器，在刮板的搅动下分布于加热管壁，使液体在壳体的内壁上形成旋转下降的液膜，并不断蒸发浓缩。汽化的二次蒸气在加热管上端无夹套部分被旋转刮板除去液沫，然后由上部抽出并加以冷凝，浓缩液由蒸发器底部放出。这是专为高黏度溶液的蒸发而设计的一种蒸发器。

刮片式蒸发器的特点是借外力强制料液呈膜状流动，可适应高黏度、易结晶、结垢的浓溶液蒸发；但其结构复杂、制造要求高、加热面不大，且需要消耗一定的动力。

（二）蒸发器的选型

在选择蒸发器时，除了要满足生产能力、浓缩程度的要求，还要使蒸发器具有结构简单、易于制造、价廉、清洗和维修方便等优点，更主要的是看它能否满足物料的工艺特性，包括物料的黏性、热敏性、腐蚀性、结晶和结垢性等，然后全面综合考虑才能做出决定。

第四章　吸收与蒸馏

第一节　吸收过程与计算

一、吸收概述

（一）吸收操作的概念和目的

1. 吸收操作的概念

使气体混合物与适当的液体接触，气体中的一个或几个组分溶解于液体中，不能溶解的组分仍留在气体中，于是气体混合物得到了分离。这种利用气体混合物中各组分在液体中溶解度的差异使气体中不同组分分离的操作称为吸收。所用液体称为吸收剂或溶剂，以 S 表示；气体中被溶解的组分称为吸收质或溶质，以 A 表示；不被溶解的组分称为惰性气体或载体，以 B 表示。吸收操作得到的溶液称为吸收液或溶液，排出的气体则称为吸收尾气或净化气。

2. 吸收操作的目的

（1）净化原料气和精制气体产品

如用水（或碳酸钾水溶液）脱除合成氨原料气中的二氧化碳，用丙酮脱除石油裂解气中的乙炔等。

（2）分离气体混合物以获得所需的目的组分

如从合成氨厂的排放空气中用水回收氨，从焦炉煤气中用洗油回收粗苯（含苯、甲苯、二甲苯）等。

（3）制取液体产品或半成品

如用水吸收氯化氢制取盐酸，用水吸收二氧化氮制取稀硝酸，用浓硫酸吸收三氧化硫制取硫酸，用稀硫酸吸收焦炉气中的氨制取硫酸铵等。

（4）治理有害气体，保护环境

化工生产过程中产生的废气往往含有 SO_2、H_2S、NO_2 等有害成分。其浓度虽然很低，但对生物和自然环境的危害却很大。这类环境保护问题已越来越受重视，选用碱性溶剂进行吸收是废气治理中常用的方法。

（二）吸收操作须解决的问题

要完成吸收操作必须选择合适的溶剂、适当的传质设备及溶剂的再生。以上三点合称为吸收操作的三要素。

1. 溶剂的选择

溶剂的性能直接影响吸收操作的效果。选择溶剂时应尽量满足下列要求。

（1）对被吸收的组分要有较大的溶解度，且有较好的选择性。即对溶质的溶解度要大，而对惰性气体几乎不溶解。

（2）要有较低的蒸气压，以减少吸收过程中溶剂的挥发损失。

（3）黏度要低，以利于传质及输送；不易燃，以利于安全生产。

（4）吸收后的溶剂应易于再生。

（5）还应尽可能无毒、无腐蚀，价廉易得，并具有较好的化学稳定性。

实际上很难找到一种能同时满足以上所有要求的溶剂，因此，应对可供选用的溶剂做经济评价后，再做出合理选择。

2. 提供气液接触的场所（传质设备）

生产中为了提高传质的效果，总是力求让两相接触充分，即尽可能增大两相的接触面积与湍动程度。按其结构形式，吸收设备大致可分成两大类，即板式塔和填料塔。

板式塔内部由塔板分成许多层，各层之间有溢流管连通，液体可以从上层流到下层。板上有许多孔道，气体可以通过孔道从下层升入上层。气体在塔板上的液层内分散成许多小气泡，增加了两相的接触面积，且提高了液体的湍动程度。液体从塔顶进入，气液两相逆流流动，在塔板上接触，溶质部分地溶解于溶剂中，故气体每向上经过一块塔板，溶质浓度阶跃式地下降，而液相中溶质的浓度从上至下阶跃式地升高。故板式塔称为级式接触设备。

填料塔内充以诸如瓷环之类的填料层。溶剂从塔顶进入，沿着填料的表面广为散布并逐渐下流。气体通过各个填料的间隙上升，与液体连续地逆流接触。气相中的溶质不断地被吸收，其浓度从下而上连续降低，液体则相反，其浓度从上而下连续地升高。故填料塔称为微分式接触设备。

3. 溶剂的再生

在化工生产中常常需要（只以溶液为目的产物例外）将吸收得到的溶质气体从液体中提取出来，这种使溶质从溶液里脱除的过程称为解吸（或脱吸）。解吸过程不仅能得到气相溶质，而且能使溶剂再生。所以工业吸收过程通常由吸收和解吸两大部分构成。现以从焦炉气中回收粗苯的流程为例，对吸收和解吸流程加以说明。在常温下煤气从塔底进入吸收塔，其内含的粗苯被塔顶淋下的洗油吸收，脱苯煤气由塔顶送出。溶有较多粗苯的洗油（或称富油）由吸收塔底排出。为回收富油中的粗苯，并使洗油再生，在另一称为解吸塔的设备中进行解吸操作。解吸的常用方法是使溶液升温，降低溶质的溶解度，使溶质逸出。因此，将富油加热至170℃左右从解吸塔顶淋下，塔底通入过热水蒸气。富油中的粗苯在高温下被水蒸气脱除，并从塔顶带走，进入冷凝器，冷凝后的水与粗苯在液体分层器内分离，最终得到粗苯。由塔顶流至塔底的洗油含苯量已经很低，由泵打至冷却器后，再进入吸收塔作为溶剂重新使用。

（三）吸收操作的分类

在吸收过程中，如果溶质与溶剂之间不发生显著的化学反应，所进行的操作称为物理吸收，如用水吸收二氧化碳等。物理吸收中的溶质与溶剂的结合力较弱，解吸较容易。若气体溶解后与溶剂或预先溶于溶剂里的其他物质进行化学反应，则称为化学吸收。如用氢氧化钠溶液吸收二氧化碳、二氧化硫等。化学吸收可大幅度提高溶剂对气体的吸收能力，同时，化学反应本身的高度选择性必定赋予吸收操作以高度选择性。

按被吸收组分数目可将吸收操作分为单组分吸收和多组分吸收。如制取盐酸、硫酸等为单组分吸收，用洗油吸收焦炉气为多组分吸收（苯、甲苯、二甲苯都能溶于洗油中）。

在吸收的过程中，温度变化很小，则为等温吸收（如用大量的溶剂吸收少量的溶质，溶解热或反应热很小，可看作等温吸收）。若吸收过程中温度发生显著变化则为非等温吸收。

气体吸收是物质自气相到液相的转移，是一种传质过程。混合气体中某一组分能否进入溶剂，是由气体中该组分的分压和溶剂中该组分的平衡分压来决定的。因此，气液两相的平衡关系将指出传质过程能否进行、进行的方向和最终的极限。

二、气液相平衡

（一）吸收过程的相组成表示法

在吸收操作中气体的总量和液体的总量都随操作的进行而改变，但惰性气体和吸收剂的量始终保持不变。因此，在吸收计算中，相组成以比质量分数或比摩尔分数表示较为方便。

比质量分数（也称质量比）与比摩尔分数（也称摩尔比）的表示如下：

1. 比质量分数

混合物中某两个组分的质量之比称为比质量分数（也称质量比），用符号 W_A 表示。即

$$W_A = \frac{w_A}{w_B} = \frac{w_A}{1 - w_A}$$

2. 比摩尔分数

混合物中某两个组分的摩尔数之比称为比摩尔分数（也称摩尔比），用符号（X_A）表示。即

$$X_A = \frac{n_A}{n_s} = \frac{x_A}{x_s} = \frac{x_A}{1 - x_A}$$

如果混合物是双组分气体混合物时，上式表示为

$$Y_A = \frac{n_A}{n_B} = \frac{y_A}{y_B} = \frac{y_A}{1 - y_A}$$

（二）溶解度和溶解度曲线

在一定的温度和压力下，气体混合物与一定量的吸收剂接触时，气相中的吸收质会溶解于吸收剂中，液相浓度逐渐增加，直至气液两相达到平衡。

平衡状态下，溶液上方气相中溶质的分压称为当时条件下的平衡分压或饱和分压；而液相中所含溶质气体的组成，称为在当时条件下气体在液体中的饱和浓度或平衡溶解度，简称溶解度。习惯上，溶解度是用溶解在单位质量的液体溶剂中溶质气体的质量来表示的，单位为：千克气体溶质/千克液体溶剂。

溶解度随物系、温度和压强的不同而异，通常由实验测定。在恒定温度下，将溶质在气液相平衡状态下的组成关系图用曲线形式表示，称为溶解度曲线。在

化工技术与企业安全管理探索

一定温度下,气体组分的溶解度随着该组分在气相中的平衡分压的增大而增大;而在相同的平衡分压下,气体组分的溶解度则随着温度的升高而减小。因此,加压降温有利于吸收。

(三) 亨利定律

在一定的温度下,当总压不大时,吸收质在稀溶液中的溶解度与它在气相中的平衡分压成正比。这一关系式称为亨利定律,其数学表达式为

$$p^* = Ex \qquad (4-1)$$

式中:E——亨利系数,Pa。

x——溶质在溶液中所占的摩尔分数。

p^*——溶液上方溶质气体的分压,Pa。

当 E 值较大时,平衡线斜率也较大,表示在较大分压下,溶液中溶质的浓度并不大。这说明 E 值越大,表示溶解度越小。E 值与溶解度呈负相关。

亨利定律还可写成

$$p^* = \frac{c}{H} \qquad (4-2)$$

式中:H——溶解度系数,kmol·m^{-3}·Pa^{-1}。

c——单位体积溶液中溶质气体的物质的量,kmol·m^{-3}。

溶解度系数 H 越大,表明同样分压 p^* 下,溶质在溶液中的物质的量 c 越大。H 越大,表明气体溶解度越大。H 越小,表明气体溶解度越小。所以称 H 为溶解度系数。

亨利定律最常用的是下列形式:

$$y^* = mx \qquad (4-3)$$

式中:y^*——气相中溶质的摩尔分数。

x——液相中溶质的摩尔分数。

m——相平衡常数(亦称亨利常数),量纲为1。

在吸收的设计计算中,用得最多的相平衡关系是式(4-3),用得最多的亨利系数是相平衡常数 m。由于历史的原因,现行的平衡数据,多给出 H 或 E。列出式(4-1)、式(4-2),最终是为了将 H 或 E 换算为 m。

(四) 亨利系数之间的关系

1.E 与 m 的换算。用式(4-1)除以式(4-3)得

$$\frac{p^*}{y^*} = \frac{Ex}{mx}$$

则

$$\frac{p^*}{y^*} = \frac{E}{m} \tag{4-4}$$

由道尔顿分压定律

$$p^* = Py^*$$

代入式（4-4）

$$\frac{Py^*}{y^*} = \frac{E}{m}$$

则

$$m = \frac{E}{P} \tag{4-5}$$

式中：P——当地大气压，Pa。

2. E 与 H 的换算。联立式（4-1）和式（4-2）得

$$Ex = \frac{c}{H} \tag{4-6}$$

$$c = \frac{溶质的物质的量(kmol)}{溶液的体积(m^3)}$$

$$= \frac{溶质的物质的量(kmol)}{\dfrac{(溶质的物质的量 + 溶剂的物质的量)(kmol) \times M_m(kg \cdot kmol^{-1})}{\rho_L(kg \cdot m^{-3})}}$$

则

$$c = \frac{x}{\dfrac{M_m}{\rho_L}}$$

因

$$M_m = M_s(1 - x) + M_x \approx M_s（低浓度时，x \to 0）$$

而

$$\rho_L = \rho_s$$

代入式（4-6）得

$$Ex = \frac{c}{H} = \frac{x\rho_s}{HM_s}$$

则

$$H = \frac{\rho_s}{E M_s} \qquad (4-7)$$

式中：M_m，M_s——分别为溶液和溶剂的摩尔质量，$kg \cdot kmol^{-1}$。

ρ_L、ρ_s——分别为溶液和溶剂的密度，$kg \cdot m^{-3}$。

三、传质机理与吸收过程的速率

用液体吸收剂吸收气体中某一组分，是该组分从气相转移到液相的传质过程。它包括以下三个步骤。

第一步，该组分从气相主体传递到气液两相界面的气相一侧。

第二步，在相界面上溶解，从相界面的气相一侧进入液相一侧。

第三步，再从液相一侧界面向液相主体传递。

气液两相界面与气相或液相之间的传质称为对流传质。对流传质中同时存在分子扩散与湍流扩散。

在讨论对流传质之前，先介绍分子扩散与费克定律。

（一）分子扩散与费克定律

当流体内部某一组分存在浓度差时，则因微观的分子热运动使组分从浓度高处扩散到浓度低处，这种现象称为分子扩散。

单位时间通过单位面积扩散的物质量称为扩散速率，以符号 J 表示，单位为 $kmol/（m^2 \cdot s）$。由两组分 A 与 B 组成的混合物，在恒定温度和恒定压力（指总压力 p）条件下，若组分 A 只沿 z 方向扩散，浓度梯度为 $\dfrac{dc_A}{dZ}$，依据费克定律，A 组分的分子扩散速率 J_A 与浓度梯度 dc_A/dZ 成正比，其表达式为

$$J_A = -D_{AB} \frac{dc_A}{dZ} \qquad (4-8a)$$

式中：J_A——组分 A 的扩散速率，$kmol/（m^2 \cdot s）$。

dc_A/dZ——组分 A 沿扩散方向 z 上的浓度梯度，$kmol/m^4$。

D_{AB}——比例系数，称为分子扩散系数，或简称扩散系数，m^2/s。下标 AB 表示组分 A 在组分 B 中扩散。

式中：负号表示扩散沿着组分 A 浓度降低的方向进行，与浓度梯度方向相反。

费克分子扩散定律是在食盐溶解实验中发现的经验定律，只适用于双组分混合物。该定律在形式上与牛顿黏性定律、傅里叶热传导定律相类似。

对于理想气体混合物，组分 A 的浓度 c_A 与其分压力 p_A 的关系为 $c_A = \dfrac{p_A}{RT}$，$dc_A = \dfrac{dp_A}{RT}$，代入式（4-8a），求得费克定律另一表达式为

$$J_A = -\frac{D_{AB}}{RT}\frac{dp_A}{dZ} \tag{4-8b}$$

式中：p_A ——气体混合物中组分 A 的分压力，kPa。

T ——热力学温度，K。

R ——摩尔气体常数，8.314kJ/（kmol·K）。

下面分两种情况讨论分子扩散：①双组分等摩尔相互扩散，或称等摩尔逆向扩散；②单方向扩散，或称组分 A 通过静止组分 B 的扩散。

（二）等摩尔逆向扩散

有温度和总压均相同的两个大容器，分别装有不同浓度的 A、B 混合气体，中间用直径均匀的细管连通，两容器内装有等摩尔逆向扩散搅拌器，各自保持气体浓度均匀。由于 $p_{A1} > p_{A2}$，$p_{B1} < p_{B2}$，在连通管内将发生分子扩散现象，组分 A 向右扩散，而组分 B 向左扩散。在 1、2 两截面上，A、B 的分压各自保持不变，因此为稳定状态下的分子扩散。

因为两容器中气体总压相同，所以 A、B 两组分相互扩散的物质量 n_A 与 n_B 必相等，则称为等摩尔逆向扩散。此时，两组分的扩散速率相等，但方向相反，若以 A 的扩散方向（Z）为正，则有

$$J_A = -J_B \tag{4-9}$$

在恒温、恒压（总压力 p）下，当组分 A 产生了分压力梯度 dp_A/dZ 时，组分 B 也会相应地产生相反方向的分压力梯度 dp_B/dZ。

组分 A 的扩散速率表达式为

$$J_A = -\frac{D_{AB}}{RT}\frac{dp_A}{dZ} \tag{4-10a}$$

式中：D_{AB} ——组分 A 在组分 B 中扩散的分子扩散系数，m^2/s。

组分 B 的扩散速率表达式为

$$J_B = -\frac{D_{BA}}{RT}\frac{dp_B}{dZ} \tag{4-10b}$$

式中：D_{BA}——组分 B 在组分 A 中扩散的分子扩散系数，m^2/s。

在稳态等摩尔逆向扩散过程中，物系内任一点的总压力 p 都保持不变，总压力 p 等于组分 A 的分压力 p_A 与组分 B 的分压力 p_B 之和，即

$$p = p_A + p_B = 常数$$

因此

$$\frac{\mathrm{d}p}{\mathrm{d}Z} = \frac{\mathrm{d}p_A}{\mathrm{d}Z} + \frac{\mathrm{d}p_B}{\mathrm{d}Z} = 0$$

则

$$\frac{\mathrm{d}p_A}{\mathrm{d}Z} = -\frac{\mathrm{d}p_B}{\mathrm{d}Z} \tag{4-11}$$

由式（4-9）、式（4-10a）、式（4-10b）及式（4-11）可得

$$D_{AB} = D_{BA} = D$$

可见，对于双组分混合物，在等摩尔逆向扩散时，组分 A 与组分 B 的分子扩散系数相等，以 D 表示。

吸收过程中需要计算传质速率。传质速率的定义：单位时间通过单位面积传递的物质量，以 N 表示。在等摩尔逆向扩散中，组分 A 的传质速率等于扩散速率，即

$$N_A = J_A = -\frac{D}{RT}\frac{\mathrm{d}p_A}{\mathrm{d}Z} \tag{4-12a}$$

根据边界条件，将式（4-12a）在 $Z_1 = 0$ 与 $Z_2 = Z$ 范围内积分，求得等摩尔逆向扩散时的传质速率方程式为

$$N_A = \frac{D}{RTZ}(p_{A1} - p_{A2}) = \frac{D}{Z}(c_{A1} - c_{A2}) \tag{4-12b}$$

可见，在等摩尔逆向扩散过程中，分压力梯度为一个常数。这种形式的扩散发生在蒸馏等过程中。例如易挥发组分 A 与难挥发组分 B 的摩尔汽化热相等，冷凝 1mol 难挥发组分 B 所放出的热量正好汽化 1mol 易挥发组分 A，这样两组分以相等的量逆向扩散。当两组分 A 与 B 的摩尔汽化热近似相等，不是严格的等摩尔逆向扩散，可近似地按等摩尔逆向扩散处理。

（三）组分 A 通过静止组分 B 的扩散

有 A、B 双组分气体混合物与液体溶剂接触，组分 A 溶解于液相，组分 B 不溶于液相，显然液相中不存在组分 B。因此，吸收过程是组分 A 通过"静止"组

分 B 的单方向扩散。

在气液界面附近的气相中，有组分 A 向液相溶解，其浓度降低，分压力减小。因此，在气相主体与气相界面之间产生分压力梯度，则组分 A 从气相主体向界面扩散。同时，界面附近的气相总压力比气相主体的总压力稍微低一点，将有 A、B 混合气体从主体向界面移动，称为整体移动。

对于组分 B 来说，在气液界面附近不仅不被液相吸收，而且还随整体移动从气相主体向界面附近传递。因此，界面处组分 B 的浓度增大。在总压力恒定的条件下，因界面处组分 A 的分压力减小，则组分 B 的分压力必增大，则在界面与主体之间产生组分 B 的分压力梯度，会有组分 B 从界面向主体扩散，扩散速率用 J_B 表示。而从主体向界面的整体移动所携带的 B 组分，其传递速率以 N_{BM} 表示。J_B 与 N_{BM} 两者数值相等，方向相反，表观上没有组分 B 的传递，表示为

$$J_B = - N_{BM} \qquad (4-13a)$$

对组分 A 来说，其扩散方向与气体整体移动方向相同，所以与等摩尔逆向扩散时比较，组分 A 的传递速率较大。下面推导组分 A 的传质速率计算式。

在气相的整体移动中，A 的量与 B 的量之比等于它们的分压力之比，即

$$\frac{N_{AM}}{N_{BM}} = \frac{p_A}{p_B}$$

式中：N_{AM}、N_{BM}——整体移动中组分 A 的传递速率、组分 B 的传递速率，kmol/（$m^2 \cdot s$）。

p_A、p_B——组分 A 的分压力、组分 B 的分压力，kPa。

$$N_{AM} = N_{BM} \frac{p_A}{p_B} \qquad (4-13b)$$

组分 A 从气相主体至界面的传递速率为分子扩散与整体移动两者速率之和，即

$$N_A = J_A + N_{AM} = J_A + \frac{p_A}{p_B} N_{BM} \qquad (4-13c)$$

由式（4-13a）与式（4-9）得 $N_{BM} = - J_B = J_A$，代入式（4-13c）得

$$N_A = \left(1 + \frac{p_A}{p_B}\right) J_A$$

将式（4-8b）代入此式，得

$$N_A = -\frac{D}{RT}\left(1 + \frac{p_A}{p_B}\right) \frac{dp_A}{dZ} = -\frac{D}{RT} \frac{p}{p - p_A} \frac{dp_A}{dZ} \qquad (4-13d)$$

式中的总压力 $p = p_A + p_B$。

由式（4-13d）可知，单方向扩散时的 N_A 比等摩尔逆向扩散时的 N_A 大，为其 p/p_B 倍。

将式（4-13d）在 $Z = 0$，$p_A = p_{A1}$ 与 $Z = Z$，$p_A = p_{A2}$ 之间进行积分。

$$\int_0^Z N_A dZ = -\int_{p_{A1}}^{p_{A2}} \frac{Dp}{RT} \frac{dp_A}{p - p_A}$$

对于稳态吸收过程，N_A 为定值。操作条件一定，D、p、T 均为常数，积分得

$$N_A = \frac{Dp}{RTZ} \ln \frac{p - p_{A2}}{p - p_{A1}} = \frac{Dp}{RTZ} \ln \frac{p_{B2}}{p_{B1}} \tag{4-13e}$$

因 $p = p_{A1} + p_{B1} = p_{A2} + p_{B2}$，将上式改写为

$$N_A = \frac{Dp}{RTZ} \frac{p_{A1} - p_{A2}}{p_{B2} - p_{B1}} \ln \frac{p_{B2}}{p_{B1}}$$

或

$$N_A = \frac{D}{RTZ} \frac{p}{p_{Bm}} (p_{A1} - p_{A2}) \tag{4-14}$$

式（4-13e）与式（4-14）即为所推导的气相中组分 A 单方向扩散时的传质速率方程式，式中 $p_{Bm} = \dfrac{p_{B2} - p_{B1}}{\ln \dfrac{p_{B2}}{p_{B1}}}$ 为组分 B 分压力的对数平均值。

式（4-14）中的 p/p_{Bm} 总是大于 1，所以与式（4-12）比较可知，单方向扩散的传质速率 N_A 比等摩尔逆向扩散时的传质速率 N_A 大。这是因为在单方向扩散时除了有分子扩散，还有混合物的整体移动所致。p/p_{Bm} 值越大，表明整体移动在传质中所占分量就越大。当气相中组分 A 的浓度很小时，各处 p_B 都接近于 p，即 p/p_{Bm} 接近于 1，此时整体移动便可忽略不计，可看作等摩尔逆向扩散（相互扩散）。p/p_{Bm} 称为"漂流因子"或"移动因子"。

根据气体混合物的浓度 c 与压力 p 的关系 $c = p/RT$，可将总浓度 $c = p/RT$、分浓度 $c_A = p_A/RT$ 与 $c_{Bm} = p_{Bm}/RT$ 代入式（4-14），求得另一气相中组分 A 的单方向扩散时的传质速率方程式

$$N_A = \frac{D}{Z} \frac{c}{c_{Bm}} (c_{A1} - c_{A2}) \tag{4-15}$$

此式也适用于液相。

（四）分子扩散系数

分子扩散系数是物质的物性常数之一，表示物质在介质中的扩散能力。扩散系数随介质的种类、温度、浓度及压力的不同而不同。组分在气体中扩散时浓度的影响可以忽略，在液体中扩散时浓度的影响不可忽略，而压力的影响不显著。扩散系数一般由实验确定。在无实验数据的条件下，可借助某些经验或半经验的公式进行估算。

组分在气相中的扩散系数与温度 $T(K)$ 的 1.5 次方成正比，与总压力 p 成反比。

组分在液相中的扩散系数与温度 $T(K)$ 成正比，与黏度 μ 成反比。

气体扩散系数一般在 $0.1 \sim 1.0 \text{cm}^2/\text{s}$。液体扩散系数一般比气体的小得多，在 $1 \times 10^{-5} \sim 5 \times 10^{-5} \text{cm}^2/\text{s}$。

（五）单相内的对流传质

前面介绍的分子扩散现象，在静止流体或层流流体中存在。但工业生产中常见的是物质在湍流流体中的对流传质现象。与对流传热类似，对流传质通常是指流体与某一界面（如气体吸收过程的气液两相界面）之间的传质，其中有分子扩散和湍流扩散同时存在。

当流体流动或搅拌时，由于流体质点的宏观随机运动（湍流），使组分从浓度高处向浓度低处移动，这种现象称为湍流扩散。在湍流状态下，流体内部产生旋涡，故又称涡流扩散。

下面以湿壁塔的吸收过程为例说明单相内的对流传质现象。

1. 单相内对流传质的有效膜模型

对流传质的有效膜模型与对流传热的有效膜模型类似。

设有一直立圆管，吸收剂由上方注入，呈液膜状沿管内壁流下，混合气体自下方进入，两流体做逆流流动，互相接触而传质，这种设备称为湿壁塔。

气体呈湍流流动，但靠近两相界面处仍有一层层流膜，厚度以 Z'_{G} 表示，湍流程度越强烈，则 Z'_{l} 越小，层流膜以内为分子扩散，层流膜以外为涡流扩散。

溶质 A 自气相主体向界面转移时，由于气体做湍流流动，大量旋涡所起的混合作用使气相主体内溶质的分压趋于一致，分压线几乎为水平线，靠近层流膜层时才略向下弯曲。在层流膜层内，溶质只能靠分子扩散而转移，没有涡流的帮助，需要较大的分压差才能克服扩散阻力，故分压迅速下降。这种分压变化曲线与对流传热中的温度变化曲线相似，仿照对流传热的处理方法，将层流膜以外的涡流扩散折合为通过一定厚度的静止气体的分子扩散。上述处理对流传质速率的方式，实质上是把单相内的传质阻力看作为全部都集中在一层虚拟的流体膜层内，这种处理方式是膜模型的基础。

2. 气相传质速率方程式

按上述的膜模型，将流体的对流传质折合成有效层流膜的分子扩散，仿照式（4-14），将式中扩散距离写为 Z_G ，p_{A1} 与 p_{A2} 分别写为 p_{AG} 与 p_{Ai} 则得气相对流传质速率方程式为：

$$N_A = \frac{D}{RTZ_G} \times \frac{p}{p_{Bm}}(p_{AG} - p_{Ai}) \qquad (4-16)$$

式中：N_A ——气相对流传质速率，kmol/（m²·s）。

式（4-16）中有效层流膜（以下简称气膜）厚度 Z_G 实际上不能直接计算，也难以直接测定。式中 $\frac{D}{RTZ_G} \times \frac{p}{p_{Bm}}$ ，对于一定物系，D 为定值；操作条件一定时，p、T、p_{Bm} 亦为定值；在一定的流动状态下，Z_G 也是定值。若令

$$k_G = \frac{D}{RTZ_G} \times \frac{p}{p_{Bm}}$$

且省略 p_{AG} 的下标中的 G 以及 p_{Ai} 下标中的 A，则式（4-16）可改写为下列气相传质速率

$$N_A = k_G(p_A - p_i) = \frac{p_A - p_i}{\frac{1}{k_G}} = \frac{气膜传质推动力}{气膜传质阻力} \qquad (4-17)$$

式中：k_G ——气膜传质系数，或称气相传质系数，kmol/（m²·s·kPa）。

$p_A - p_i$ ——溶质 A 在气相主体与界面间的分压差，kPa。

在前面对式（4-14）的讨论中可知，当气相中溶质 A 的浓度很小时，移动因子 $p/p_m \approx 1$。因此，对于混合气体中溶质浓度很低的吸收过程，传质系数 k_G 可视为与溶质浓度无关。

3. 液相传质速率方程式

同理，仿照式（4-15），液相对流传质速率方程式可写成

$$N_A = \frac{D}{Z_L} \times \frac{c}{c_{Bm}}(c_{Ai} - c_{AL}) \qquad (4-18)$$

式中：N_A ——液相对流传质速率，kmol/（m²·s）。

若令

$$k_L = \frac{D}{Z_L} \times \frac{c}{c_{Bm}} \qquad (4-19)$$

也省略 c_{AL} 的下标中的 L 以及 c_{Ai} 下标中的 A，则式（4-18）可写为下列液相传质速率方程式

$$N_A = k_L(c_i - c_A) = \frac{c_i - c_A}{\frac{1}{k_L}} = \frac{液膜传质推动力}{液膜传质阻力} \qquad (4-20)$$

式中：k_L——液膜传质系数，或称液相传质系数，kmol/（$m^2 \cdot s \cdot kmol/m^3$）或 m/s。

$c_i - c_A$——溶质 A 在界面与液相主体间的浓度差，$kmol/m^3$。

如式（4-17）和式（4-20）所示，把对流传质速率方程式写成了与对流传热方程 $q = \alpha(T - t_w)$ 相类似的形式。k_G 或 k_L 类似于对流传热系数 α，可由实验测定并整理成特征数关联式。

（六）两相间传质的双膜理论

1. 双膜理论

前面所讨论的扩散是在一相中进行的。而气体吸收是溶质先从气相主体扩散到气液界面，再从界面扩散到液相主体中的相间的传质过程。关于两相间的物质传递的机理，应用最广泛的还是较早提出的"双膜理论"。它的基本论点如下所述。

（1）当气液两相接触时，两相之间有一个相界面，在相界面两侧分别存在着呈层流流动的稳定膜层，即前述的有效层流膜层。溶质以分子扩散的方式连续通过这两个膜层。在膜层外的气液两相主体中呈湍流状态。膜层的厚度主要随流体流速而变，流速越大厚度越小。

（2）在相界面上气液两相互成平衡，界面上没有传质阻力。

（3）在膜层以外的主体内，由于充分的湍动，溶质的浓度基本上是均匀的，即认为主体中没有浓度梯度存在，换句话说，浓度梯度全部集中在两个膜层内。

通过上述三个假定把吸收过程简化为气液两膜层的分子扩散，这两薄膜构成了吸收过程的主要阻力，溶质以一定的分压差及浓度差克服两膜层的阻力，膜层以外几乎不存在阻力。

2. 气相与液相的传质速率方程式

（1）气相传质速率方程

$$N_A = k_G(p_A - p_i) \tag{4-21}$$

$$N_A = k_y(y - y_i) \tag{4-22}$$

$$N_A = k_Y(Y - Y_i) \tag{4-23}$$

式中：N_A——传质速率，$kmol/（m^2 \cdot s）$。

p_A、p_i——溶质在气相主体处的分压、在界面处的分压，kPa。

k_G——以分压差为推动力的气膜传质系数，$kmol/（m^2 \cdot s \cdot kPa）$。

y、y_i——溶质在气相主体处的摩尔分数、在界面处的摩尔分数。

k_y——以摩尔分数差为推动力的气膜传质系数，$kmol/（m^2 \cdot s）$。

Y、Y_i——溶质在气相主体处的摩尔比、在界面处的摩尔比。

k_Y——以摩尔比差为推动力的气膜传质系数，$kmol/（m^2 \cdot s）$。

（2）液相传质速率方程

$$N_A = k_L(c_i - c_A) \tag{4-24}$$

$$N_A = k_x(x_i - x) \tag{4-25}$$

$$N_A = k_X(X_i - X) \tag{4-26}$$

式中：c_i、c_A——分别为溶质在界面与液相主体的浓度，$kmol/m^3$。

k_L——以浓度差为推动力的液膜传质系数，$kmol/（m^2 \cdot s \cdot kmol/m^3）$ 或 m/s。

x_i、x——溶质在界面处的摩尔分数、在液相主体的摩尔分数。

k_x——以摩尔分数差为推动力的液膜传质系数，$kmol/（m^2 \cdot s）$。

X_i、X——溶质在界面处的摩尔比、在液相主体的摩尔比。

k_X——以摩尔比差为推动力的液膜传质系数，$kmol/（m^2 \cdot s）$。

要想用上述气相或液相的传质速率方程式计算传质速率，需要知道两相界面的组成。

3. 气液两相界面的溶质组成

以式（4-23）与式（4-26）为例，介绍两相界面的溶质组成 Y_i、X_i 的求法。

由式（4-23）与式（4-26）得

$$\frac{Y - Y_i}{X_i - X} = \frac{k_X}{k_Y}$$

或

$$\frac{Y - Y_i}{X - X_i} = -\frac{k_X}{k_Y} \quad\quad\quad (4-27)$$

若已知 Y、X 及 k_X/k_Y，由式（4-27）与气液相平衡关系，就可求出 Y_i、X_i。

由上述可知，要想求出界面组成 Y_i、X_i，需要知气膜及液膜的传质系数 k_Y、k_X。但 k_Y、k_X 的实验测定有许多困难。

要想求出传质速率，最好是想办法把界面处溶质组成消去。下面就按这个思路，用气相与液相传质速率方程式消去界面处溶质组成，推导出总传质速率方程式。

在推导总传质速率方程时，需要知道气液相平衡关系式。在任意截面上溶质从气相主体到液相主体的传质过程中，在气液两相组成的变化范围内，其相平衡关系有可能符合亨利定律 $Y^* = mX$，若不能用亨利定律表达时，则可近似用直线 $Y^* = mX + b$ 表示其局部范围内的相平衡关系，称为线性化的相平衡关系式。用式 $Y^* = mX$ 与 $Y^* = mX + b$ 推导总传质速率方程的结果是相同的。下面以 $Y^* = mX + b$ 为例推导总传质速率方程。

（七）总传质速率方程

1. 总传质速率方程

（1）以 $(Y - Y^*)$ 为推动力的总传质速率方程

用线性化的气液相平衡关系式 $Y^* = mX + b$，则有

$$X_i = \frac{Y_i - b}{m}, \quad X = \frac{Y^* - b}{m}$$

代入液相传质速率方程式（4-26），并将其写成（推动力/阻力）的形式，则得

$$N_A = \frac{X_i - X}{\dfrac{1}{k_X}} = \frac{\dfrac{Y_i}{m} - \dfrac{Y^*}{m}}{\dfrac{1}{k_X}} = \frac{Y_i - Y^*}{\dfrac{m}{k_X}}$$

将气相传质速率方程式（4-23）写为

$$N_A = \frac{Y - Y_i}{\dfrac{1}{k_Y}}$$

在稳态的传质过程中，溶质通过气相的传质速率与通过液相的传质速率恒等，则有

$$N_A = \frac{Y - Y_i}{\dfrac{1}{k_Y}} = \frac{Y_i - Y^*}{\dfrac{m}{k_X}} \tag{4-28}$$

根据串联过程的加和性原则，将上式的 Y_i 消去，得

$$N_A = \frac{Y - Y^*}{\dfrac{1}{k_Y} + \dfrac{m}{k_X}}$$

令

$$K_Y = \frac{1}{\dfrac{1}{k_Y} + \dfrac{m}{k_X}} \tag{4-29}$$

得到以（$Y - Y^*$）为推动力的总传质速率方程式为

$$N_A = K_Y(Y - Y^*) \tag{4-30}$$

式（4-30）中，K_Y 以（$Y - Y^*$）为推动力的总传质系数，简称气相总传质系数，单位为 kmol/（m$^2 \cdot$ s）。

将式（4-29）写为

$$\frac{1}{K_Y} = \frac{1}{k_Y} + \frac{m}{k_X} \tag{4-31}$$

式（4-31）表明

相间传质总阻力 = 气膜阻力 + 液膜阻力

（2）以（$X^* - X$）为推动力的总传质速率方程式

用线性化的气液相平衡关系式 $Y = mX^* + b$，则有

$$Y_i = mX_i + b, \quad Y = mX^* + b$$

代入气相传质速率方程式（4-23），则得

$$N_A = \frac{Y - Y_i}{\dfrac{1}{k_Y}} = \frac{m(X^* - X_i)}{\dfrac{1}{k_Y}}$$

由此式与液相传质速率方程式（4-26）得

$$N_A = \frac{X^* - X_i}{\dfrac{1}{mk_Y}} = \frac{X_i - X}{\dfrac{1}{k_X}} \tag{4-32}$$

根据串联过程的加和原则，将 X_i 消去，得

$$N_A = \frac{X^* - X}{\dfrac{1}{mk_Y} + \dfrac{1}{k_X}}$$

令

$$K_X = \frac{1}{\dfrac{1}{mk_Y} + \dfrac{1}{k_X}} \tag{4-33}$$

得到以（$X^* - X$）为推动力的总传质速率方程式为

$$N_A = K_X(X^* - X) \tag{4-34}$$

式中：K_X——以（$X^* - X$）为推动力的总传质系数，简称为液相总传质系数，单位为 kmol/（$m^2 \cdot s$）。

将式（4-31）写为

$$\frac{1}{K_X} = \frac{1}{mk_Y} + \frac{1}{k_X} \tag{4-35}$$

相间传质总阻力＝气膜阻力＋液膜阻力

式（4-31）与式（4-35）比较，可知 K_X 与 K_Y 的关系为

$$K_X = mK_Y \tag{4-36}$$

2. 气膜控制与液膜控制

这里对式（4-31）与式（4-35）做进一步讨论。

（1）当溶质的溶解度很大，即其相平衡常数 m 很小时，由式（4-31）可知，液膜传质阻力 m/k_X 比气膜传质阻力 $1/k_Y$ 小很多，则式（4-31）可简化为

$$K_Y \approx k_Y \tag{4-37}$$

此时，传质阻力集中于气膜中，称为气膜阻力控制或气膜控制，氯化氢溶解于水或稀盐酸中、氨溶解于水或稀氨水中可看成为气膜控制。

（2）当溶质的溶解度很小，即 m 值很大时，由式（4-35）可知，气膜阻力 $1/mk_Y$ 比液膜阻力 $1/k_X$ 小很多，则式（4-35）可简化为

$$K_X \approx k_X \tag{4-38}$$

此时，传质阻力集中于液膜中，称为液膜阻力控制或液膜控制。用水吸收氧或氢是典型的液膜控制的例子。

液膜控制时，气相界面分压 $Y_i \approx Y$（为气相主体溶质 A 的组成），液膜推动力（$X_i - X$）$\approx$（$X^* - X$）为液相总推动力。液膜控制时，要提高总传质系数

K_x，应增大液相湍动程度。

（3）对于中等溶解度的溶质，在传质总阻力中气膜阻力与液膜阻力均不可忽视，要提高总传质系数，必须同时增大气相和液相的湍动程度。

（4）气体在水中溶解度的难易程度区分，通常粗略地用气液相平衡常数来区分。

当 $m < 1$ 时，可以认为是易溶气体；当 $m > 100$ 时，可以认为是难溶气体；当 $m = 1 \sim 100$ 时，可以认为是中等溶解度。

四、吸收与解吸操作流程

在确定吸收操作的流程时，首先要考虑的是气、液两相的流向问题，在一般情况下，吸收操作多采用逆流流程。此时，两相的平均传质推动力最大，吸收效果好，单位质量吸收剂所能溶解的溶质量较小，所需塔高较低，设备费用少；在溶质溶解度很大的情况下，也可采用并流操作，即两相均从上向下流动，这样就避免了逆流操作时两相相互阻碍流动的现象，两相流量的变化不受液体的限制；当吸收剂的喷淋密度很小，不足以使所有的填料得到润湿或溶质的溶解热很大时，可考虑采用吸收剂的部分再循环，以使填料表面尽可能都得到润湿，并使吸收塔内的温升不至于过高，使吸收操作在较低的温度下进行，此种操作在工程上称为"返混"，它不仅会使过程平均推动力减小，还增大了动力消耗，只有在非常必要时才使用。下面介绍几种典型的操作流程。

（一）吸收剂部分再循环的吸收流程

操作时用泵从塔底将溶液抽出，一部分引出进入下一工序或作为废液排放，另一部分则经冷却器冷却后与新鲜吸收剂一起返回塔顶重新喷淋。

（二）多塔串联吸收流程

当分离要求很高，所需填料层高度过高或出塔液体温度过高时，可考虑将一个高塔分成若干个矮塔串联操作。操作过程中，气体由第一塔底部进入，依次通过各塔后由第三塔顶部排出，用泵将第三塔的塔底溶液抽送至前一塔顶部喷淋，依次经过各塔后从第一塔底部排出。在相邻塔之间装设冷却装置，确保较低的液体进塔温度，提高吸收效果。

（三）吸收—解吸联合操作流程

在实际生产中，最常见的流程是吸收与解吸的联合操作，这样的操作既能使气体混合物得到较完全的分离以实现回收纯净溶质、净化尾气的目的，又能使吸收剂得到不断地再生以重新循环使用，减少了新鲜吸收剂的用量，是一种经济有效的操作流程。

用泵将吸收塔底部的吸收液送至解吸塔顶部喷淋，在解吸塔内用减压或升温的方法使溶质由液相扩散至气相，再将从解吸塔底部得到的含溶质很少的吸收剂泵送至冷却器降温后进入吸收塔顶部进行吸收操作。在吸收塔顶，得到较纯净的惰性组分，而在解吸塔顶，可获得较纯净的溶质组分。

第二节　精馏原理与计算

一、蒸馏概述

在化工生产中所处理的原料、中间产物、粗产品等几乎都是混合物，为进一步加工和使用，常需将这些混合物分离为较纯净或几乎纯态的物质。因此混合物的分离是化工生产中的重要过程。混合物可分为非均相物系和均相物系。非均相物系的分离主要依靠质点运动与流体运动原理实现分离。而化工中遇到的大多是均相混合物。例如，石油是由多种碳氢化合物组成的液相均相混合物，空气是由氧气、氮气等组成的气相均相混合物。

对于均相物系，要想进行组分间的分离，必须造成一个两相物系，利用原物系中各组分间某种物性的差异，而使其中某个组分（或某些组分）从一相转移到另一相，以达到分离的目的。物质在相间的转移过程称为物质传递过程（简称传质过程）。化学工业中常见的传质过程有蒸馏、吸收、干燥、萃取和吸附等单元操作。这些操作不同之处在于造成两相的方法和相态的差异。

蒸馏是分离液体混合物的重要单元操作之一，它广泛地应用于化工、石油、医药、冶金及环保等领域。它是利用加热造成气液两相物系，利用混合液中各组分挥发成蒸气的能力即挥发度的不同，使得各组分在气液两相中的组成之比发生改变，即易挥发组分（轻组分）在气相中增浓，难挥发组分（重组分）在液相中浓缩。所以，蒸馏就是利用液体混合物中各组分挥发度的差异，将各组分分开的单元操作过程。通常将沸点低的组分称为易挥发组分，沸点高的组分称为难挥发组分。

蒸馏操作一般在塔设备中进行，可用板式塔也可用填料塔。气相和液相在塔板上或填料表面上进行着质量传递。易挥发组分从液相转移至气相，难挥发组分从气相转移至液相。

（一）蒸馏过程的分类

蒸馏过程有多种分类方式，可按操作方式、操作条件以及组分数多少等进行分类。

1. 按蒸馏方式分类

蒸馏可分为简单蒸馏、平衡蒸馏（闪蒸）、精馏和特殊精馏。简单蒸馏和平衡蒸馏常用于分离混合物中各组分挥发度相差较大，对分离程度要求不高的场合。精馏是借助回流技术来实现高纯度和高回收率的分离操作，它是应用最广泛的蒸馏方式。如果混合物中各组分的挥发度相差很小或形成恒沸物，则应采用特殊精馏，如恒沸精馏或萃取精馏等。

2. 按操作压力分类

蒸馏可分为常压蒸馏、加压蒸馏和真空蒸馏。常压下，泡点为室温至150℃左右的混合物，一般采用常压蒸馏；常压下为气态（如空气、石油气）或常压下泡点为室温的混合物，常采用加压蒸馏；对于常压下泡点较高或热敏性混合物，宜采用真空蒸馏，以降低操作温度。

3. 按原料液中的组分数分类

蒸馏可分为双组分（二元）蒸馏和多组分（多元）蒸馏。在工业生产中，大多数是多组分蒸馏。双组分蒸馏的原理及计算原则同样适用于多组分蒸馏，因此常以双组分蒸馏为基础进行有关计算。

4. 按操作方式分类

蒸馏可分为间歇蒸馏和连续蒸馏。间歇蒸馏主要用于小规模、多品种的场合，它是一个不稳定的操作过程。而连续蒸馏则适合于大规模的生产，它是一个稳定的操作过程。本书将重点讨论常压下双组分连续精馏，其他蒸馏方式只做简单介绍。

（二）蒸馏操作的特点

1. 蒸馏操作的优点是适用面广，不仅可以分离液体混合物，还可以分离气体混合物（通过加压的方法把气体混合物变为液体混合物）。

2. 操作流程比较简单，可以直接将混合物提纯，不需要外加其他介质。而吸收、萃取等分离方法则需要外加其他介质（溶剂），并需对介质和所提取的物质进行分离。

3. 蒸馏通过对混合液的加热建立起气液两相体系，气相需要再冷凝液化。因此，蒸馏操作的主要缺点是耗能大。能耗大小是决定是否采用蒸馏方法的主要因素。

二、双组分溶液的汽—液平衡

蒸馏是气液两相间的传质过程，因此常用组分在两相中的浓度（或组成）偏离平衡的程度来衡量传质推动力的大小，传质过程的极限是两相达到平衡。因此在讨论蒸馏过程的计算前，先简述汽—液平衡知识。

汽—液平衡是指溶液与其上方蒸气达到平衡时气液两相间各组分组成的关系。

（一）蒸馏中的相组成表示法

蒸馏中相组成比质量分数（也称质量比）与比摩尔分数（也称摩尔比）的表示如下：

1. 质量分数

在混合物中某组分的质量占混合物总质量的分数。

$$W_A = \frac{m_A}{m}$$

$$W_A + W_B + \cdots + W_N = 1$$

2. 摩尔分数

在混合物中某组分的摩尔数占混合物总摩尔数的分数。

气相：

$$y_A = \frac{n_A}{n}$$

$$y_A + y_B + \cdots + y_N = 1$$

对于气体并且有如下关系成立：

$$y_z = x_p = \varphi$$

其中，x_p 表示分压率，φ 表示体积分数。

液相：

$$x_A = \frac{n_A}{n}$$

$$x_A + x_B + \cdots + x_N = 1$$

（二）理想溶液的汽—液平衡

对于双组分均相液体混合物，根据溶液中同种分子间作用力与异种分子间作用力的不同，可分为理想溶液和非理想溶液。严格地说，没有完全理想的溶液。工程上组分分子结构相似的溶液可近似看作理想溶液，如苯-甲苯和 0.2 MPa 以下的轻烃混合物均可视为理想溶液。

实验证明，理想溶液的汽—液相平衡遵从拉乌尔定律。拉乌尔定律指出，在一定温度下，气相中任一组分的平衡分压等于此组分为纯态时在该温度下的饱和蒸气压与其在溶液中的摩尔分数之积。因此，对含有 A、B 组分的理想溶液可以得出

$$p_A = p_A^{\cdot} x_A \qquad\qquad (4-39a)$$

$$p_B = p_B^{\cdot} x_B = p_B^{\cdot}(1 - x_A) \qquad\qquad (4-39b)$$

式中：p_A，p_B——溶液上方 A 和 B 两组分的平衡分压，Pa。

$p_A^{\cdot}$，$p_B^{\cdot}$——同温度下，纯组分 A 和 B 的饱和蒸气压，Pa。

x_A，x_B——混合液组分 A 和 B 的摩尔分数。

非理想溶液的汽—液平衡关系可用修正的拉乌尔定律或由实验测定。

液相为理想溶液，气相为理想气体的物系称为理想物系。理想物系气相遵从道尔顿分压定律，即总压等于各组分分压之和。

对双组分物系

$$p = p_A + p_B \qquad\qquad (4-40)$$

式中：p——气相总压，Pa。

p_A、p_B——A、B 组分在气相中的分压，Pa。

根据拉乌尔定律和道尔顿分压定律，双组分理想体系气液两相平衡时，系统总压、组分分压与组成的关系为

$$p_A = p y_A = p_A^{\cdot} x_A \qquad\qquad (4-41a)$$

$$p_B = p y_B = p_B^{\cdot} x_B \qquad\qquad (4-41b)$$

将式（4-41a）和式（4-41b）代入式（4-40）可得

$$p = p_A + p_B = p_A x_A + p_B^{\cdot} x_B = p_A^{\cdot} x_A + p_B^{\cdot}(1 - x_A)$$

由上式导出

$$x_A = \frac{p - p_B}{p_A - p_B} = f(p, t) \tag{4-42}$$

式（4-42）称为泡点方程。该方程描述在一定压力下平衡物系的温度与液相组成的关系。它表示在一定压力下，液体混合物被加热产生第一个气泡时的温度，称为液体在此压力下的泡点温度（简称泡点）。此泡点也为该组成的混合蒸气全部冷凝成液体时的温度。

由式（4-41a）和式（4-42）可得

$$y_A = \frac{p_A}{p} = \frac{p_A x_A}{p} = \frac{p_A}{p} \frac{p - p_B}{p_A - p_B} = f(p, t) \tag{4-43}$$

式（4-43）称为露点方程。该方程描述在一定压力下平衡物系的温度与气相组成的关系。它表示在一定压力下，混合蒸气开始冷凝出现第一滴液滴时的温度，称为该蒸气在此压力下的露点温度（简称露点）。露点也为该组成的混合液体全部汽化时的温度。

在总压一定的条件下，对于理想溶液，只要已知溶液的泡点温度，根据 A、B 组分的蒸气压数据，并查出饱和蒸气压 p_A、p_B，则可以采用式（4-42）的泡点方程确定液相组成 x_A，采用式（4-43）的露点方程确定与液相呈平衡的气相组成 y_A。

（三）温度组成图（$t - x - y$ 图）

在总压恒定的情况下，气液组成与温度的关系可用 $t - x - y$ 图表示，该图对蒸馏过程的分析具有重要意义。

$t - x - y$ 图又称温度组成图。在总压恒定的条件下，根据泡点方程式（4-42）和露点方程式（4-43），可确定理想溶液的气（液）相组成与温度的关系。该图中两条曲线，其中①为饱和液体线（泡点线），由泡点方程得到；②为饱和蒸气线（露点线），由露点方程得到。这两条曲线将图分成 3 个区域：曲线①以下部分表示溶液尚未沸腾，称为液相区；曲线②以上部分表示温度高于露点的气相，称为过热蒸气区；两曲线之间的区域表示汽、液两相同时存在，称为汽液共存区。若在某一温度下，则曲线①和②上有相应的两点 A 与 B，它表示在此温度下平衡的气液两相组成，而在同一组成下曲线①和曲线②上相应的两点 A 与 D 所对应的温度分别表示该液相组成的泡点（tb）温度和组成相同的气相露点（tD）温度。

（四）气液平衡图（$x-y$ 图）

在蒸馏计算中经常使用 $x-y$ 图，它表示在一定外压下，气相组成 y 和与之平衡的液相组成 x 之间的关系。该图以气相组成 y 为纵坐标，以液相组成 x 为横坐标，所以又称为气液平衡图。$x-y$ 图可通过 $t-x-y$ 图做出。对于理想溶液，由于平衡时气相组成 y 恒大于液相组成 x，所以平衡曲线在对角线上方。平衡线离对角线越远，表示该溶液越易分离。但应注意的是 $x-y$ 曲线上各点所对应的温度均不相同。

（五）挥发度与相对挥发度

1. 挥发度

组分的挥发度是物质挥发难易程度的标志。对于纯物质，挥发度以该物质在一定温度下饱和蒸气压的大小来表示。由于混合液中某一组分蒸气压受其他组分的影响，其挥发度比纯态时要低。考虑其他组分对挥发度的影响，把挥发度定义为气相中某一组分的蒸气分压和与之平衡的液相中的该组分摩尔分数之比，用符号 ν 表示。

对于 A 和 B 组成的双组分混合液有

$$\nu_A = \frac{p_A}{x_A} \tag{4-44a}$$

$$\nu_B = \frac{p_B}{x_B} \tag{4-44b}$$

式中：ν_A，ν_B——组分 A、B 的挥发度。

p_A，p_B——汽—液平衡时组分 A，B 在气相中的分压。

x_A，x_B——汽—液平衡时组分 A，B 在液相中的摩尔分数。

由上可知，平衡时混合液中 x_A 越小，其气相分压 p_A 越大，则 A 组分的挥发性就越强。对于理想溶液，因其遵从拉乌尔定律，因此有

$$\nu_A = \frac{p_A}{x_A} = \frac{\dot{p}_A x_A}{x_A} = \dot{p}_A \tag{4-45a}$$

$$\nu_B = \frac{p_B}{x_B} = \frac{\dot{p}_B x_B}{x_B} = \dot{p}_B \tag{4-45b}$$

所以对理想溶液而言，各组分的挥发度在数值上等于其饱和蒸气压。

2. 相对挥发度

在蒸馏操作中，常用相对挥发度来衡量各组分挥发性的差异程度。

溶液中两组分挥发度之比称为相对挥发度，并以符号 α_{A-B} 表示组分 A 对组分 B 的相对挥发度。由于通常以易挥发组分的挥发度为分子，故常省略下标以 α 表示。

$$\alpha = \frac{\nu_A}{\nu_B} = \frac{\dfrac{p_A}{x_A}}{\dfrac{p_B}{x_B}} \tag{4-46}$$

当压力不太高时，气相遵从道尔顿分压定律，式（4-46）可写为

$$\frac{\dfrac{py_A}{x_A}}{\dfrac{py_B}{x_B}} = \frac{\dfrac{x_A}{y_B}}{\dfrac{x_B}} = \frac{\dfrac{y_A}{x_A}}{\dfrac{x_B}} \tag{4-47a}$$

或写为

$$\frac{y_A}{y_B} = \alpha \frac{x_A}{x_B} \tag{4-47b}$$

由式（4-47b）可知，相对挥发度 α 值的大小表示两组分在气相中的浓度比是液相中浓度比的倍数，所以 α 值可作为混合物采用蒸馏法分离的难易标志，α 越大，组分越易分离。若 α 大于 1，即 $y > x$，说明该溶液可以用蒸馏方法来分离；若 $\alpha = 1$，则说明物系的气相组成和与之相平衡的液相组成相等，则采用普通蒸馏方式无法分离此混合物；若 $\alpha < 1$，则需重新定义轻组分与重组分，使 $\alpha > 1$。

对于双组分物系，将 $x_B = 1 - x_A$，$y_B = 1 - y_A$ 代入式（4-47b）得

$$\frac{y_A}{1 - y_A} = \alpha \frac{x_A}{1 - x_A}$$

略去 x，y 的下标，得

$$y = \frac{\alpha x}{1 + (\alpha - 1)x} \tag{4-48}$$

式（4-48）表示汽—液平衡时，气液两相组成与挥发度之间的关系，所以该式称为相平衡方程。

对于理想溶液，因其遵从拉乌尔定律，故有

$$\alpha = \frac{\nu_A}{\nu_B} = \frac{p_A'}{p_B'} = f(t) \tag{4-49}$$

即理想溶液的相对挥发度等于同温度下两纯组分的饱和蒸气压之比。

3. 平均相对挥发度 α_m

由式（4-49）可知相对挥发度为温度的函数，当温度升高或降低时，p_A'，p_B' 将同时增大或减小，对于理想物系，α 值变化不大。因此，工程上在整个组成范围内可取平均相对挥发度 α_m，并视为定值，则式（4-48）可记为

$$y = \frac{\alpha_m x}{1 + (\alpha_m - 1)x} \qquad (4-50)$$

式（4-50）可用来计算 $x - y$ 关系，并做出 $x - y$ 图。

在精馏塔内，当压力和温度变化不大时，也可取塔顶与塔底相对挥发度的几何平均值作为平均相对挥发度，即

$$\alpha_m = \sqrt{\alpha_{顶} \times \alpha_{釜}} \qquad (4-51)$$

式中：$\alpha_{顶}$——塔顶的相对挥发度。

$\alpha_{釜}$——塔釜的相对挥发度。

三、蒸馏与精馏原理

（一）简单蒸馏和平衡蒸馏

1. 简单蒸馏

简单蒸馏又称微分蒸馏，1902 年瑞利提出了该过程的数学描述方法，故该蒸馏又称为瑞利蒸馏。

简单蒸馏是分批加入原料，进行间歇操作。蒸馏过程中不断从塔顶采出产品。该过程是一个动态过程，产品与釜液组成随时间而改变，且互成相平衡关系。在蒸馏过程中釜内液体中的轻组分浓度不断下降，相应的蒸气中轻组分浓度也随之降低。因此，馏出液通常是按不同组成范围收集的。最终将釜液一次排出。所以简单蒸馏是一个不稳定的过程。

简单蒸馏只能适用于沸点相差较大而分离要求不高的场合，或者作为初步加工，粗略地分离混合物，如原油或煤油的初馏。

2. 平衡蒸馏

平衡蒸馏又称闪蒸，是一个连续、稳定的单级蒸馏过程。原料液通过加热器升温（未沸腾），在通过节流阀后因压强突然下降，液体过热，于是发生自蒸

发，最终产生相互平衡的气、液两相。气相中易挥发组分浓度较高，与之呈平衡的液相中易挥发组分浓度较低，在分离器内气、液两相分离后，气相经冷凝成为顶部液态产品，液相则作为底部产品。

与简单蒸馏比较，平衡蒸馏为稳定连续过程，生产能力大，但也不能得到高纯度产物，常用于粗略分离物料，在石油炼制及石油裂解分离过程中常使用多组分溶液的平衡蒸馏。

许多情况下，要求混合液分离为几乎纯净的组分，需要采用精馏装置才能完成这样的任务。

（二）精馏原理

精馏通常在精馏塔中进行，气液两相通过逆流接触，进行相际传热传质。液相中的易挥发组分进入气相，气相中的难挥发组分转入液相，于是在塔顶可得到几乎纯净的易挥发组分，塔底可得到几乎纯净的难挥发组分。料液从塔的中部加入，进料口以上的塔段，把上升蒸气中易挥发组分进一步增浓，称为精馏段；进料口以下的塔段，从下降液体中提取易挥发组分，称为提馏段。从塔顶引出的蒸气经冷凝，一部分凝液作为回流液从塔顶返回精馏塔，其余馏出液即为塔顶产品。塔底引出的液体经再沸器部分气化，蒸气沿塔上升，余下的液体作为塔底产品。塔顶回流入塔的液体量与塔顶产品量之比称为回流比，其大小会影响精馏操作的分离效果和能耗。

原料从塔中部适当位置进塔，将塔分为两段，上段为精馏段，不含进料，下段为提馏段，含进料板，冷凝器从塔顶提供液相回流，再沸器从塔底提供气相回流。气、液相回流是精馏的重要特点。

在精馏段，气相在上升的过程中，轻组分得到精制，在气相中不断地增浓，在塔顶获得轻组分产品。在提馏段，液相在下降过程中，轻组分不断地被提馏出来，使重组分在液相中不断地被浓缩，在塔底获得重组分产品。

精馏过程与其他蒸馏过程最大的区别是前者可在塔两端同时提供纯度较高的液相和气相回流，为精馏过程提供了传质的必要条件。提供高纯度的回流，使得在相同塔板数的条件下，能始终保证一定的传质推动力。理论上，只要塔板数足够多，回流量足够大，就可以在塔顶得到高纯度的轻组分产品，而在塔底获得高纯度的重组分产品。

精馏操作也可以在填料塔内进行，因为无论塔板还是填料，都可以为气、液两相提供接触的场所，从而实现传质过程。

四、间歇精馏

间歇精馏又称分批精馏。间歇精馏与连续精馏在原理上基本一致，在操作上又类似于简单蒸馏，即将原料分批加入釜内，每蒸馏完一批原料后，再加入第二批料。所以，对小批量、多品种且经常改变产品要求的分离过程，常采用间歇精馏。间歇精馏有以下两个特点：

①间歇精馏属于非稳态过程。随着精馏过程的进行，塔釜内的液体量、组成及塔内气液组成分布均发生变化。

②间歇精馏只有精馏段没有提馏段。间歇精馏有两种基本操作方式：一是回流比保持恒定，馏出液组成逐渐减小；二是回流比不断加大，馏出液组成恒定。在实际操作中常将两种方式结合起来进行操作。

五、特殊精馏

化工生产中常常会遇到相对挥发度 $\alpha = 1$ 或接近于 1 的物系，不能采用常规精馏方法分离，需要采用特殊精馏或其他分离方法。

特殊精馏的基本原理是在双组分溶液中加入第三种组分，从而改变原溶液中组分间的相对挥发度。下面介绍恒沸精馏和萃取精馏等常用的特殊精馏方式。

（一）恒沸精馏

如果双组分溶液 A、B 间相对挥发度很小，或具有恒沸物，可加入某种添加剂 C（又称挟带剂），挟带剂 C 与原溶液中的一个或两个组分形成新的恒沸物（AC 或 ABC），新恒沸物与原组分间沸点差较大，从而使原溶液易于分离，这种精馏方法称为恒沸精馏。

选择适宜的挟带剂是能否采用恒沸精馏方法分离的重要因素，对挟带剂的要求是：

1. 能与被分离组分形成低恒沸物，且该恒沸物易于和塔底组分分离。

2. 形成恒沸物本身应易于分离，以回收其中的挟带剂。

3. 挟带剂无毒、无腐蚀性、热稳定，且来源容易，价格低廉。

（二）萃取精馏

若在原溶液中加入某种高沸点添加剂（萃取剂）能够显著改变原溶液中组

分间相对挥发度，从而使原溶液易于分离，这种精馏方法称为萃取精馏。

选择适宜的萃取剂是能否采用萃取精馏方法分离的重要因素，对萃取剂的要求是：

1. 能显著改变原溶液中组分间相对挥发度。

2. 挥发性弱，但沸点比纯组分高得多，且不形成新的恒沸物。

3. 萃取剂无毒、无腐蚀性、热稳定，且来源容易，价格低廉。

萃取精馏和恒沸精馏相比，相同之处在于均加入第三组分，因此均属于多组分精馏，均需两个塔。不同之处在于：①萃取剂比挟带剂易于选择；②萃取精馏时萃取剂在精馏过程中基本不汽化，能耗低；③萃取精馏中萃取剂的加入量可调范围大，比恒沸精馏易于控制，操作灵活；④恒沸精馏操作温度比萃取精馏低，更适于分离热敏性溶液。

第五章　干燥与萃取

第一节　干燥原理与计算

一、干燥概述

（一）物料的去湿方法

在化工生产中，一些固体原料、半成品或产品中常含有一些湿分，为便于进一步的加工、储存和使用，通常需要将湿分从物料中去除，这种操作称为去湿。去湿方法可分为以下三类。

1. 机械去湿

通过沉降、过滤、压榨、抽吸和离心分离等方法除去湿分，当物料带水较多时，可先用上述机械分离方法除去大量的水。这些方法应用于溶剂不需要完全除尽的情况，能量消耗较少。

2. 吸附去湿

用一些平衡水汽分压很低的干燥剂与湿物料并存，使物料中水分经气相转入干燥剂内。该方法只能除去少量的水分。

3. 加热除湿

利用热能使湿物料中的湿分汽化，并排出生成的蒸气，获得湿含量达到要求的产品。这种方法除湿完全，但能耗较大。简单地说，干燥就是利用热能除去固体物料中湿分的单元操作。由于是利用热能的操作，在工业生产中为了节约热能，降低生产成本，一般尽量先利用压榨、过滤或离心分离等机械方法除去湿物料中的大部分湿分，然后通过干燥方法继续除去机械法未能除去的湿分，以获得符合要求的产品。因此，干燥常是产品包装或出厂前的最后一个操作过程。

化学工业中固体物料的去湿一般是先用机械去湿法除去大量的湿分，再利用干燥法使湿含量进一步降低，最终达到产品的要求。

（二） 物料的干燥方法

干燥过程的种类很多，但可按一定的方式进行分类。

1. 按操作压力分类

按操作压力的不同，干燥可分为常压干燥和真空干燥两种。真空干燥具有操作温度低、干燥速度快、热效率高等优点，适用于热敏性、易氧化以及要求最终含水量极低的物料的干燥。

2. 按操作方式分类

按操作方式的不同，干燥可分为连续式和间歇式两种。连续式具有生产能力强、热效率高、产品质量均匀、劳动条件好等优点，缺点是适应性较差。而间歇式具有投资少、操作控制方便、适应性强等优点；缺点是生产能力小，干燥时间长，产品质量不均匀，劳动条件差。

3. 按传热方式分类

按热能传给湿物料的方式，干燥又可分为传导干燥、对流干燥、辐射干燥和介电加热干燥，以及由其中两种或多种方式组成的联合干燥。

（1）传导干燥

载热体（加热蒸气）将热能通过传热壁以传导的方式加热湿物料，产生的蒸气被干燥介质带走或用真空泵排出。传导干燥的热能利用率较高，但物料易过热变质。

（2）对流干燥

载热体（干燥介质）将热能以对流的方式传给与其直接接触的湿物料，产生的蒸气为干燥介质所带走。通常用热空气作为干燥介质。在对流干燥中，热空气的温度容易调节，但由于热空气在离开干燥器时，带走相当大的一部分热能，使得对流干燥的热能利用较差。

（3）辐射干燥

热能以电磁波的形式由辐射器发射到湿物料表面，被其吸收重新转变为热能，将湿分汽化而达到干燥的目的。辐射器可分为电能和热能两种。电能辐射器如专供发射红外线的灯泡。热能辐射器是用金属辐射板或陶瓷辐射板产生红外线。辐射干燥的速度快、效率高、耗能少，产品干燥均匀而洁净，特别适合于表面干燥，如木材和装饰板、纸张、印染织物等。

（4）介电加热干燥

将需要干燥的物料置于高频电场内，由于高频电场的交变作用使物料加热而达到干燥的目的，是高频干燥和微波干燥的统称。采用微波干燥时，湿物料受热均匀，传热和传质方向一致，干燥效果好，但费用高。

在上述四种干燥操作中，以对流干燥的应用最为广泛。多数情况下，对流干燥使用的干燥介质为空气，湿物料中被除去的湿分为水分。因此，本书主要讨论干燥介质为空气、湿分为水的常压对流干燥过程。

（三）对流干燥流程

对流干燥可以是连续过程，也可以是间歇过程。空气经风机送入预热器加热至一定温度再送入干燥器中，与湿物料直接接触进行传质、传热，沿程空气温度降低，湿含量增加，最后废气自干燥器另一端排出。干燥如果为连续过程，物料则被连续地加入与排出，物料与气流接触可以是并流、逆流或其他方式；如果为间歇过程，湿物料则被成批地放入干燥器内，干燥至要求的湿含量后再取出。

经预热的高温热空气与低温湿物料接触时，热空气以对流方式将热量传给湿物料，其表面水分因受热汽化扩散至空气中并被空气带走；同时，物料内部的水分由于浓度梯度的推动而迁移至表面，使干燥连续进行下去。可见，空气既是载热体，也是载湿体，干燥是传热、传质同时进行的过程，其传热方向是由气相到固相，推动力为空气温度 t 与物料表面温度 θ 之差；而传质方向则由固相到气相，推动力 Δp_v 为物料表面水汽分压 p_w 与空气主体中水汽分压 p_v 之差。显然，干燥是热、质反向传递过程。

二、湿空气的性质与湿度图

（一）湿空气的性质

湿空气是绝干空气和水气的混合物。对流干燥操作中，常采用一定温度的不饱和空气作为干燥介质，因此首先讨论湿空气的性质。由于在干燥过程中，湿空气中水汽的含量不断增加，而绝干空气质量不变，因此湿空气的许多相关性质常以 1kg 绝干空气为基准。

1. 水汽分压

不饱和空气的水汽分压 p_v 与干空气分压 p_g 以及其总压力的 $p_{总}$ 关系为

$$p_{\text{总}} = p_v + p_g$$

并有

$$p_v = py_v$$

式中：y_v ——湿空气中水汽的摩尔分数。

2. 湿度

湿度 H 是湿空气中所含水蒸气的质量与干空气质量之比。即

$$H = \frac{\text{湿空气中水汽的质量}}{\text{湿空气中绝干气的质量}} = \frac{n_v M_v}{n_g M_g} \tag{5-1}$$

式中：H ——空气的湿度，kg 水汽/kg 绝干空气。

M ——摩尔质量，kg/kmol。

n ——物质的量，kmol。

v——表示水蒸气。

g——表示干空气。

对水蒸气—空气系统，式（5-1）可写成

$$H = \frac{18n_v}{29n_g} = \frac{0.622}{n_g} n_v \tag{5-2}$$

由道尔顿分压定律，式（5-2）可表示为

$$H = \frac{18p_v}{29p_s} = 0.622 \frac{p_v}{p - p_v} \tag{5-3}$$

式中：p ——湿空气总压，Pa。

当水蒸气的分压等于湿空气的饱和蒸气压 p_s 时，湿空气呈饱和状态，对应的湿度称为饱和湿度，用 H_s 表示。

$$H_s = 0.622 \frac{p_s}{p - p_s} \tag{5-4}$$

式中：p_s ——同温度下水的饱和蒸气压，Pa。

H_s ——湿空气的饱和湿度，kg 水汽/kg 干空气。

3. 相对湿度

水蒸气分压 p_s 与水汽分压 p_v 可能达到的最大值之比的百分数为相对湿度 φ。

由相对湿度 φ 的定义可得

$$\varphi = \frac{p_v}{p_s} \times 100\% \tag{5-5}$$

相对湿度反映湿空气吸收水汽的能力，与水汽分压 p_v 及空气温度 t 有关〔因 $p_s = F(t)$〕，当 t 一定时，φ 随 p_v 的增大而增大。当 $p_v = 0$ 时，$\varphi = 0$ 空气为干空气；当 $p_v < p_s$ 时，$\varphi < 1$ 空气为未饱和湿空气；当 $p_v = p_s$ 时，$\varphi = 1$ 空气为饱和湿空气，气体不能吸湿，无干燥能力。

根据相对湿度值可判断干燥介质越小，湿空气的干燥能力越大。将式（5-5）代入式（5-3），得

$$H = 0.622 \frac{\varphi p_s}{p - \varphi p_s}$$

4. 湿空气的焓

1kg 干空气的焓与相应 H kg 水蒸气共同具有的焓称为湿空气的焓 I，kJ/kg 干空气，根据定义有

$$I = I_g + I_v H \tag{5-6}$$

式中：I_g——干空气的焓，kJ/kg 干空气。

I_v——水汽的焓，kJ/kg 干空气。

在工程计算时，常规定干空气和液态水在 0℃ 时的焓作为参考状态，即在此状态下的焓为零。在其他温度下，湿空气的焓值等于水蒸气在 0℃ 汽化时所需的潜热以及干空气和水蒸气从 0℃ 升至 t 所需的显热之和。0℃ 液态水的气化热为 $r_0 = 2\,490$ kJ/kg，则有

$$I_g = c_g t = 1.01t$$

$$I_v = r_0 + c_v t = 2\,490 + 1.88t$$

因此，湿空气的焓为

$$I = (c_g + c_v H)t + r_0 H = (1.01 + 1.88H)t + 2\,490H \tag{5-7}$$

式中：r_0——0℃ 时水的汽化热，$r_0 = 2\,490$ kJ/kg。

式（5-7）中，右端为湿空气的显热与水蒸气的潜热之和。当干空气的组成和总压一定时，湿空气的焓随温度和湿度而变；而饱和湿空气的焓仅为温度的函数。

5. 干球温度与湿球温度

干球温度计所测的温度为湿空气的真实温度，称为干球温度，湿球温度计的感温球用湿纱布包裹，下部浸入水中使之保持润湿，其在流动空气中达到平衡或稳定时所测得温度为空气的湿球温度。

湿空气至水的传热速率恰好等于水表面汽化向空气传递潜热速率时的温度，

故湿球温度是表示湿空气状态或性质的一种参数。

通过传热、传质计算可得

$$t_w = t - \frac{k_H r_{t_w}}{\alpha}(H_{s,\ t_w} - H) \tag{5-8}$$

式中：$H_{s,\ t_w}$——湿空气在温度为下的饱和湿度，kg 水/kg 干空气。

H——空气的湿度，kg 水/kg 干空气。

α——对流传热系数，kW/（m² · ℃）。

k_H——传质系数 kg/（m² · s）。

y——湿球温度下水的汽化热，kJ/kg。

6. 绝热饱和温度

将含有水蒸气的温度为 t、湿度为 H 的不饱和空气，连续通入器内与大量喷洒的水接触，水用泵循环，认为水温是完全均匀的，因饱和器处于绝热，故水汽化所需的潜热只能取自空气中的显热，使空气增湿而降温，但湿空气的焓是不变的。当空气被水所饱和时，温度不再下降，等于循环水的温度，即空气的绝热饱和温度 t_{as}。

由于湿空气的焓保持不变，故进入绝热饱和器时的焓 I 等于经绝热增湿而降温至 t_{as} 时的焓 I_{as}。根据式（5-7），有

$$\begin{aligned}
I_{as} = I &= (c_g + c_v H)t + r_0 H \\
&= (1.01 + 1.88H)t + 2\ 490H \\
&= (c_g + c_v H_{a,\ s})t_{as} + r_0 H_{as}
\end{aligned} \tag{5-9}$$

在温度不太高时，H 与 H_{as} 非常小，忽略 c_g 与 c_v 随温度的变化，则有

$$c_g + c_v H \approx c_g + c_v H_{as} = c_H \tag{5-10}$$

联合上述两式并整理得

$$t_{as} = t - \frac{r_0}{c_H(H_{as} - H)} \tag{5-11}$$

式（5-11）称为绝热饱和方程。由于 H_{as} 取决于 t_{as}，故当干空气的组成以及总压一定时，绝热饱和温度与空气温度和湿度有关。

湿球温度 t_w 与绝热饱和温度 t_{as} 在数值上近似相等，可简化水蒸气—空气系统的干燥计算。但应注意，湿球温度 t_w 与绝热饱和温度 t_{as} 是两个完全不同的概念。而对于其他系统，湿球温度 t_w 与绝热饱和温度 t_{as} 不相等。

化工技术与企业安全管理探索

7. 露点温度

不饱和湿空气冷却到饱和状态时的温度称为露点温度 t_d，对应的湿度为露点下的饱和湿度 $H_{s,\,t_d}$。

由式（5-4）得

$$H_{s,\,t_d} = 0.622 \frac{p_{s,\,t_d}}{p - p_{s,\,t_d}} \tag{5-12}$$

式中：$p_{s,\,t_d}$——露点时的饱和蒸气压，也是该空气在初始状态下的水蒸气分压。

湿空气的四种温度之间的关系为

不饱和湿空气：$t > t_w(t_{as}) > t_d$

饱和湿空气：$t = t_w(t_{as}) = t_d$

8. 湿空气的比热容

常压下，将 1kg 干空气和 H kg 水蒸气温度升高 1℃所吸收的热量，称为湿空气的比热容 c_H，即

$$c_H = c_g + c_v H \tag{5-13}$$

式中：c_g——干空气的比热容，kJ/（kg 干空气·℃）；

c_v——水蒸气的比热容，kJ/（kg 水汽·℃）。

在工程计算中，常取 $c_g = 1.01$kJ/（kg 干空气·℃），$c_v = 1.88$kJ/（kg 水汽·℃）。代入式（5-13），得

$$c_H = 1.01 + 1.88H$$

9. 湿空气的比体积

1kg 干空气同其所带有的水蒸气体积之和为湿空气的比体积 v_H，m³（湿空气）/kg 干空气。

在标准状态下，气体的摩尔体积为 22.4m³/kmol。故湿空气的比容为

$$v_H = 2204 \left(\frac{1}{M_g} + \frac{H}{M_v} \right) \times \frac{273 + t}{273} \times \frac{101.3}{p} \tag{5-14}$$

式中：v_H——湿空气的比体积，m³（湿空气）/kg 绝干空气；

t——温度，℃；

p——湿空气总压，kPa。

将 $M_g = 29$ kg/kmol，$M_v = 18$ kg/kmol 代入式（5-14），得

$$v_H = (0.773 + 1.244H) \times \frac{273 + t}{273} \times \frac{101.3}{p} \tag{5-15}$$

由式（5-15）可知，湿空气的比体积 v_H 与湿空气的温度和湿度成正比例关系。

干空气的质量消耗量 L 与湿空气的体积消耗量 v_H 有如下关系：

$$V_v = Lv_H$$

（二）湿度图

从前面的介绍可知，湿空气的各项状态参数都可以用公式计算出来，但计算比较烦琐，甚至需要试差。工程上为方便起见，将湿空气各参数间的函数关系标绘在坐标图上，只要知道湿空气的任意两个独立参数，即可以从图上迅速查出其他参数，这种图统称为湿度图。在干燥计算中，常用的湿度图是焓湿图，即 $I-H$ 图。

湿空气的 $I-H$ 图由以下诸线群组成：

1. 等焓线（等 I 线）群：等焓线是平行于斜轴的线群。

2. 等湿度线（等 H 线）群：等湿度线是平行于纵轴的线群。

3. 等温线（等 t 线）。

$$I = 1.01t + (1.88t + 2\,491)H$$

可见，当温度一定时，I 与 H 呈线性关系，直线的斜率为（$1.88t+2\,491$）。因此，任意规定一温度值即可绘出一条 $I-H$ 直线，此直线即为一条等温线，如此规定一系列的温度值即可得到一组等温线群。

4. 等相对湿度线（等 φ 线）。当总压一定时，$\varphi = \dfrac{p_总 H}{p_s(0.622 + H)}$ 表示 φ 与 p_s 及 H 之间的关系。由于 p_s 是温度的函数，故实际上表示 φ、t、H 之间的关系。取一定的 φ 值，在不同 t 下求出 H 值，就可画出一条等 φ 线。显然，在每一条等 φ 线上，随 t 增加，p_s 增加，H 也增加，而且温度越高，p_s 与 H 增加越快。

5. 水蒸气分压线。

$$p_w = \dfrac{p_总 H}{0.622 + H}$$

可见，当总压 $p_总$ 一定时，水蒸气分压是湿度 H 的函数，当 $H \leqslant 0.622$ 时，p_w 与 H 可视为线性关系。在总压 $p_总 = 101.3\text{kPa}$ 的条件下，根据在焓湿图上标绘出 p_w 与 H 的关系曲线，即为水蒸气分压线。为保持图面清晰，将水蒸气分压线标绘于饱和空气线的下方，其水蒸气分压可从右端的纵轴上读出。

三、固体物料的干燥平衡

（一）物料中水分含量的表示方法

湿物料中含水量是水分在湿物料中的浓度，依据不同的计算基准，通常有以下两种表示方法。

1. 湿基含水量

湿基含水量是指以湿物料为基准时湿物料中水的质量分率或质量分数，以 ω 表示，即

$$\omega = \frac{\text{湿物料中水分的质量}}{\text{湿物料总质量}} \times 100\% \tag{5-16}$$

2. 干基含水量

干基含水量是指以绝干物料为基准时湿物料中水分的质量，以 X 表示，单位为 kg 水/kg 绝干物料，即

$$X = \frac{\text{湿物料中水分的质量}}{\text{湿物料中绝干物料的质量}} \tag{5-17}$$

两种含水量的关系为

$$\omega = \frac{X}{1 + X}$$

在工业生产中，通常用湿基含水量表示物料中水分的含量，但在干燥过程中湿物料的总量会因失去水分而逐渐减少，故用湿基含水量表示时，计算不方便，但绝干物料的质量是不变的，故干燥计算中多采用干基含水量。

（二）水分在气—固两相间的平衡

1. 结合水与非结合水

物料中所含水分的性质与相平衡有关。如第四章中论及相平衡时，已说明其用途是：决定传质的方向、极限和推动力，在干燥过程中亦同样适用。现首先根据相律来分析水—空气—固体物料物系的独立变量数：组分数 $C = 3$，相数 $\varphi = 3$（气、水、固体），故自由度 $F = C - \varphi + 2 = 2$，在温度固定时，只有一个独立变量，即气—固间的水分平衡关系，可在平面上用一条曲线表示。

当物料的含水率 X 大于或等于 X_s 时，空气中的平衡水蒸气分压恒等于系统

温度下纯水的蒸气压 X_s。这表明对应于 $X \geqslant X_s$ 的那一部分水分，主要是以机械方式附着在物料上，与物料没有结合力，因此其汽化与纯水相当，这类水分称为非结合水分。当 $X < X_s$ 时，平衡水汽分压都低于同温度下纯水的蒸气压。表明这类水分与物料间有结合力而较难除去，而称为结合水分。

2. 平衡水分和自由水分

（1）平衡水分

将某种物料与一定温度和相对湿度的空气相接触，当湿物料表面的水蒸气压与空气中的水汽分压不等时，物料将脱除水分或吸收水分，直至二者相等。只要空气的状态不变，物料中所含水分不再因与空气接触时间的延长而变化，物料中水分与空气达到平衡，此时物料中所含的水分称为此空气状态下该物料的平衡水分，平衡水分的含量（平衡含水量）用 X^* 表示。物料的平衡含水量是一定空气状态下物料被干燥的极限。

物料的平衡含水量与物料的种类及湿空气的性质有关。平衡含水量 X^* 随物料种类的不同而有较大差异。非吸水性的物料（如陶土、玻璃棉等）的平衡含水量接近于零；而吸水性物料（如烟叶、皮革等）则平衡含水量较高。对于同一物料，平衡含水量又因所接触的空气状态不同而变化，温度一定时，空气的相对湿度越高，其平衡含水量越大；相对湿度一定时，温度越高，平衡含水量越小，但变化不大，由于缺乏不同温度下平衡含水量的数据，一般温度变化不大时，可忽略温度对平衡含水量的影响。

（2）自由水分

物料中所含大于平衡水分的那一部分水分，可在该空气状态下用干燥方法除去，称为自由水分。

物料中所含总水分为自由水分与平衡水分之和。

四、干燥速率与干燥过程的计算

（一）干燥曲线与干燥速率

1. 干燥速率

单位时间内通过单位有效干燥表面所汽化的水分量称为干燥速率，即

$$U = \frac{\mathrm{d}W}{S\mathrm{d}\tau} = -\frac{G_c \mathrm{d}X}{S\mathrm{d}\tau} \mathrm{kg/m^2 \cdot s} \tag{5-18}$$

式中：S ——物料的有效干燥表面积，m^2。

τ ——干燥时间，s。

$\dfrac{dW}{d\tau}$ ——物料含水量随干燥时间的变化率，$1/s$。

负号表示物料含水量随干燥时间的增长而下降。

物料干燥时间的长短取决于干燥速率的大小。速率越大，则干燥时间越短。因此，为确定干燥时间，必须先研究干燥速率的变化规律。

2. 恒定干燥条件下的干燥曲线

干燥速率与干燥过程有关，而干燥过程又与干燥介质的状态有关。工程上将干燥过程分为两大类，即恒定干燥和非恒定干燥。

恒定干燥是指空气的性质恒定的干燥过程，如用大量的空气对少量物料的间歇干燥过程。非恒定干燥是指空气的状态是不断变化的干燥操作过程，如在连续操作的干燥器内，沿干燥器的长度或高度，空气的温度、湿度都是变化的。其过程相对要复杂一些，本书主要研究前者。

根据式（5-18）可知，干燥速率 U 与 $\dfrac{dX}{d\tau}$ 的绝对值成正比。而 $\dfrac{dX}{d\tau}$ 的值可借助用实验方法测得的恒定干燥条件下的干燥曲线获取。

在间歇干燥实验装置中，将绝干物料量 G_c 及干燥表面积 S 已知的少量进口温度小于空气湿球温度 t_w 的湿物料用大量的热空气干燥，形成恒定的干燥条件。每隔一段时间测定物料的质量及表面温度 T 的变化，直至物料的质量不再随时间变化为止（$X = X^*$）。将整理得到的物料的湿含量 X 及表面温度 T 随时间 τ 的变化关系数据绘制成图，即为恒定干燥条件下物料的干燥曲线。

3. 恒定干燥条件下的干燥速率曲线

对 $X - \tau$ 关系曲线分段求取斜率，即为 $\dfrac{dX}{d\tau}$，然后用式（5-18）求出干燥速率 U，根据分段的干燥速率和 X 的对应关系作图，即得恒定干燥条件下的干燥速率曲线。

在恒速干燥阶段，固体物料的表面充分润湿，去除的水分属于非结合水分。其状况与湿球温度计的感温部分表面的状况类似，物料表面的温度 T 等于空气的湿球温度 t_w，物料表面空气的湿含量等于 t_w 下的饱和湿度 H_w 传热推动力（$t - t_w$）、传质推动力（$H_w - H$）均保持恒定，干燥速率的大小取决于物料表面水分的汽化速率，亦即取决于物料外部的干燥条件，与物料内部水分的状态无关，所以恒速干燥阶段又称为表面汽化控制阶段。

当物料的含水量降到临界含水量 X_C 以后，便转入降速干燥阶段。此时水分自物料内部向表面迁移的速率小于物料表面水分汽化速率，物料表面不能维持充分润湿，部分表面变干，使得空气传给物料的热量无法全部用于汽化水分，有一部分热量用于加热物料，使物料温度上升。因此，干燥速率将逐渐减小，在部分表面上汽化出的是结合水分，物料表面全干，汽化面逐渐向物料内部移动，汽化结合水分，故平衡蒸气压下降，传质推动力减小。汽化所需的热量通过已被干燥的固体层传递到汽化面，从物料中汽化出的结合水分也通过这层固体毛细孔隙，扩散到空气层流中，这时干燥过程的传热、传质阻力增加，干燥速率下降得更快。此时物料所含的水分即为该空气状态下的平衡水分 X^*。

降速阶段干燥曲线的形状与物料的内部结构、形状和尺寸有关，与干燥介质的状态参数关系不大，故降速阶段又称为物料内部迁移控制阶段。

在降速干燥阶段，物料内部的水分扩散极慢，内扩散是影响干燥的主要因素。因此，用改变空气温度等状态参数的办法来改变干燥速度是不合适的。对非多孔性物料，如肥皂、木材、皮革等，汽化表面只能是物料的外表面，汽化面不可能内移。当表面水分除去后，内部水分只能极慢地扩散到外表面，此时干燥速率与气速等参数无关，如果提高空气温度会造成龟裂。固体内水分扩散的理论告诉我们，扩散速率与物料的厚度的平方成反比。因此，减薄物料厚度或增加分散度将有效地提高干燥速率。

临界含水量 X_C 随物料的性质、厚度及干燥速率而变。例如无孔吸水性物料的临界含水量比多孔物料的大。在一定的干燥条件下，物料层越厚，X_C 值越大。干燥介质温度高，湿度低，则恒速干燥阶段干燥速率大，但有可能导致物料表面板结，从而提前进入降速干燥阶段，也即 X_C 值增大。

X_C 值越大，转入降速干燥阶段越早，对完成相同的干燥任务所需干燥时间越长。因此，降低物料层厚度、加强对物料层搅拌、选择好干燥空气的状态，均能达到降低临界含水量的目的。如采用气流干燥器或流化床干燥器时，X_C 值一般均较低，甚至整个干燥过程均处于恒速阶段。所以，气流干燥器等又称为快速干燥器。

4. 恒定干燥条件下的干燥时间计算

干燥速率计算公式

$$U = \frac{\mathrm{d}W}{S\mathrm{d}\tau} = -\frac{G_{\mathrm{C}}\mathrm{d}X}{S\mathrm{d}\tau}$$

将其变形并拆分积分区间，则有

$$\tau = \frac{G_{\mathrm{C}}}{S}\int_{X_2}^{X_1}\frac{\mathrm{d}X}{U} = \frac{G_{\mathrm{C}}}{S}(\int_{X_{\mathrm{C}}}^{X_1}\frac{\mathrm{d}X}{U} + \int_{X_2}^{X_{\mathrm{C}}}\frac{\mathrm{d}X}{U})$$

对恒速干燥阶段，$U = U_{C} = $ 常数，可直接查干燥曲线计算。

（二）物料衡算与热量衡算

1. 物料衡算

（1）干燥的水分蒸发量

通过物料衡算可确定将湿物料干燥到规定的含水量时所除去的水分量和空气的消耗量。

对于干燥器的物料衡算来说，通常已知条件为单位时间物料的质量、物料在干燥前后的含水量、湿空气进入干燥器的状态。

在干燥过程中，在干燥介质的带动下，湿物料的质量是不断减少的。设绝对干物料的质量流量为 G_{C}，进、出干燥器的湿物料质量流量分别为 G_1 和 G_2。

对连续式干燥器做总物料衡算，得

$$G_1 = G_2 + W$$

做绝干物料衡算，得

$$G_{\mathrm{C}} = G_1(1 - \omega_1) = G_2(1 - \omega_2) \tag{5-19}$$

式中：G_{C}——湿物料中绝干物料的质量流率，kg/h。

G_1——进入干燥器的湿物料质量流率，kg/h。

G_2——离开干燥器的物料质量流率，kg/h。

W——物料在干燥器中失去的水分质量流率，kg/h。

ω_1、ω_2——干燥前、后物料中的含水率，kg/kg。

干燥器中汽化的水分量为

$$W = G_1 - G_2$$

式中：X_1、X_2——干燥前、后物料中的含水率，kg/kg 干基。

于是可以得到

$$W = G_1 - G_2 = \frac{G_1(\omega_1 - \omega_2)}{1 - \omega_2} = \frac{G_2(\omega_1 - \omega_2)}{1 - \omega_1}$$

若用干基含水量表示，则水分蒸发量可表示为

$$W = G_C(X_1 - X_2)$$

（2）空气消耗量

通过干燥器的干空气的质量流率维持不变，故可用它作为计算基准。对水分做衡算得

$$W = L(H_2 - H_1) = G_C(X_1 - X_2)$$

或

$$L = \frac{W}{H_2 - H_1} = \frac{G_C(X_1 - X_2)}{H_2 - H_1} \tag{5-20}$$

式中：L——干空气的质量流率，kg/h。

H_1、H_2——进、出干燥器的空气湿度，kg/kg。

令 $L/W = 1$，称为比空气用量，其意义是从湿物料中汽化 1kg 水分所需的干空气量。

空气通过预热器的前后，湿度是不变的。故若以 H_0 表示进入预热器时的空气湿度，则有

$$l = \frac{L}{W} = \frac{1}{H_2 - H_1} = \frac{1}{H_2 - H_0}$$

l 的单位为 kg 干空气/kg 水，以后简写成 kg/kg 水。由此可知，比空气用量只与空气的最初和最终湿度有关，而与干燥过程所经历的途径无关。

l 为干空气量，实际的比空气用量为 $l(1 + H)$。

可见，单位空气消耗量仅与最初和最终的湿度 H_0、H_2 有关，与路径无关。而 H_0 越大，单位空气消耗量 l 就越大。而 H_0 是由空气的初温 t_0 及相对湿度 φ_0 所决定的，所以在其他条件相同的情况下，l 将随 t_0 及相对湿度 φ_0 的增加而增大。对于同一干燥过程，夏季的空气消耗量比冬季的要大，故选择输送空气的鼓风机等装置，要按全年中最大的空气消耗量而定。

如果绝干空气的消耗量为 L，湿度为 H_0，则湿空气消耗量为

$$L' = L(1 + H_0) \tag{5-21}$$

式中：L'——湿空气消耗量，kg 湿空气/s 或 kg 湿空气/h。

干燥装置中鼓风机所需风量根据空气的体积流量 V 而定。湿空气的体积流量可由绝干空气的质量流量 L 与湿空气的比容 v_H 的乘积求得，即

$$V = Lv_H = L(0.772 + 1.244H)\frac{t + 273}{273} \tag{5-22}$$

式中：V——湿空气的消耗量，m³/s 或 m³/h。

v_H ——湿空气的比容，m^3 湿空气/kg 绝干气。

2. 热量衡算

应用热量衡算可求出需加入干燥器的热量，并了解输出、输入热量间的关系。为方便起见，干燥器的热量衡算用 1kg 汽化水分为基准。干燥器包括预热室和干燥室两部分，因此汽化 1kg 水分所需的全部热量等于在预热器内加入的热量与干燥室中补充的热量之和，即

$$q = \frac{Q}{W} = \frac{Q_p + Q_d}{W} = q_p + q_d \qquad (5-23)$$

式中：q ——汽化 1kg 水分所需的总热量，简称比热耗量，kJ/kg 水。

q_p ——预热器内加入的热量，kJ/kg 水。

q_d ——干燥室内补充的热量，kJ/kg 水。

就整个干燥器而言，输入的热量之和应等于输出的热量之和，故

$$\frac{G_2 c_M t_{M1}}{W} + c_1 t_{M1} + lI_0 + q_d = \frac{G_2 c_M t_{M2}}{W} + lI_2 + q_1$$

即

$$q = q_p + q_d = l(I_2 - I_0) + q_M + q_1 - c_1 t_{M1}$$

或

$$q = \frac{I_2 - I_0}{H_2 - H_0} + q_M + q_1 - c_1 t_{M1}$$

其中

$$q_M = \frac{G_2 c_M (t_{M2} - t_{M1})}{W}$$

（三）热效率

1. 干燥器的热效率

空气经过预热器时所获得的热量为

$$Q_0 = L(1.01 + 1.88 H_0)(t_1 - t_0)$$

而空气通过干燥器时，温度由 t_1 降至 t_2，所放出的热量为

$$Q_e = L(1.01 + 1.88 H_0)(t_1 - t_2)$$

空气在干燥器内的热效率 η_h 定义为，空气在干燥器内所放出的热量 Q_e 与空气在预热器所获得的热量 Q_0 之比，即

$$\eta_{\mathrm{h}} = \frac{Q_{\mathrm{e}}}{Q_0} \times 100\% = \frac{t_1 - t_2}{t_1 - t_0} \times 100\%$$

干燥器的热效率表示干燥器中热的利用程度，热效率越高，则热利用程度越好。提高热效率的方法：一方面可以合理地利用废气的热量，另一方面使离开干燥器的空气温度降低和湿度增加。另外还要注意设备及管道的保温。利用废气热量可采用废气部分循环或用废气预热空气、物料等。在降低出口空气温度或提高其湿度时，要注意空气湿度增高会使湿物料表面与空气间的传质推动力下降，汽化速率也随之下降。

2. 干燥系统的热效率

蒸发湿物料水分是干燥的目的，所以干燥系统的热效率是蒸发水分所需要的热量与向干燥系统输入的总热量之比，即

$$\eta = \frac{\text{蒸发水分所需的热量}}{\text{向干燥器系统输入的总热量}} \times 100\%$$

蒸发水分所需的热量为

$$Q_{\mathrm{v}} = W(2492 + 1.88t_2) - 4.187\theta_1 W$$

如果忽略湿物料中水分带入的焓，则有

$$Q_{\mathrm{v}} \approx W(2492 + 1.88t_2)$$

$$\eta \approx \frac{W(2492 + 1.88t_2)}{Q} \times 100\%$$

在实际干燥操作中，空气离开干燥器的温度需要比进入干燥器的绝热饱和温度高 20~50℃，这样才能保证干燥产品不会返潮。对于吸水性物料的干燥，更应注意这一点。

第二节　萃取过程与设备

一、萃取原理与过程

液液萃取又称为溶剂萃取，简称萃取，它是利用混合液中各组分在不完全互溶的两个液相之间不同的分配关系（溶解度的差异），以及通过相际间物质传递达到分离、富集及纯化的操作过程。

(一) 萃取原理

液液萃取是分离液体混合物的一种方法，利用液体混合物各组分在某溶剂中溶解度的差异而实现分离。

设有一溶液内含 A、B 两组分，为将其分离可加入某溶剂 S。该溶剂 S 与原溶液不互溶或只是部分互溶，于是混合体系构成两个液相。为加快溶质 A 由原混合液向溶剂的传递，将物系搅拌，使一液相以小液滴形式分散于另一液相中，造成很大的相际接触表面。然后停止搅拌，两液相因密度差沉降分层。这样，溶剂 S 中出现了 A 和少量 B，称为萃取相；被分离混合液中出现了少量溶剂 S，称为萃余相。

以 A 表示原混合物中的易溶组分，称为溶质；以 B 表示难溶组分，可称稀释剂。由此可知，所使用的溶剂必须满足以下两个基本要求：

一是溶剂不能与被分离混合物完全互溶，只能部分互溶。

二是溶剂对 A、B 两组分有不同的溶解能力，或者说，溶剂具有选择性：

$$\frac{y_A}{y_B} > \frac{x_A}{x_B}$$

即萃取相内 A、B 两组分浓度之比大于萃余相内 A、B 两组分浓度之比。

选择性的最理想情况是组分 B 与溶剂 S 完全不互溶。此时如果溶剂也几乎完全不溶于被分离混合物，那么，此萃取过程与吸收过程十分类似。唯一的重要差别是吸收中处理的是气液两相，萃取中则是液液两相，这一区别将使萃取设备的构型不同于吸收。但就过程的数学描述和计算而言，两者并无区别，完全可按第四章中所述的方法处理。

在工业生产中经常遇到的液液两相系统中，稀释剂 B 都或多或少地溶解于溶剂 S，溶剂也少量地溶解于被分离混合物。这样，三个组分都将在两相之中出现，从而使过程的数学描述和计算较为复杂。

(二) 萃取过程

原料液由溶质 A 和原溶剂 B 组成，为使 A 与 B 尽可能地分离完全，向其中加入萃取剂 S。萃取剂 S 应与原溶剂 B 不互溶或互溶度很小，此处 S 的密度小于 B 的密度，极性比溶剂 B 更接近于溶质 A，因而对 A 的溶解能力大于 B。将它们充分搅拌混合，此时溶质 A 会沿 B 与 S 的两相界面，由 B 扩散入 S。待扩散完成后，将三元混合物转入分层器，由于萃取剂 S 与原溶剂 B 不互溶或互溶度很小，且密度不同，经静置后，三元混合物分为两层，上层以萃取剂 S 为主，并溶解有较多的溶质 A，称之为萃取相 E；下层以原溶剂 B 为主，并含有少量未萃取完全的溶质 A，称之为萃余相 R。

萃取操作过程，只包含一次混合、传质和一次静止分层，在化工操作过程称之为单级萃取。在该萃取过程中萃取剂 S 与原溶剂 B 完全不互溶是一种理想情况。现实中，S 与 B 总会有部分互溶，因此会导致静置分层后，萃取相中含有部分原溶剂 B，萃余相中也含有部分萃取剂 S。此时，如果要进一步将萃余相中的溶质 A 萃取完全，则需要重复进行多次萃取。同时，原料液中往往会含有多种溶质，除溶质 A 外其他都为杂质，这些杂质在萃取过程中，也可能会扩散到萃取相中，在这种情况下，要将溶质 A 分离完全，往往要经过连续多次反复萃取的过程，形成多个串联的理论级，称为多级萃取。

二、萃取过程的流程

（一）单级萃取

单级萃取是液液萃取中最简单的，也是最基本的操作方式。

原料液 F 和萃取剂 S 同时加入混合器内，充分搅拌，使两相混合。溶质 A 从料液进入萃取剂，经过一定时间，将混合液 M 送入澄清器，两相澄清分离。若此过程为一个理论级，则此两液相（萃余相 R 和萃取相 E）互呈平衡，萃取相与萃余相分别从澄清器放出。如萃取剂与稀释剂（原溶剂）部分互溶，通常萃取相与萃余相须分别送入萃取剂回收设备以回收萃取剂，相应地得到萃取液与萃余液。

单级萃取可以间歇操作，也可以连续操作。连续操作时，原料液与萃取剂同时单独以一定速率送入混合器，在混合器和澄清器中停留一定时间后，萃取相与萃余相分别从澄清器流出。实际上，无论间歇操作还是连续操作，两液相在混合器和澄清器中的停留时间总是有限的，萃取相与萃余相不可能达到平衡，只能接近平衡，也就是说，单级萃取不可能是一个理论级。它与一个理论级的差距用级效率表示，单级萃取过程中流出的萃取相与萃余相距离平衡状态越近，级效率越高，但是，单级萃取的计算通常按一个理论级考虑。单级萃取过程的计算中，一般已知的条件是：所要求处理的原料液的量和组成、溶剂的组成、体系的相平衡数据、萃余相（或萃余液）的组成。要求计算所需萃取剂的用量、萃取相和萃余相的量与萃取相的组成。

（二）多级错流萃取

单级萃取所得到的萃余相中一般都含有较多的溶质，要萃取出更多的溶质，需要较大量的萃取剂。为了用较少萃取剂萃取出较多溶质，可用多级错流萃取。

原料液从第 1 级加入，每 1 级均加入新鲜的萃取剂。在第 1 级中，原料液与萃取剂接触、传质，最后两相达到平衡。分相后，所得萃余相 R_1，送到第 2 级中作为第 2 级的原料液，在第 2 级中用新鲜萃取剂再次进行萃取，如此萃余相多次被萃取，一直到第 n 级，排出最终的萃余相，各级所得的萃取相 E_1，E_2，…，E_n 排出后回收萃取剂。

（三）多级逆流萃取

原料液从第 1 级进入，逐级流过系统，最终萃余相从第 n 级流出，新鲜萃取剂从第 n 级进入，与原料液逆流，逐级与料液接触，在每 1 级中两液相充分接触，进行传质。当两相达到平衡后，两相分离，各进入其随后的级中，最终的萃取相从第 1 级流出。为了回收萃取剂，最终的萃取相与萃余相分别在溶剂回收装置中脱除萃取剂得到萃取液与萃余液。在此流程的第 1 级中，萃取相与含溶质最多的原料液接触，故第 1 级出来的最终萃取相中溶质的含量高，可达到接近与原料液呈平衡的程度。而在第 n 级中萃余相与含溶质最少的新鲜萃取剂接触，故第 n 级出来的最终萃余相中溶质的含量低，可达到接近与新萃取剂呈平衡的程度。因此多级逆流萃取可以用较少的萃取剂达到较高的萃取率，应用较广。

（四）连续接触逆流萃取

连续接触逆流萃取过程通常在塔设备内进行。重液、轻液各从塔顶、塔底进入，选择两液相之一作为分散相，以扩大两相间的接触面积。

轻液被塔底的喷洒器分散成液滴，在填料层中曲折上升及撞击填料时，液滴将变形乃至破碎，从而增大两相间的传质系数和相界面积。液滴浮出填料层后，在轻液液滴并聚层中逐渐合并、集聚，并在塔顶形成轻液层，流出塔外。重液则为连续相，自上而下通过填料层，与轻液液滴接触、传质，到塔底段成为澄清的重液层，经重液溢流管排出。

也可以选择重液为分散相，为此，将喷洒器改置于塔顶重液入口处。不同的选择往往导致萃取效果和处理能力的差别，需在试验后进行优选。在缺乏试验数据时，以下的论点可作为参考。

1. 分散相不宜与填料或塔壁材料相润湿，以免液滴在壁面上并聚，形成膜状流动而减小传质面积。

2. 由于分散相在塔内所占的体积较小，选择昂贵或易燃的液体作为分散相，较为经济或安全。

3. 将体积流率大的相分散，在分散粒径一定时，可获得较多的分散液滴，因此能增大塔内的相接触面积。

4. 萃取传质时，液滴表面不同点的浓度差 dx，所引起的表面张力差 $d\sigma$，可产生表面骚动（传质本身引起的表面运动），而有利于传质。为此，经试验和分析解证实：对于比值 $\dfrac{d\sigma}{dx} > 0$ 的系统，宜选择原料液作为分散相，使传质方向从液滴向连续相；而对于比值 $\dfrac{d\sigma}{dx} < 0$ 的系统，宜选择溶剂作为分散相，使传质方向从连续相向液滴。

两液相在塔内的逆流流动，是因其密度的不同而导致其所受重力之差。通常两液相间的密度差比气液两相小很多，两相间的摩擦力则要大很多，故萃取塔的允许空速比气液接触塔要小得多。

连续接触式萃取塔的计算主要是对给定的任务确定出塔径和塔高。塔径的大小取决于两液相的流率及适宜的相对流速，后者的计算有一些相当烦琐的经验公式，此处从略。若需进一步了解，可阅读参考读物。

（五）回流萃取及双溶质的萃取

采用逆流萃取流程可将最终萃余相中的溶质 A 降得很低；但只要原溶剂 B 与萃取剂 S 有一定的互溶度，萃取相中就会含有定量的 B，将 S 分离后所得的萃取液也是 A 与 B 的混合物。为得到高纯度的 A，需从萃取相中进一步分离 B。对此，可应用如精馏中的回流技术。设 S 为轻相，从塔底加入，料液 F 则从塔中部某处加入，这两个进口之间的塔段即为连续逆流萃取塔。由于选用萃取剂时需有 $\left(\dfrac{y_A}{x_A}\right)\left(\dfrac{y_B}{x_B}\right) > 1$，使向上流的萃取相 A 比 B 要多溶于 S，即 A 逐渐增浓；而向下流的萃余相 B 则逐渐提浓而称为萃余相提浓段（对 B）。从塔顶引入含 A 足够高的液体作为回流，在下流中 A 逐步溶入上升的萃取相中（B 则相反由后者向回流液转移），于是萃取相在上升中 A 逐步增浓、B 相应变稀，当 A、B 的浓度比达到指定要求后，从塔顶流出；再经萃取剂回收装置脱去 S，可得 A 达到所需纯度的萃取液。其一部分作为产品，另一部分回流入塔。

由上可知，当 B 与 S 部分互溶时，采用回流萃取才能使分离后的 A 和 B 都达到指定的纯度，而无回流时最多只能得到高纯 B。显然，正如精馏时相对挥发度 α 越大，分离越容易；萃取过程的选择性系数 β 越大，回流萃取上下两段所需的高度或理论级数越小。

三、萃取设备

萃取设备的作用是实现两液相之间的质量传递，并完成两组分的分离。因此，对萃取设备的基本要求是：萃取系统的两液相在萃取设备内能够密切接触，并伴有较高程度的湍动，使之能充分混合以实现两相之间的质量传递；随后又能使两相较快地分层，进而达到组分分离的目的。此外，还要求萃取设备生产强度大、操作弹性好、结构简单、易于制造和维修等。

萃取设备的种类很多，根据两液相的接触方式，萃取设备分为逐级接触式和连续接触式两大类。逐级接触式设备可以一级单独使用，也可以串联成多级使用。在分级接触设备中，每一级内两相都经历混合与分离两过程，在不同级之间两液相的组成呈阶梯式变化。在连续逆流接触式设备中，两相逆流，经历聚合、分散、再聚合、再分散的反复过程，两相的组成沿流程方向呈连续变化。

根据有无外功输入，萃取设备又可分为有外加能量和无外加能量两种。由于液—液萃取中两液相间的密度差较小，所以在无外加能量仅靠重力作用下两液相间的相对流速较小。为了提高两相的相对流速，实现两相的密切接触，可采用施加外力作用的方法。

（一）混合—澄清槽

混合—澄清槽是一种目前仍在工业生产中广泛应用的逐级接触式萃取设备。它可单级操作，也可多级组合操作。每一级均包括混合槽和澄清槽两个主要部分。

混合槽中通常安装搅拌装置，有时也可将压缩气体通入室底进行气流式搅拌。澄清槽的作用是借密度差将萃取相和萃余相进行有效的分离。

操作时，被处理的原料液和萃取剂首先在混合槽中借搅拌桨的作用使两相充分混合，密切接触，进行传质。其次，进入澄清槽中进行澄清分层。为了达到萃取的工艺要求，混合时要有足够的接触时间，以保证分散相液滴尽可能均匀地分散于另一相之中；澄清时要有足够的停留时间，以保证两相完成分层分离。

有时，对于生产能力小的间歇萃取操作，据生产需要，可以将多个混合澄清槽串联起来，组成多级逆流或多级错流的流程。

（二）离心式萃取设备

离心萃取器是利用离心力使两相快速充分混合并快速分离的萃取装置。至今已开发出多种类型的离心萃取器，广泛应用于制药、香料、染料、废水处理、核燃料处理等领域。

离心萃取器有多种分类方法，按两相接触方式可分为微分接触式离心萃取器和逐级接触式离心萃取器。

1. 波氏离心萃取器

波氏离心萃取器也称为离心薄膜萃取器，简称 POD 离心萃取器，是卧式连续接触式离心萃取器的一种，在 20 世纪 50 年代已经运用于工业生产，目前仍被广泛采用。其主要由一固定在水平转轴上的圆筒形转鼓以及固定外壳组成，转鼓由一多孔的长带绕制而成，其转速很高，一般为 2 000~5 000r/min，操作时轻液从转鼓外缘引入，重液由转鼓的中心引入。由于转鼓旋转时产生的离心作用，重液从中心向外流动，轻液则从外缘向中心流动，同时液体通过螺旋带上的小孔被分散，两相在螺旋通道内逆流流动的过程中密切接触，进行传质，最后重液从转鼓外缘的出口通道流出，轻液则由萃取器的中心经出口通道流出。

2. 卢威式离心萃取器

卢威式离心萃取器简称 LUWE 离心萃取器，它是立式逐级接触离心萃取器的一种。其主体是固定在壳体上并随之做高速旋转的环形盘。壳体中央有固定不动的垂直空心轴，轴上也装有圆形盘。盘上开有若干个液体喷出孔。

被处理的原料液和萃取剂均由空心轴的顶部加入。重相沿空心轴的通道下流至器的底部而进入第三级的外壳内，轻相由空心轴的通道流入第一级。两相均由萃取器顶部排出。此种萃取器也可由更多的级组成。

这种类型的萃取器主要应用于制药工业中，其处理能力为 7.6（相当于三级离心机）~49m^3/h（相当于单级离心机），在一定操作条件下，级效率可接近 100%。

卢威式离心萃取器的传质效率很高，其理论级数随所处理的物料性质、通量与流比而异。通常，一台卢威式离心萃取器的理论级数可达 3~12。它适宜于处理两相密度差很小或易产生乳化的物系。

离心式萃取器的优点是结构紧凑、生产强度高、物料停留时间短、分离效果好，特别适用于轻重两相密度差很小、难以分离、易产生乳化及要求物料停留时间短、处理量小的场合。但离心萃取器的结构复杂、制造困难、操作费高，使其应用受到一定限制。

(三) 塔式萃取设备

通常将高径比很大的萃取装置统称为塔式萃取设备。为了获得满意的萃取效果，塔设备应具有分散装置，以提供两相间较好的混合条件。同时，塔顶、塔底均应有足够的分离段，使两相很好地分层。由于使两相混合和分离所采用的措施不同，因此出现了不同结构形式的萃取塔。

在塔式萃取设备中，喷洒塔是结构最简单的一种，塔体内除各流股物料进出的连接管和分散装置外，无其他内部构件。由于轴向返混严重，其传质效率极低，喷洒塔主要用于只需一两个理论级的场合，如用于水洗、中和及处理含有固体的悬浮物系。

1. 填料萃取塔

塔内充填的填料可以用拉西环、鲍尔环及鞍环形填料等气液传质设备中使用的各种填料。操作时，连续相充满整个塔中，分散相以滴状通过连续相，填料的作用除可使液滴不断发生聚结与再破裂，以促进液滴的表面更新外，还可以减少轴向返混。为了减少壁流，填料尺寸应小于塔径的 $1/10 \sim 1/8$。填料支撑板的自由截面必须大于填料层的自由截面积。分散相入口的设计对分散相液滴的形成与在塔内的均匀分布起关键作用，分散相液滴宜直接通入填料层中，以免液滴在填料层入口处凝聚。

填料塔的优点是结构简单，造价低廉，操作方便，适合处理有腐蚀性的液体。但选用一般填料时传质效率低，理论级当量高度大。填料塔一般用于所需理论级数不多的场合。

2. 脉动填料萃取塔

在普通填料萃取塔内，两相依靠密度差而逆向流动，相对速度较小，界面湍动程度低，限制了传质速率的进一步提高。为了防止分散相液滴过多聚结，可增加塔内流体的湍动，即向填料提供外加脉动能量，造成液体脉动，这种填料塔称为脉动填料萃取塔。脉动的产生，通常采用往复泵，有时也采用压缩空气来实现。但需要注意的是，向填料塔加入脉动会使乱堆填料趋向于定向排列，导致沟流，从而使脉动填料塔的应用受到限制。

3. 筛板萃取塔

筛板萃取塔的塔体内装有若干层筛板，筛孔直径比气—液传质的孔径要小。工业中所用的孔径一般为 3 ~ 9mm，孔距为孔径的 3 ~ 4 倍，板间距为 150 ~ 600mm。若选轻相为分散相，则其通过塔板上的筛孔而被分散成细滴，与塔板上的连续相密切接触后便分层凝聚，并聚结于上层筛板的下面，然后借助压力差的推动，再经筛孔而分散。重相经降液管流至下层塔板，水平横向流到筛板另一端的降液管。两相如果依次反复进行接触与分层，便构成逐级接触萃取。如果选择重相为分散相，则应使轻相通过升液管进入上层塔板。

筛板萃取塔内由于塔板的限制，减小了轴向返混，同时由于分散相的多次分散和聚结，液滴表面不断更新，使筛板萃取塔的效率比填料萃取塔有所提高，再加上筛板萃取塔结构简单，价格低廉，可处理腐蚀性料液，因而在许多萃取过程中得到广泛应用，如在芳烃提取中，用筛板萃取塔取得了良好效果。

4. 往复筛板萃取塔

往复筛板萃取塔将若干层筛板按一定间距固定在中心轴上，由塔顶的传动机构驱动而做往复运动。无溢流筛板的周边和塔内壁之间保持一定的间隙。往复振幅一般为 3 ~ 50mm，频率可达 $100min^{-1}$。往复筛板的孔径比脉动筛板的大，一般为 7 ~ 16mm。当筛板向下运动时，筛板下侧的液体经筛孔向上喷射；反之，筛板上侧的液体向下喷射。为防止液体沿筛板与塔壁间的缝隙走短路，应每隔若干块筛板，在塔内壁设置一块环形挡板。

往复筛板萃取塔的效率与塔板的往复频率密切相关。当振幅一定时，在不发生液泛的前提下，效率随频率加大而提高。

往复筛板萃取塔可较大幅度地增加相际接触面积和提高液体的湍动程度，传质效率高，流体阻力小，操作方便，生产能力大，在石油化工、食品、制药和湿法冶金工业中应用日益广泛。

5. 喷洒塔

喷洒塔又称为喷淋塔，是最简单的萃取塔。轻、重两相分别从塔底和塔顶进入。若分散相为重相，重相则经塔顶的分布装置分散为液滴后通过连续的轻相，与其逆流接触传质，重相液滴降至塔底分离段处聚合形成重相液层排出；而轻相上升至塔顶并与重相分离后排出。若以轻相为分散相，则轻相经塔底的分布装置分散为液滴后进入连续的重相，与重相进行逆流接触传质，轻相升至塔顶分离段处聚合形成轻液层排出。而重相流至塔底与轻相分离后排出。

喷洒塔操作简单，几十年来一直用于工业生产，由于其效率非常低，而多用于一些简单的操作过程，如洗涤、净化与中和。

6. 转盘萃取塔

转盘萃取塔既能连续操作，又能间歇操作；既能逆流操作，又能并流操作。逆流操作时，重相从塔上部加入，轻相从塔底加入；并流操作时，两相从塔的同一端加入，借助输入能量在塔内流动。

为进一步提高转盘塔的效率，近年来又开发出不对称转盘塔（偏心转盘萃取塔）。带有搅拌叶片的转轴安装在塔体的偏心位置，塔内不对称地设置垂直挡板，将其分成混合区和澄清区。混合区由横向水平挡板分割成许多小室，每个小室内的转盘起混合搅拌器的作用。澄清区又由环形水平挡板分割成许多小室。

偏心转盘萃取塔既保持原有转盘萃取塔用转盘进行分散的特点，同时分开的澄清区又可使分散相液滴反复进行凝聚分散，减小了轴向混合，从而提高了萃取效率。此外该类型萃取塔的尺寸范围较大，塔高可达 30m，塔径可达 4m，对物系的性质（密度差、黏度、界面张力等）适应性很强，且适用于含有悬浮固体或易乳化的料液。

第六章　化工企业安全技术

第一节　化工安全设计

一、安全设计概述

(一) 安全设计的概念

1. 传统的安全设计

传统的安全设计是指化工装置的安全设计，以系统科学的分析为基础，定性、定量地考虑装置的危险性，同时以过去的事故等所提供的教训和资料来考虑安全措施，以防再次发生类似的事故。以法令规则为第一阶段，以有关标准或规范为第二阶段，再以总结或企业经验的标准为第三阶段来制定安全措施，这种方法称为"事故的后补式"。

2. 本质安全设计

20 世纪 70 年代，特雷弗·克莱茨（Trevor Kletz）提出了本质安全的概念，化工领域开始重视本质安全设计。本质安全设计不同于传统的安全设计，前者是消除或减少设备装置中的危险源，旨在降低事故发生的可能性；后者是采用外加的保护系统对设备装置中存在的危险源进行控制，着重降低事故的严重性及其导致的后果。

(二) 安全设计的背景

在最近几十年，我国的一些化工企业特别是中小型化工企业早期建设的化工装置，由于未经过设计或者未经具备相应资质的设计单位进行设计，导致工艺设备存在着许多缺陷或安全隐患，生产事故频发。而事故发生的原因主要是生产工艺流程不能满足安全生产的要求，主要设备、管道、管件选型（材）不符合相关标准要求，装置布局不合理等。

安全设计应以科学发展观为指导，大力实施安全发展战略，坚持"安全第一、预防为主、综合治理"的方针，深入贯彻《国务院关于坚持科学发展安全发展促进安全生产形势持续稳定好转的意见》（国发〔2011〕40 号）等文件要求，通过开展安全设计诊断，提出《化工企业安全设计诊断报告》，为被诊断企业开展"工艺技术及流程、主要设备和管道、自动控制系统、主要设备设施布置"等方面的改造升级提供设计依据，使企业通过改造后达到减少各类安全隐患，提高企业本质安全水平的目的。

为了让用户满意，取得进一步合作的机会，一些化工设计单位一味迁就用户，对原本经过长期检验的科学合理的设计模式随意改动，这种无原则的让步，不仅为今后工程项目运行埋下安全隐患，而且对化工行业的健康发展也是百害而无一利。不过，最好的质量是设计出来的。设计是化工生产的第一道工序和源头，在化工安全生产中占有十分重要的地位。设计单位的不作为，不重视用户对工程的设计意见，或对用户过分迁就，已经对化工行业健康发展构成危害。专家指出，实现化工安全生产不仅要靠管理，更重要的是在装置建设时就采用先进的安全技术，选择安全的生产装置和设备，为长、稳、安、满、优的运行打下坚实的基础。

（三）应用《导则》《办法》规范设计

2010 年 11 月上旬发布的《化工建设项目安全设计管理导则》（以下简称《导则》）填补了国内化工建设项目安全设计管理工作的空白，是我国在化工建设项目设计阶段安全管理规范化的里程碑。2022 年 3 月 13 日，应急管理部对其进行修订并重新发布实施。

近几年发生的一些危险化学品事故，暴露出现行设计规范和标准滞后或缺失，总体规划布局欠完善，设计变更管理随意性大，设计单位水平参差不齐，安全设计存在缺陷，安全设计管理存在盲区等问题。在此背景下，国家安监局委托中国石油和化工勘察设计协会起草了《导则》。

《导则》为化工建设项目设计阶段应采取的安全管理、风险识别提供了一个行之有效的范本，根据建设项目的阶段、工艺特点实施安全设计，从基础上指导化工建设项目安全管理工作。《导则》的实施对化工装置安全起到重要的作用，促进全国危险化学品安全生产工作。

随着经济社会的快速发展，工程项目设计需求猛增，有的正规设计单位的业务应接不暇，因"萝卜多了不洗泥"而无暇顾及设计细节，更不愿花时间进行多方沟通与协调来优化设计方案。设计单位在没有认真研究用户不同设计要求的情况下，就把一套设计方案同时给数家用户，因此导致了设计雷同，有些方案在 A 方施工或试生产时已经发现有问题并得到整改，而在 B 方又重复出现。

把安全预防工作前移，由过去的以抓生产安全为主到重视设计安全和本质安全，从抓《导则》入手保证企业生产安全，是一个十分重要的转变。为确保石油和化工生产装置的安全运行，在勘察和设计企业中大力开展 HSE（Health、Safety、Environment，即健康、安全和环境管理体系）工作，势在必行要把实施《导则》作为加强 HSE 建设的重要内容，把 HSE 工作当作企业管理创新的重要基础，给予高度重视。

《导则》的适用范围是新建、改建、扩建危险化学品生产及储存装置和设施，以及伴有危险化学品使用或产生的化学品生产装置和设施的建设项目。石油化工企业、工程公司和设计院要依据《导则》要求，强化化工建设项目安全设计的管理，在设计中把好两个关口：一是优化产品的生产流程设计；二是优化原材料和设备的选用，进而从源头上保证安全生产。

2012 年 4 月 1 日起实施的《危险化学品建设项目安全监督管理办法》（以下简称《办法》），2015 年 5 月 27 日国家安全生产监督管理总局令第 79 号修正，要求化工设计单位严格按照《化工建设项目安全设计管理导则》对建设项目安全设施进行严格设计，以确保项目的本质安全，从设计源头排除隐患和风险。专家表示，《导则》和《办法》的实施，只能解决有法可依的问题，要真正让设计单位负起责任，有所作为，仅依靠设计单位的自觉性是不够的，还需要加强监管、严格执法，用法律和道德的手段规范和净化化工设计队伍，为化工安全筑牢第一道防线。

二、厂址选择与总平面布置

化工安全设计是化工设计的一个重要组成部分，它包括企业厂址选择与总平面布局、化工过程安全设计、安全装置及控制系统安全设计、化工公用工程安全设计等方面的内容。

安全设计应事前充分审查与各个化工设计阶段相关的安全性，制定必要的安全措施。另外，通常在设计阶段，各技术专业也要同时进行研究，对安全设计一定要进行特别慎重的审查，完全消除缺陷和考虑不周的情况，例如对于设备，在进入制造阶段以后就难以发现问题，即使万一发现问题，也很难采取完备的改善措施。在安全设计方面一般要求附加下列内容：

一是各技术专业都要进行安全审查，制定检查表就是其方法之一。

二是审查部门或设计部门在设计结束阶段进行综合审查，在综合审查中要征求技术管理、安全、运转、设备、电控、保全等专业人员的意见，提高安全性、可靠性的设计条件。

（一）厂址的安全选择

工厂的地理位置对于企业的成败有很大的影响。厂址选择的好坏对工厂的建设进度、投资数量、经济效益以及环境保护等方面关系密切，所以它是工厂建设的一个重要环节。化工厂的大多数化学物质具有易燃、易爆、有毒及腐蚀等特性，对环境和广大人民的生命财产安全有很大的威胁，因此要进行化工厂的选址安全设计，以求在源头上降低对人们的威胁，同时也让企业能更稳定地发展。化工厂的厂址选择是一个复杂的问题，它涉及原料、水源、能源、土地供应、市场需求、交通运输和环境保护等诸多因素，应对这些因素全面综合地考虑，权衡利弊，才能做出正确的选择。

（二）总平面布置

满足生产和使用要求。根据生产工艺流程，联系密切或生产性质类似的车间，要靠近或集中布置，使流程通畅。一般在厂区中心布置主要生产区，将辅助车间布置在其附近；精密加工车间，应布置在上风向；运输车间应靠近主干道和货运出口；尽量避免人流、货流交叉；有噪声发生的车间，应远离厂前区和生活区；动力设施布置应接近负荷量大的车间。

1. 总体布置紧凑合理，节约建设用地。

2. 合理缩小建筑物、构筑物间距；厂房集中布置或加以合并；充分利用废弃场地；扩大厂间协作，节约建设用地。

3. 合理划分厂区，满足使用要求，留有发展余地。

4. 确保安全、卫生，注意主导风向，有利环境保护。

5. 结合地形地质，因地制宜，节约建设投资。

6. 妥善布置行政生活设施，方便生活、管理。

7. 建筑群体组合，注意厂房特点、布置整齐统一。

8. 注意人流、货流和运输方式的安排。正确选择厂内运输方式，布置运输线路，尽量做到便捷、合理、无交叉反复，防止人货混流、人车混流，避免事故发生。

9. 考虑形体组合，注意工厂美化绿化。车间外形各不相同，尽量组合完美。工厂道路、沟渠、管线安排，尽量外形美化，车间道路和场地应有绿化地带，规划绿地和绿化面积。

三、功能分区布置

（一）厂区布置

1. 厂区布置的设计思路

（1）根据企业生产特性，工艺要求、运输及安全卫生要求，结合自然条件和当地交通布置建筑物、构筑物、各种设施、交通运输路线，确定它们之间的相对位置及具体地点。

（2）合理综合布置厂内、室内、地上、地下各种工程管线，使它们不能相互抵触和冲突，使各种管网的线路顺直短捷，与总平面及竖向布置相协调。

（3）厂区的美化绿化设计。

2. 厂区布置的原则与要求

（1）符合生产工艺流程的合理要求。保证各生产环节的顺直和短捷的生产作业线，避免生产流程的交叉和迂回往复，各物料的输送距离最短。

（2）公用设施应力求靠近负荷中心，以使输送距离最短。

（3）厂区铁路、道路要顺直短捷。车辆往返频繁的设施（仓库、堆场、车库运输站等）宜靠近厂区边缘布置。

（4）较平坦时，采用矩形街区布置方式，以使布置紧凑，用地节约。

（5）预留发展用地，至少应有一个方向可供发展。

（6）重视风向和风向频率对总平面布置的影响。布置建筑物、构筑物位置时要考虑它们与主导风向的关系，应避免将厂房建在窝风地段。

依据当地主导风向，把清洁的建筑物布置在主导风向的上风向，把污染建筑布置在主导风向的下风向。冬夏季风不同就建在与季风方向垂直处。

（二）管道布置

1. 管道布置的设计思路

（1）确定各类管网的敷设方式。除按规定必须埋设地下的管道外，厂区管道应尽量布置在地上，并采用集中管架和管墩敷设，以节约投资，便于维修和施工。

（2）确定管道走向和具体位置，坐标及相对尺寸。

（3）协调各专业管网，避免拥挤和冲突。

2. 管道布置原则与要求

（1）管道一般平直敷设，与道路、建筑、管线之间互相平行或成直角交叉。

（2）应满足管道最短，直线敷设、减少弯转，减少与道路铁路的交叉和管线之间的交叉。

（3）管道不允许布置在铁路线下面，尽可能布置在道路外面，可将检修次数较少的雨水管及污水管埋设在道路下面。

（4）管道不应重复布置。

（5）干管应靠近主要使用单位，尽量布置在连接支管最多的一边。

（6）考虑企业的发展，预留必要的管线位置。

（7）管道交叉避让原则：小管让大管；易弯曲的让难弯曲的；压力管让重力管；软管让硬管；临时管让永久管。

管架与建筑物、构筑物的最小水平距离见表6-1。

表6-1 管架与建筑物、构筑物的最小水平距离

建筑物、构筑物名称	最小水平间距/m
建筑物有门窗的墙壁外缘或突出部分外缘	3.0
建筑物无门窗的墙壁外缘或突出部分外缘	1.5
铁路（中心线）	3.75
道路	1.0
人行道外缘	0.5
厂区围墙（中心线）	1.0
照明及通信杆柱（中心）	1.0

（三）车间布置

1. 车间布置的设计思路

（1）厂区总平面布置图。

（2）本车间与其他各生产车间、辅助生产车间、生活设施以及本车间与车间内外的道路、铁路、码头、输电、消防等的关系，了解有关防火、防雷、防爆、防毒和卫生等国家标准与设计规范。

（3）熟悉本车间的生产工艺并绘出管道及仪表流程图；熟悉有关物性数据、原材料和主、副产品的贮存、运输方式和特殊要求。

（4）熟悉本车间各种设备，设备的特点、要求及日后的安装、检修、操作所需空间、位置。如根据设备的操作情况和工艺要求，决定设备装置是否露天布置，是否需要检修场地，是否经常更换等。

（5）了解与本车间工艺有关的配电、控制仪表等其他专业和办公、生活设施方面的要求。

（6）具备车间设备一览表和车间定员表。

2. 车间布置设计原则与要求

（1）车间布置设计要适应企业总平面图布置要求，与其他车间、公用系统、运输系统组成有机体。

（2）最大限度地满足工艺生产，包括设备维修要求。

（3）经济效果要好，有效地利用车间建筑面积和土地，要为车间技术经济先进指标创造条件。

（4）便于生产管理，安装、操作、检修方便。

（5）要符合有关的布置规范和国家有关的法规，妥善处理防火、防爆、防毒、防腐等问题，保证生产安全，还要符合建筑规范和要求。人流货流尽量不要交错。

（6）要考虑车间的发展和厂房的扩建。

（7）考虑地区的气象、地质、水文等条件。

（四）设备布置

1. 设备布置的设计思路

设备布置根据生产规模、设备特点、工艺操作要求等不同采取室内布置、室内和露天联合布置、露天化布置。室外设备包括不经常操作或可用自动化仪表控制的设备，以及由大气调节温度的设备。室内设备包括不允许有显著温度变化，不能受大气影响的一些设备，以及装有精度很高仪表的设备等。

设备布置设计的要求主要包括：主导风向对设备布置的要求；生产工艺对设备布置的要求（流程通畅、生产连续正常）；安全、卫生和防腐对设备布置的要求；操作条件对设备布置的要求；设备安装、检修对设备布置的要求；厂房建筑对设备布置的要求；车间辅助室及生活室的布置符合建筑要求。

2. 生产工艺对设备布置的要求

（1）在布置设备时一定要满足工艺流程顺序，要保证水平方向和垂直方向的连续性。

（2）凡属相同的几套设备或同类型的设备或操作性质相似的有关设备，应尽可能布置在一起。

（3）设备布置时除了要考虑设备本身所占的面积外，还必须有足够的操作、通行及检修需要的位置。

（4）要考虑相同设备或相似设备互换使用的可能性。

（5）要尽可能地缩短设备间管线。

（6）车间内要留有堆放原料、成品和包装材料的空地。

（7）传动设备要有安装安全防护装置的位置。

（8）要考虑物料特性对防火、防爆、防毒及控制噪声的要求。

（9）根据生产发展的需要与可能，适当预留扩建余地。

（10）设备间距。设备间的间距要求见表6-2。

表6-2 车间设备布置间距表

序号	项目	尺寸/m
1	泵与泵的间距	不小于0.7
2	泵列与泵列间的距离	不小于2.0
3	泵与墙之间的净距	不小于1.2
4	回转机械离墙距离	不小于0.8
5	回转机械彼此间的距离	不小于0.8
6	往复运动机械的运动部分与墙面的距离	不小于1.5
7	被吊车吊动的物件与设备最高点的距离	不小于0.4

序号	项目	尺寸/m
8	贮槽与贮槽间的距离	不小于 0.4
9	计量槽与计量槽间的距离	不小于 0.4
10	换热器与换热器间的距离	不小于 1.0
11	塔与塔的距离	1.0~2.0
12	反应罐盖上传动装置离天花板的距离	不小于 0.8
13	通道、操作台通行部分的最小净空	不小于 2.0
14	操作台梯子的坡度	一般不超过 45°
15	一人操作时设备与墙面的距离	不小于 1.0
16	一人操作并有人通过时两设备间的净距	不小于 1.2
17	一人操作并有小车通过时两设备间的净距	不小于 1.9
18	工艺设备与道路间的距离	不小于 1.0
19	平台到水平人孔的高度	0.6~1.5
20	人行道、狭通道、楼梯、人孔周围的操作台宽	0.75
21	换热管箱与封盖端间的距离（室内/室外）	1.2/0.6
22	管束抽出的最小距离（室外）	管束长+0.6
23	离心机周围通道	不小于 L5
24	过滤机周围通道	1.0~1.8
25	反应罐底部与人行通道距离	不小于 1.8
26	反应罐卸料口至离心机的距离	不小于 1.0
27	控制室、开关室与炉子之间的距离	15
28	产生可燃性气体的设备与炉子之间的距离	不小于 8.0
29	工艺设备与道路间的距离	不少于 1.0
30	不常通行地方的净高	不小于 1.9

3. 安全、卫生和防腐对设备布置的要求

（1）车间内建筑物、构筑物、设备的防火间距一定要达到工厂防火规定的要求。

（2）有爆炸危险的设备最好露天布置，如室内布置要加强通风，防止易燃易爆物质聚集；将有爆炸危险的设备与其他设备分开布置，布置在单层厂房及厂房或场地的外围，有利于防爆泄压和消防，并有防爆设施，如防爆墙等。

（3）处理酸、碱等腐蚀性介质的设备应尽量集中布置在建筑物的底层，不宜布置在楼上和地下室，而且设备周围要设有防腐围堤。

（4）有毒、有粉尘和有气体腐蚀的设备，应各自相对集中布置并加强通风设施和防腐、防毒措施。

（5）设备布置尽量采用露天布置或半露天框架式布置形式，以减少占地面积和建筑投资。比较安全而又间歇操作和操作频繁的设备一般可以布置在室内。

（6）要为工人操作创造良好的采光条件，布置设备时尽可能做到工人背光操作，高大设备避免靠窗布置，以免影响采光。

（7）要最有效地利用自然对流通风，车间南北向不宜隔断。放热量大，有毒害性气体或粉尘的工段，如不能露天布置时需要有机械送排风装置或采取其他措施，以满足卫生标准的要求。

（8）装置内应有安全通道、消防车通道、安全直梯等。

4. 操作条件对设备布置的要求

（1）操作和检修通道。

（2）合理的设备间距和净空高度。

（3）必要的平台，楼梯和安全出入口。

（4）尽可能地减少对操作人员的污染和噪声影响。

（5）控制室应位于主要操作区附近。

四、建筑物的安全设计

建筑物的安全设计首先要熟悉化工生产的原材料和产品性质；其次应根据确定的生产危险等级，确定厂房建筑结构形式、相应的耐火等级、合理的防火分隔设计和完善的安全疏散设计等内容。

（一）生产及储存物质的火灾危险性分类

为了确定生产的火灾危险性类别，以便采取相应的防火、防爆措施，必须对生产过程的火灾危险性加以分析，主要是了解生产中的原料、中间体和成品的物理、化学性质及其火灾、爆炸的危险程度，反应中所用物质的数量，采取的反应温度、压力以及使用密封的还是敞开的设备等条件，综合全面情况来确定生产及储存物质的火灾危险性类别。

（二）建筑物的耐火等级

建筑物的耐火等级对预防火灾发生、限制火灾蔓延扩大和及时扑救有密切关系。属于甲类危险物的生产设备在易燃的建筑物内一旦发生火灾，很快就会被全部烧毁。如果设在耐火等级合适条件的建筑物内，就可以限制灾情的扩展，免于遭受更大的损失。

建筑物的构件根据其材料的燃烧性能可分为以下两类：

1. 非燃烧体。用非燃烧材料做成的构件。非燃烧材料是指在空气中受到火烧或高温作用时不起火、不微燃、不碳化的材料，如建筑物中采用的金属材料、天然无机矿物材料等。

2. 难燃烧体。用难燃烧材料做成的构件，或用燃烧材料做成而用非燃烧材料作为保护层的构件。难燃烧材料是指在空气中受到火烧或高温作用时难起火、难微燃、难碳化，当火源移走后燃烧或微燃立即停止的材料，如沥青混凝土、经过防火处理的木材等。

（三）建筑物的防火结构

1. 防火门

防火门是装在建筑物的外墙、防火墙或者防火壁的出入口，用来防止火灾蔓延的门。防火门具有耐火性能，当它与防火墙形成一个整体后，就可以达到阻断火源、防止火灾蔓延的目的。防火门的结构多种多样，常用的结构有卷帘式铁门、单面包铁皮防火门等。

2. 防火墙

防火墙是专门防止火灾蔓延而建造的墙体。其结构有钢筋混凝土墙、砖墙、石棉板墙和钢板墙。为了防止火灾在一幢建筑物内蔓延燃烧，通常采用耐火墙将建筑物分割成若干小区。但是，由于建筑物内增设防火墙，容易使其成为复杂结构的建筑物，如果防火墙的位置设置不当，就不能发挥防火的效果。例如在一般的 L、T、E 或 H 形的建筑物内，要尽可能避免将防火墙设在结构复杂的拐角处。

3. 防火壁

防火壁的作用也是为了防止火灾蔓延。防火墙是建在建筑物内，而防火壁是建在两座建筑物之间，或者建在有可燃物存在的场所，像屏风一样单独竖立。其主要目的是用于防止火焰直接接触，同时还能够隔阻燃烧的辐射热。防火壁不承重，所以不必具有防火墙那样的强度，只要具有适当的耐火性能即可。

（四）安全疏散设计的基本原则

安全疏散设计是建筑防火设计中的一项重要内容。在设计时，应根据建筑物的规模、使用性质、重要性、耐火等级、生产和储存物品的火灾危险性、容纳人数以及火灾时人们的心理状态等情况，合理设置安全疏散设施，为人员安全疏散提供有利条件。具体的安全疏散基本原则有以下五条：

1. 在建筑物内的任意一个部位，宜同时有两个或两个以上的疏散方向可供疏散。

2. 疏散路线应力求短捷通畅、安全可靠，避免出现各种人流、货物相互交叉的现象，杜绝出现逆流。

3. 建筑物的屋顶及外墙需设置可供人员临时避难使用的屋顶平台、室外疏散楼梯和阳台等，因为这些部位与大气相通，燃烧产生的高温烟气不会在这里停留，这些部位基本可以保证人员的人身安全。

4. 疏散通道上的防火门，在发生火灾时必须保持自动关闭的状态，防止高温烟气通过敞开的防火门向相邻防火分区蔓延，影响人员的安全疏散。

5. 在进行安全疏散设计时，应充分考虑人员在火灾条件下的心理状态及行为特点，并在此基础上采取相应的设计方案。

五、化工过程安全设计

化工过程生产安全是化工安全生产的重要部分，加强化工过程中每个环节的安全设计是关键。化工过程安全设计的主要内容有工艺过程安全设计、工艺流程安全设计、工艺装置安全设计、过程物料安全分析与工艺设计安全校核等。

（一）工艺过程安全设计

工艺过程的安全设计，应该考虑过程本身是否具有潜在危险，以及为了特定目的把物料加入过程是否会增加危险。

1. 有潜在危险的主要过程

有一些化学过程具有潜在的危险。这些过程一旦失去控制就有可能造成灾难性的后果，如发生火灾、爆炸等。有潜在危险的过程主要有以下 8 个：

（1）爆炸、爆燃或强放热过程。

（2）在物料的爆炸范围附近操作的过程。

（3）含有易燃物料的过程。

（4）含有不稳定化合物的过程。

（5）在高温、高压或冷冻条件下操作的过程。

（6）有粉尘或烟雾生成的过程。

（7）含有高毒性物料的过程。

（8）有大量储存压力负荷能的过程。

2. 工艺过程安全设计要点

（1）工艺过程中使用和产生易燃易爆介质时，必须考虑防火、防爆等安全对策措施，在工艺设计时加以实施。

（2）工艺过程中有危险的反应过程，应设置必要的报警、自动控制及自动联锁停车的控制措施。

（3）工艺设计要确定工艺过程泄压措施及泄放量，明确排放系统的设计原则。

（4）工艺过程设计应提出保证供电、供水、供风及供气系统可靠性的措施。

（5）生产装置出现紧急状况或发生火灾爆炸事故需要紧急停车时，应设置必要的自动紧急停车措施。

（6）采用新工艺、新技术进行工艺过程设计时，必须审查其防火、防爆设计技术文件资料，核实该技术在安全防火、防爆方面的可靠性，确定所需的防火、防爆设施。

（二）工艺流程安全设计

工艺流程的安全设计要点有：

1. 火灾爆炸危险性较大的工艺流程设计，应针对容易发生火灾爆炸事故的部位和操作过程，采取有效的安全措施。

2. 工艺流程设计，应考虑正常开停车、正常操作、异常操作处理和紧急事故处理时的安全对策措施和设施。

3. 工艺安全泄压系统设计，应考虑设备及管线的设计压力，允许最高工作压力与安全阀、防爆膜的设定压力的关系，并对火灾时的排放量，停水、停电及停气等事故状态下的排放量进行计算和比较；同时选用可靠的安全泄压设备，以免发生爆炸。

4. 化工企业火炬系统的设计，应考虑进入火炬的物料处理量、物料压力、温度、堵塞、爆炸等因素的影响。

5. 工艺流程设计，应全面考虑操作参数的监测仪表、自动控制回路，设计应正确可靠，吹扫应考虑周全。

6. 控制室的设计，应考虑事故状态下的控制室结构及设施，不致受到破坏或倒塌，并能实施紧急停车、减少事故的蔓延和扩大。生产控制室宜在背向生产设备的一侧设安全通道。

7. 工艺操作的计算机控制设计，应充分考虑分散控制系统、计算机备用系统及计算机安全系统，确保发生火灾爆炸时能正常操作。

8. 对工艺生产装置的供电、供水、供风、供气等公用设施的设计，必须满足正常生产和事故状态下的要求，并符合有关防火、防爆法规、标准的规定。

9. 应尽量消除产生静电和静电积聚的各种因素，采取静电接地等各种防静电措施。

10. 工艺过程设计中，应设置各种自控检测仪表、报警信号系统和自动和手动紧急泄压排放安全联锁设施。非常危险的部位，应设置包括常规检测系统和异常检测系统的双重检测体系。

（三）工艺装置安全设计

在化工生产中各工艺过程和生产装置，由于受内部和外界各种因素的影响，可能产生一系列的不稳定和不安全因素，从而导致生产停顿和装置失效，甚至发生毁灭性的事故。材料的正确选择是工艺装置安全设计的关键，也是确保装置安全运行、防止火灾爆炸的重要手段。选择材料应注意以下 3 个问题：

1. 必须全面考虑设备与机器的使用场合、结构形式、介质性质、工作特点、材料性能等。

2. 处理、输送和分离易燃易爆、有毒和强化学腐蚀性介质时，材料的选用应尤其慎重，应遵循有关材料标准。

3. 选用材料的化学成分、机械性能、物理性能、热处理焊接方法应符合有关的材料标准，与设备所用材料相匹配的焊接材料要符合有关标准、规定。

为保证生产过程中的安全，在工艺装置设计时，必须慎重考虑安全装置的选择和使用。由于化工工艺过程和装置、设备的多样性和复杂性，危险性也相应增大，所以在工艺路线和设备确定之后，必须根据预防事故的需要，从防爆控制危险异常状况的发生，以及灾害局限化的要求出发，采用不同类型和不同功能的安全装置。对安全装置设计的基本要求有以下 5 条：

一是能及时准确和全面地对过程的各种参数进行检测、调节和控制，在出现异常状况时，能迅速报警或调节，使它恢复正常安全运行。

二是安全装置必须能保证预定的工艺指标和安全控制界限的要求，对火灾、爆炸危险性大的工艺过程和装置，应采用综合性的安全装置和控制系统，以保证其可靠性。

三是要能有效地对装置、设备进行保护，防止过负荷或超限而引起破坏和失效。

四是正确选择安全装置和控制系统所使用的动力，以保证安全可靠。

五是要考虑安全装置本身的故障或错误动作造成的危险，必要时应设置 2 套或 3 套备用装置。

（四）过程物料安全分析

过程物料的选择，应就物料的物性和危险性进行详细的评估，对一切可能的过程物料从总体上来考虑。过程物料可划分为过程内物料和过程辅助物料两大类型。在过程设计中，需要汇编出过程物料的目录，记录过程物料在全部过程条件范围内的有关性质资料，作为过程危险评价和安全设计的重要依据。过程物料所需的主要资料如下：

1. 化学产品和企业标志：化学产品名称、企业名称、地址、邮编、电传号码、企业应急电话、国家应急电话。

2. 主要组成及性状：主要成分（每种组分的名称、CAS 号、分子式、相对分子质量、含量）、产品的外观和形状、主要用途。

3. 危险性概述：危险性综述、物理和化学危险性、健康危害、环境影响、特殊危险性。

4. 急救措施：眼睛接触、皮肤接触、吸入、食入的处理措施。

5. 燃爆性与消防措施：燃烧性、闪点、引燃温度、爆炸极限、灭火剂、灭火要领。

6. 泄漏应急处理：应急行动、应急人员防护、环保措施、清除方法。

7. 搬运与储存：搬运处置注意事项、储存注意事项。

8. 防护措施：车间卫生标准、检测方法、工程控制、呼吸系统防护、眼睛防护、身体防护、手防护、其他卫生注意事项。

9. 物理化学性质：熔点、沸点、相对密度、饱和蒸气压、燃烧热、临界温度、临界压力、溶解性。

10. 稳定性和反应活性：稳定性、避免接触的条件、禁配物、聚合危害。

11. 毒理学资料：急性毒性、刺激性、致敏性、亚急性和慢性毒性、致突变性、致畸性、致癌性。

12. 环境资料：迁移性、持久性/降解性、生物积累性、生态毒性、其他有害作用。

13. 废弃处理：废弃处置方法、废弃注意事项。

14. 运输信息：危险性分类及编号、UN 编号、包装标志、包装类别、包装方法、安全标签、运输注意事项。

15. 法规信息：化学品安全管理法、作业场所安全使用化学品规定、环境保护法。

（五）工艺设计安全校核

工艺设计必须满足安全要求，机械设计、过程和布局的微小变化都有可能出现预想不到的问题。工厂和其中的各项设备是为了维持操作参数在允许范围内的正常操作设计的，在开车、试车或停车操作中会有不同的条件，因而会产生与正常操作的偏离。为了确保过程安全，有必要对设计和操作的每一细节逐一校核。

1. 物料和反应的安全校核

（1）鉴别所有危险的过程物料、产物和副产物，收集各种过程物料的物质信息资料。

（2）查询过程物料的毒性，鉴别进入机体不同入口模式的短期和长期影响以及不同的允许暴露限度。

（3）考察过程物料气味和毒性之间的关系，确定物料气味是否令人厌倦。

（4）鉴定工业卫生识别、鉴定和控制所采用的方法。

（5）确定过程物料在所有过程条件下的有关物性，查询物性资料的来源和可靠性。

（6）确定生产、加工和储存各个阶段的物料量和物理状态，将其与危险性关联。

（7）确定产品从加工到用户的运输中，对仓储人员、承运员、铁路工人等可能导致的危险。

2. 过程安全的总体规范

（1）过程的规模、类型和整体性是否恰当。

（2）鉴定过程的主要危险，在流程图和平面图上标出危险区。

（3）考虑改变过程顺序是否会改善过程安全。所有过程物料是否都是必需的，可否选择较小危险的过程物料。

（4）考虑物料是否有必要排放，如果有必要，考量排放是否安全以及是否符合规范操作和环保法规。

（5）考虑能否取消某个单元或装置并改善安全。

（6）校核过程设计是否恰当，正常条件的说明是否充分，所有有关的参数是否都被控制。

3. 非正常操作的安全问题

（1）考虑偏离正常操作会发生什么情况，对于这些情况是否采取了适当的预防措施。

（2）当设备处于开车、停车或热备用状态时，能否迅速通畅而又确保安全。

（3）在重要紧急状态下，工厂的压力或过程物料的负载能否有效而安全地降低。

（4）对于一经超出必须校正的操作参数的极限值是否已知或测得，如温度、压力、流速等的极限值。

（5）工厂停车时超出操作极限的偏差到何种程度，是否需要安装报警或断开装置。

（6）设备开车和停车时物料正常操作的相态是否会发生变化，相变是否包含膨胀、收缩或固化等，这些变化是否被接受。

（7）排放系统能否解决开车、停车、热备用状态、投产和灭火时大量的非正常的排放问题。

（8）用于整个工厂领域的公用设施和各项化学品的供应是否充分。

（9）惰性气体一旦急需能否在整个区域立即投入使用，是否有备用气供应。

（10）在开车和停车时，是否需要加入与过程物料接触会产生危险的物料。

六、优化化工安全设计的作用——预防化工事故发生

（一）我国化工企业安全管理存在的漏洞和问题

在相关部门的干预和管理之下，近年来我国的化工安全事故的发生频率呈下降的趋势，在一定程度上得到了改善，但是，一些严重的问题依旧存在，仍需要

进行全面的管理和改善。首先，化工企业内部的机器设备已经趋于老化，但是由于企业不愿意引进新的机械设备，所以自动化操作和机械设备的安全管理都不能得到保障，加之一些操作人员不具备安全操作的能力，存在错误操作的现象。其次，化工企业没有提高对于安全方面的设计工作的认识，一些化工企业在安全管理上既没有相应的预案，又没有必要的突发事故处理措施，一旦出现安全事故，难以在最短的时间内将危害降低到最小。最后，在一些化工企业的管理方面，并没有完善的系统，管理人员的责任分工不明确，日常的管理和监察工作落实不到位。

（二）危险化学品安全生产形势

人们在生产生活工作中必须依靠各种形式的工业生产，而大部分的工业生产都以化学原料为基础，无论是人们日常生活中所需要的生活用品还是其他，大多离不开化学原料。虽然化工生产是一个具有很大危险系数的企业，但是，人类社会的进步和经济的发展，依旧离不开化工企业的发展。虽然近年来化工安全责任事故频发，但是通过经验的积累和案件的总结，我们发现，有很大一部分的安全事故是可以杜绝的。大部分的化工原料都具有一定毒性、腐蚀性，同时也是易燃易爆的物质，在生产和提纯的过程中必须严格管理操作车间的环境，并要严格监控好每一个操作的流程，任何一个流程的错误操作，都会造成重大的安全事故。根据相关调查和分析，只有提高化工企业安全生产的监控和管理，并严格规范每一个操作流程，我国的化工安全事故才会得到有效控制。

综上，化工企业的安全事故发生频率比较高，这与化工企业的性质相互关联。为了进一步降低安全事故的发生概率，保障人民群众的生命财产安全，需要不断地总结以往事故的经验，并进行系统分析，从事故中总结经验，总结解决办法。同时，还需要制定不同性质化工事故的应急预案，以便于在事故发生初期能够迅速启动管理预案，将危害降到最低。防患于未然，与其不断地研发事故的处理措施，不如在化工生产的过程中，全面进行监控和管理，及时发现化工生产工作中存在的漏洞，将危险解决在萌芽中。随着科学技术的不断发展，以及人们对于化工企业安全生产的认识提高，政府机关监管手段的不断加强，我国的化工安全生产水平将会得到很大的提升。

第二节　化工设备安全技术

一、化工设备概述

化工设备是化工机械的一部分。化工机械包括两部分：一是化工机器，主要是指诸如流体输送的风机、压缩机、各种泵等设备；二是化工设备，主要是指部件是静止的机械，诸如塔器等分离设备，容器、反应器设备等，有时也称为非标准设备。化工机械与其他机械的划分不是很严格的，例如一些用于化工过程的机泵，也是其他工业部门采用的通用设备。同样在化工过程中化工机器和化工设备间也没有严格的区分，例如一些反应器也常常装有运动的机器。

包括化工设备在内的所有化工机械都是化学工厂中实现化工生产所采用的工具。化工产品生产过程的正常运转，产品质量和产量的控制和保证，离不开各种化工设备的适应和正常运转。化工设备的选配必须通过对整个化工生产过程的详细计算、设计、加工、制造和选配，要适应化工生产所需。

（一）化工设备的特点和分类

整套化工生产装置是由化工设备、化工机器以及其他诸如化工仪表、化工管路与阀门等组成，为保证整套装置的安全稳定可靠生产，要求化工设备具有以下性能：

一是要与生产装置的原料、产品、中间产品等所处理物料性能、数量、工艺特点、生产规模等相适应。

二是一套生产装置，无论连续或间歇生产，都是由多种多台设备组成。因此要求化工设备彼此及与其他设备之间，设备和管道、阀门、仪器、仪表、电器电路等之间要有可靠的协同性和适配性。

三是要求化工设备对正常的温度、压力、流量、物料腐蚀性能等操作条件，在结构材质和强度上要有足够的密封性能和机械强度。对可能出现的不正常，甚至可能出现的极端条件要有足够的经受和防范、应急和处置能力。

四是无论是连续或间歇化工生产装置都需要长期进行操作使用。因此要考虑化工设备磨损、腐蚀等因素，要保证有足够长的正常使用寿命。

五是在满足上述条件的同时要优化化工设备的材质、选型、制造费用、效率和能耗等，尽量达到最低。

六是大部分结构和性能的化工设备具有通用性，适用于诸如炼油、轻工、食品等工业部门。

化工设备种类繁多，分类具有多种方式。例如，按结构材质可分为碳钢设备、不锈钢设备、非金属设备；按承受压力可分为高压设备、中压设备、真空设备和常压设备等。现按使用功能粗分如下：

1. 化工容器类：槽、罐、釜等。

2. 分离塔器类：填料塔、浮阀塔、泡罩塔、转盘塔等。

3. 反应器：管式反应器、流态化反应器、搅拌釜反应器等。

4. 换热器：列管式换热器、板式换热器、蛇管换热器等。

5. 加热炉：电加热炉、管式裂解炉、废热锅炉等。

6. 结晶设备：溶液结晶器、熔融结晶器等。

7. 其他各种专用化工设备等。

化工设备的生产制造必须符合以下要求：

一是与工艺等设计一起进行严格的计算和设计。

二是必须由具有资质的厂家生产制造。

三是要有正常操作、使用、维护、保养规范。

四是要按规范要求进行验收、检查、检验、维护、维修、保养。

（二）化工安全管理的重要性

随着生产的不断发展，化工企业在促进我国国民经济发展方面发挥了重要作用，化工产品被应用于人们生产生活的各个方面。但化工生产过程中存在着诸多的危险性因素，对化工安全生产产生了极大的威胁，主要危险因素有：

一是化工企业易燃、易爆、有腐蚀性、有毒的物质多。

二是化工生产高温、高压设备多。

三是化工生产废气、废渣、废液多，污染严重。

四是化工生产工艺复杂，不允许操作失误。

这些危险因素导致安全事故的发生，严重威胁了人民群众的生命安全和财产安全，也一定程度地影响了社会主义和谐社会的建设。因此，化工企业要全面实施化工安全管理，减少以及避免化工安全事故的发生。因而，化工企业安全管理的重要作用得到了凸显，化工企业必须对员工进行安全生产管理，提高其安全生产的意识与技能，从源头上减少以及避免安全事故的发生。

1. 化工安全管理是顺应现代化生产的基本要求。现代生产在科学发展观的指导下进行，科学发展观的核心是"以人为本"，化工企业更是要践行"以人为本"的理念，做好化工安全管理，促进安全生产。抓好化工安全管理可以培养企业员工的安全生产意识，提高安全生产的技能，使得人民群众的生命安全和财产安全得到有力的保障，符合现代化生产的要求，并对建设社会主义和谐社会、落实科学发展观具有积极意义。

2. 化工安全管理对促进化工企业的经济发展具有主观能动性。化工安全管理是推动生产发展的主要力量，所以，现代企业生产发展重视人才的培养，化工企业更是如此。化工企业在生产过程中开展安全管理工作，培养精通安全生产知识与技能的人才，对于保障安全开展生产的各项工作以及化工企业的安全有着重要的作用。化工企业进行安全管理，培养保障安全的人才，可以降低企业生产的风险，控制风险成本，一定程度上提高了企业的综合竞争力，促进了化工企业的经济全面发展。

（三）化学工业对化工设备安全要求

近代化工设备的设计和制造除了依赖机械工程和材料工程的发展外，还与化学工艺和化学工程的发展紧密相关。化工产品的质量、产量和成本很大程度上取决于化工设备的完善程度，而化工设备本身的特点必须能适应化工过程中经常会遇到的高温、高压、高真空、超低压、易燃、易爆与强腐蚀性等特殊条件。

近代化学工业要求化工设备具有以下特点：

1. 具有连续运转的安全可靠性。

2. 在一定操作条件下（如温度、压力等）具有足够的机械强度。

3. 具有优良的耐腐蚀性能。

4. 密封性好。

5. 高效率和低能耗。

二、化工设备故障和故障特性

（一）设备故障

设备故障，简单地说，一方面是一台装置（或其零部件）丧失了它应达到的设计功能；需要指出的是，传统的故障观念仅认为零部件的损坏是故障的根源。这种看法只适于简单机械，现代许多机械设备增加了控制部分（信息及其执行系统，如自动控制阀门），形成了"人—机整体"，有些时候，设备的零部件完好无损，但也会发生故障，因此，故障观念也从微观发展到宏观。宏观故障观念认为，现代设备的故障源有零部件缺陷、零（元）件间的配合不协调、信息指令故障、人员误操作、输入异常（原材料、能源、电、汽、工质不合格等）和工作环境劣化等几大因素。

（二）化工设备的故障特性

由于不同的故障源因素，设备的实际故障（尤其是疑难故障）往往带有随机性和隐蔽性的特征。

1. 随机性

整台设备故障发生的随机性来源于设备部件故障的随机性、各零部件故障组合的随机性、材质和制造工艺的离散性、运行环境与工况的随机性以及维修状况的随机性。材质和制造工艺的优劣决定了部件对故障发生的影响程度，所以其离散性必然导致故障发生时刻和程度的随机性。运行环境与工况的随机性，即使完全相同的设备，其故障频率和使用寿命也会因承受的破坏因素强度不同而出现很大差异。

2. 隐蔽性

故障在时间上的演变是由潜伏期、发展期至破坏期，有一个从隐蔽到暴露的过程，最终被人们所觉察，但其初始原因往往难以发现。故障在空间上的蔓延也是由局部到整体，到了事故发生后，人们往往忽略故障发生的根本原因。故障始发端在时间和空间上的隐蔽性给故障分析造成了很大困难，于是人们提出了故障寻因的阶段性问题和故障定位的层次性问题。化工设备故障还可以分为可以预防和不可预防两大类。若生产中可预防故障多，则说明设备的预防、维修、检修工作没有到位；若不可预防故障多，说明设备本身的可靠性差，设备设计存在基本问题。我们控制和降低设备的故障，主要从提高预防维修能力、增强设计制造水平使设备满足设计可靠性两方面同时入手。

（三）化工设备故障发生规律分析

随着时间的变化，任何设备从安装、投入使用到退役，其故障发生变化也遵循一定的规律。设备故障率随时间推移的变化规律称为设备的典型故障率曲线，该曲线通常也被称为浴盆曲线。通过该曲线可以看出设备的故障率随时间的变化大致分为3个阶段：早期故障期、偶发故障期和耗损故障期。

1. 早期故障期

化工设备最初投入运行后，虽已经过技术鉴定和验收，但初期故障总是不同程度地反映出来，少则一个月，多则几个月，甚至一年。此阶段主要是设备安装调试过程至移交生产试用阶段。设备早期故障主要是由设计、制造方面的缺陷，包装、运输中的损伤，安装不到位、使用工人操作不习惯或尚未全部熟练掌握其性能等原因所造成的。在实际生产中由于设计阶段设备布局不合理，可能导致设备有形磨损的加快发展而造成设备故障；与设备管嘴相连的管道布局不合理，造成加载在设备管嘴上的应力过大，致使设备产生疲劳破坏；有些时候因工艺布置上的问题使设备的工作性能和环境发生变化，也可导致设备严重损坏。

2. 偶发故障期

经过第一阶段的调试、试用后，设备的各部分机件进入正常磨损阶段，操作人员逐步掌握了设备的性能、原理和机构调整的特点。设备进入偶发故障期。在此期间故障率大致处于稳定状态，趋于定值，故障的发生是随机的。在偶发故障期内，设备的故障率最低，而且稳定。因而可以说，这是设备的最佳状态期或正常工作期，这个区段称为有效寿命。偶发故障期的故障，一般是由于设备使用不当与维修不力，工作条件（负荷、环境等）变化，或者由于材料缺陷、控制失灵、结构不合理等设计、制造上存在的问题所致。生产过程中，此阶段的故障多发生在易损件或该换而未及时更换的零部件上，因每台设备所有静、动零部件密封、轴承等磨损件都具有使用周期和寿命，运行中期的设备已逐步接近此项指标。经过停车检修而更换零部件之后，新换零件与现有部件不配套、不稳合、尚处在磨合期，或发生装配错误，也会导致设备故障，甚至带病运行；一味追求高产，长时间超负荷、超温、超压临界状态下工作，也是导致设备出故障的原因之一，有时还酿成设备事故。设备运行初期不易暴露的设备缺陷，经过一段时间运行后，也有可能在运行中期暴露出来。

3. 耗损故障期

化工生产设备的运转后期进入了故障多发期，此阶段被称为耗损故障期。一方面各零部件因磨损、更换、检修、腐蚀逐步加剧而丧失机能；另一方面长期处于运行状态下的设备，各部位间隙和损耗，即使是不常维修的零件，也因老化和疲劳而降低运行效率，使设备故障率逐渐上升。这说明设备的一些零部件已到了使用寿命期，应采用不同的维修方式来阻止故障率的上升，延长设备的使用寿命，如在拐点即耗损故障期开始处进行大修，可经济而有效地降低故障率。如果继续使用，就可能造成设备事故。

三、设备监测与故障诊断技术

设备监测与故障诊断技术是在不停机的情况下，监测设备运行是否正常，如异常，则分析诊断异常的原因、部位、严重程度，预测其未来发展趋势，并提出有针对性的操作和维修建议。它包括机电装备的运行状态和工况监测、故障诊断、状态预测、维修决策、操作优化、指导改进机器及其设计等内容，是逐步改进设备维修方式，从事后维修和定时维修制度过渡到状态维修和预知维修制度的技术基础。其已日益成为石化、冶金、电力等流程工业降低生产成本的重要手段。

故障诊断技术，可以在工作环境中，根据设备在运行中产生不同的信息去判断设备是在正常工作还是出现了异常，并根据设备给出的信息去判断产生故障的部位及故障产生的主要原因，同时可以做到预测设备的状态。简单来说，故障诊断技术的核心就是对设备状态的检测。故障诊断技术在对设备进行诊断时可大概分为：检测机械设备运行时的状态信息，从状态中分析设备是否正常，最后通过分析出的结果判断故障类型。在故障的判断上，首先可以先从故障事件中的原故障进行诊断，主要就是因为机械使用后不保养、不检测，不能有效地减少由故障带来的损失。其次在对故障的预防上，可以根据多年的工作经验总结出机械设备使用的注意事项，让新技工也可以做到有效地预防机械故障。最后在故障的分析上，要仔细认真地收集设备给出的信息，及时解决设备产生的故障。

现在，机械设备的状态监测与故障诊断技术的发展，在各个领域中的广泛应用，以及在问题的诊断与解决上都已经有了多种方法。但尽管这样，故障诊断技术不管是在理论知识上还是在技术的研究上，都有一定的发展空间。新技术的发展，不仅要快也要尽可能地达到完美，不但要在应用中达到范围要求，也要在内容上更加丰富，使状态检测与故障保障可以结合得更紧密。

（一）监测诊断系统的方式

1. 离线监测与诊断系统

设备监测技术人员运用监测仪器设备，定期或不定期到设备现场采集设备运行状态信息，然后进行数据分析和处理。这类系统投资相对较低，且使用方便，适合于一般设备的监测诊断。但由于是非连续监测，难以避免突发性设备事故。

2. 在线监测、离线诊断系统

在设备上安装多个传感器，连续地采集设备运行状态信息，特别是设备状态出现异常时，应用"黑匣子"功能及时存储故障数据，再进行数据分析和诊断。因此这种方式不会丢失设备上有用的故障信息。但是，对故障的分析和判断需要较专业技术人员才能完成。

3. 在线监测与自动诊断系统

系统能够自动实现在线监测设备工作状况，在线进行数据处理和分析判断，并根据专家经验和有关诊断准则进行智能化的比较和判别，及时进行故障识别和预报。这种系统不需要专门的测试人员，也不需要很专业的诊断技术人员进行分析和诊断。但这类系统研制的技术含量高，特别是专家诊断经验的积累和验证具有相当的难度。

（二）设备监测诊断技术

设备故障诊断学是融合了多种学科理论与方法的新兴的综合性学科，是数学、物理学、力学、化学、传感器及测试技术、电子学、信号处理、模式识别理论、计算机技术及人工智能、专家系统等学科的综合应用。当前故障诊断学主要集中在如下 4 个方面。

1. 故障机理的研究

故障机理，又称为故障机制、故障物理。其主要是为了揭示故障的形成和发展规律。故障机理的研究包括宏观研究、表面层状态变化研究和微观研究 3 个不同角度、不同层次上的研究。故障的发生、发展机制是外部因素和内在条件综合作用的结果。内在条件指的是元件或配合构件在运行过程中，所发生的各种自然现象，如磨损、腐蚀、应力变化等，导致成为自身耗损的因素。外部因素包括环境方面和使用方面的两大因素，环境因素主要有周围磨料的作用、气候状况、生物介质的作用和腐蚀作用等，使用因素主要有载荷状况、操作人员状况，以及使用、维护与管理的水平。对故障机理的研究目前主要是通过构建系统的物理仿真模型再加实验验证的方法来揭示故障的成因和发展规律。

2. 信号处理与特征提取方法的研究

信号处理与特征提取是故障诊断的关键环节，直接关系到故障诊断结果的准确性。信号处理的研究主要包括了对信号的消噪、滤波以及对各类信号的分离等。特征提取的研究内容包括提出新的描述信号特性的表征方法，通过获取信号各种特征来展现事物发展的内在规律，进行趋势预测和状态评估等。最新的一些研究成果主要有短时傅里叶变换、经验模态分解、基于人工神经网络的自适应数字滤波、小波分析、全息谱等。随着非线性科学的迅速发展，近年来，分形与混沌、高阶统计量以及高阶谱分析等非线性方法不同程度地解决了传统方法的一些不足，运用非线性理论来进行信号处理与特征提取方法的研究，已成为设备故障诊断领域中重要的前沿课题。

3. 智能诊断方法和诊断策略的研究

诊断就是根据机器的特征来推断机器的状态。智能的故障诊断方法就是在传统诊断方法的基础上，将人工智能的理论和方法用于故障诊断，对设备的运行状态进行判别的一种智能化的诊断方法。具体包括模糊逻辑、专家系统、神经网络、进化计算方法，基于贝叶斯决策判据，以及基于线性与非线性判别函数的模式识别方法，基于概率统计的时序模型诊断方法，基于距离判据的故障诊断方法，基于可靠性分析和故障分析的诊断方法，灰色系统诊断方法，基于支持向量机的故障诊断方法，基于智能主体的故障诊断方法，等等。

4. 智能仪器与故障诊断体系结构的研究

设备故障诊断的实现离不开诊断仪器与诊断系统，因此，功能齐备、操作简便、诊断准确的各种分析仪器，以及在线监测与诊断系统的研制开发一直是研究重点。目前，对智能仪器的研究方面主要有将人工智能方法、微型计算机技术、无线网络技术、通信技术等与振动信号监测技术、声学监测技术、红外测温技术、油液分析技术、无损检测技术等相结合的便携式数据采集器、分析与诊断仪等。对在线监测与诊断系统的研究主要有基于分布式远程故障诊断体系结构的研究、基于分布式故障诊断体系结构的研究、基于多智能体的故障诊断系统的研究、基于 SOAP/Web Service 技术的分布式故障诊断系统、基于组态技术的故障诊断系统等。

（三）设备监测与故障诊断技术的发展

随着科学技术的发展，单一参数阈值比较的机器监测方法正开始向全息化、智能化监测方法过渡，监测手段也从依靠人的感官、简单仪器向精密电子仪器以及以计算机为核心的监测系统发展。当前，大型回转机械的监测诊断呈现出下述特点。

1. 在监测系统结构上，以分布式监测代替集中监测、以网络化监测系统替代微机集中监测系统。监测系统网络化是计算机网络技术在机械监测中的具体应用，也是当代设备监测技术发展的必然趋势。

2. 在监测方式上，以实时的在线监测替代定期监测和巡回监测。目前，机械状态监测的方式主要有定期监测、巡回监测和实时在线监测三种。

3. 在监测的参数上，以多参数、大容量替代单参数监测。

4. 在软件设计上，以多任务系统，替代单任务系统。

5. 监测的内容从平稳运行监测向非平稳的状态监测发展。

6. 系统功能上由监测、诊断逐步向监测—诊断—预报—治理和管理一体化方向发展，诊断方法向智能化、快捷化、灵敏化方向发展，诊断方式向现场诊断与远程诊断相结合的方向发展。

7. 监测方法上，不再是单参数的阈值比较，取而代之的是基于信息集成、融合，信息分解、提纯等技术的监测方法。

（四）设备监测与故障诊断技术在化工设备维护中的应用

先进的状态检测和故障诊断技术可以实时监测设备运行情况，第一时间发现设备故障原因所在，有利于及时解决设备故障，加长设备正常运行时间，提高化工生产的连续性，进而提高企业的收益。若在石油化工设备运行中，出现故障后不及时解决维护，就可能导致化工设备停止运行，造成巨额经济损失。因此，对状态监测和故障诊断技术在石油化工生产中的应用进行研究，具有很大的现实意义。开展状态监测工作的模式有以下 4 种。

1. 操作人员日常点检

为及时发现故障、处理故障，操作人员平常都会做一些基本覆盖所有设备的点检工作，点检项目多而简单。至于点检频率，视化工设备重要程度及已损坏程度而定。一般极重要的、容易发生故障的设备每小时都要检查一次，次要的设备可每隔 4 个小时检查一次，剩下的可以每隔 8 小时检查一次。点检前，先由技术人员确定点检项目，以卡片的形式呈现，将卡片放在规定位置。点检时，操作人员依据卡片，按照一定的规范进行操作，认真记录点检结果。技术人员可以事先编制好点检记录，点检周期也可以体现在记录中。

2. 设备包机人对于设备卫生方面的点检

对于包机人的点检，内容较为单一，一般就是设备的清洁工作，但是这个工作特别烦琐，一定要有耐心。

3. 车间设备技术员定期点检

车间设备技术人员做点检计划，确定点检周期时，要参考自己负责的设备的重要程度，重要的设备点检周期短，次要的设备点检周期长。点检周期一般一天到半年不等。另外，为了进行更加深入的点检，可以将点检与年度检修结合起来。因为在年度检修时，会把设备分解，可以测量出具体的磨损参数，为今后设备故障后的维修提供重要依据。

4. 维修车间的精密点检

专业维修人员一般在总公司，虽然分公司缺乏专业维修人员，但是分公司有很多的设备。因此，维修车间只能有针对性地对特定设备进行点检。维修车间精密点检的范围为在生产车间日常点检中发现的有故障以及有故障征兆的化工设备。点检人员使用先进的工具、精密的仪器，致力于判断设备是否故障，并确定故障具体部位，便于故障的解决。点检大体有 3 种结果：

（1）设备无故障，可正常运行。

（2）设备有故障，但可暂时运行，这时应加大监测力度，择机检修。

（3）设备严重故障，须立即停车检修。

此外，维修车间应监测关键设备状态，便于第一时间发现故障征兆，奠定状态检修基础。

四、化工机械设备状态的诊断

化工机械设备在化工行业中的地位十分重要，并且现代的工业生产，其过程日趋向大型化、精细化和集成化的方向发展。一台正在运行着的化工设备，其整体实际上是一个极为复杂的系统。而当这个系统中的某个环节突然发生故障，如果不及时进行处理，那么就有可能引起整个运行系统的故障，并不断扩大，进而导致整个运行系统的重大事故的发生。因此，化工机械设备状态的诊断与分析已成为整个化工生产过程中极为关键的一环。

（一）化工机械设备状态诊断的作用

状态诊断就是利用现有的已知信息去认识那些含有不可知信息系统的主要特性、状态，并分析它的发展趋势；在深入分析的基础上，对化工机械设备状态进行诊断，并对可能发生的故障做早期预报；然后对未来的发展进行预测，对要采取的行动进行决策。化工机械设备状态诊断与分析的主要作用具体可分为以下五点：

1. 从设备运行特征的信号中，快速提取对状态诊断有用的运行信息，从而确定检测设备的各项功能是否运行正常。

2. 根据运行设备的独有特征信号，进行故障内容的确定，并确定故障部位、形成程度和未来的发展趋势，进行深入的状态分析后做出执行操作的决策。

3. 对运行设备可能发生的机械故障，能够做出早期的预报，从而保障化工设备安全和可靠的运行，进而使化工设备发挥最大的效益。

4. 通过化工机械设备状态诊断与分析，能够评定化工设备的动态性能和前期的设备维修质量。

5. 对化工机械设备先前发生的设备故障进行及时、准确地状态检测，然后确定发生的原因，在分析基础上，快速决定进一步维修的措施。

（二）化工机械设备状态诊断主要技术

化工机械设备状态的诊断是通过对运行设备的运行状态进行检测，并对出现的异常设备故障进行快速分析诊断，从而给设备维修提供支持，提高企业经济效益。具体分为以下 5 种：

1. 电子及计算技术

电子及计算技术能够保障化工机械设备状态的安全可靠运行，使化工机械设备发挥最大的效益。利用一些专用的仪器设备对新的信号进行拾取和分析，并根据不同设备独有的特征信号确定化工机械设备的故障内容，进行分析后，确定化工机械设备状态的分析结论，并进一步得出化工机械设备的处理方法，根据设备故障的部位、状态程度和未来发展趋势，做出操作决策。

2. 油液分析技术

机械零件失效的主要形式和原因有 3 种，即腐蚀、疲劳和磨损。而磨损失效约占机械零件失效故障的 50%，油液分析对机械零件磨损监测有较好的灵敏性和较高的有效性。所以，油液分析技术在化工机械设备状态监测和诊断中越来越重要。

3. 测温技术

温度与机器运行状态有密切的关系，以温度为指标的测试技术，非常适合进行在线测量。红外测温技术能够进行非接触式和远距离测试，所以现在运用越来越普遍，该技术在检测时可以直接读出测点温度的数值，因此，对设备利用温度进行诊断，可以快速见效。

4. 声、振测试及其分析技术

对发生故障的设备，要能够及时和准确地确定发生的原因，机器设备运行状态的好坏与机器的振动有着很重要的联系。目前，声、振测试是评定维修质量和设备的动态性能最好的技术，也是状态诊断和状态监测技术中应用最普遍的技术，并且已经取得了比较好的应用效果。

5. 无损检测技术

无损检测技术是独立的一种技术，如超声、射线、磁粉、着色渗透的表面裂纹的探伤，以及声发射探伤等技术。人们已越来越重视这些技术，用其对大型固定或运动装置进行监测和诊断。

(三) 化工机械设备状态诊断方法

1. 化工机械设备状态诊断的简易方法

简易诊断方法采用了便携式测振仪拾取信号，并直接由信号的参数或统计量组成指标，根据分析来判定设备是否正常。所以，简易诊断用在设备状态检测中，可作为再次精密诊断的基础。其方法简单易行、投资少、见效快，受到广泛的欢迎和重视。但是由于它的功能有限，同时受到简易诊断方法原理一定程度的制约，所以只能解决状态识别的初步问题，对于复杂情况的识别就不能很好地进行了。这种方法是具有一定的局限性的，但是目前处在推广应用的初级阶段，随着下一步计算机技术的快速进展，在功能上便携式测振仪也会有更大发展。简易诊断方法逐渐具有非常普遍的现实使用价值。

2. 齿轮故障诊断方法

虽然现代机械设备多种多样，但齿轮传动有着结构紧凑、使用效率高、使用的寿命长的优点。并且其工作具有可靠、维修方便的特点，所以在运动、动力传递、速度变更等方面得到了广泛的应用。但由于它特有的运行方式，也造成了两个突出的问题：

一是噪声和振动较其他的传递方式大。

二是当材质、制造工艺、装配、热处理等各个环节没达到理想的运行状态时，就会成为重要的诱发机器故障的因素。

因此，齿轮运行状态的诊断较为复杂。

五、化工设备腐蚀与防护

金属腐蚀无处不在，由于化工介质的腐蚀性，化工设备的腐蚀最为常见。金属腐蚀不仅浪费资源，而且会引起生产事故，造成人身伤亡。

材料腐蚀指的是材料和材料性质在周围环境介质的化学、电化学和物理作用下发生破坏、变质或恶化的现象。金属腐蚀通常定义为：金属与周围环境（或介质）之间发生化学或电化学作用而引起的破坏或变质。从热力学上来看，除少数贵金属（如金、铂）外，各种金属都有转变为离子的趋势，所以，金属腐蚀是自发进行的冶金的逆过程，绝大多数金属在使用环境中都会遭受不同程度的腐蚀，腐蚀给人类带来了巨大的经济损失和社会危害。据统计，每年由于腐蚀而报废的金属设备和材料相当于金属年产量的三分之一，其中约有三分之一的金属材料因锈蚀粉化而无法回收。由此可见，金属腐蚀对自然资源的浪费是极大的。工业发达国家每年由于腐蚀造成的经济损失占国民经济生产总值的 2%～4%。腐蚀损失对我国国民经济的影响非常严重，因此，进一步探讨金属的腐蚀问题，意义重大。

（一）化工设备腐蚀分类

1. 根据腐蚀程度进行划分

（1）全部腐蚀

全部腐蚀是指腐蚀的程度很高，但是其危害相对较小，是在金属与具有腐蚀性的介质进行接触时，致使金属的整个表面或大面积产生均匀的腐蚀状态。一旦被腐蚀，金属的厚度会逐渐变薄，经过长时间的腐蚀后，该金属的承压能力会降低，致使管道与压力容器的安全性受到影响。在管道与压力容器中，全部腐蚀是最为常见的现象。全部腐蚀若呈现均匀的状态，其危害性相对较小，能够让工人提前感知，能够明确看到设备被腐蚀，员工会提高安全风险意识。

（2）局部腐蚀

局部腐蚀是指腐蚀现象主要发生在金属的一个区域，并未将整个金属面覆盖，其他区域可能会出现一定的腐蚀点或未腐蚀的情况。局部腐蚀的速度与全部腐蚀相比，其所蔓延的速度较快，具有突然性与突发性，平时很难发现，可能会导致更大的损失。通常情况下，局部腐蚀主要表现为冲蚀、缝隙性腐蚀、氢腐蚀等。

2. 根据腐蚀原理进行划分

（1）化学腐蚀

化学腐蚀是金属与相应的介质发生了化学反应，并产生了新的化学物质，此过程被称为化学腐蚀。需要注意的是化学腐蚀发生时，金属与介质发生反应中间没有电流或电荷产生。例如，Mg 在甲醇中发生腐蚀现象。同时，若化学设备的表面为非金属类材料，其在非电解质或电解质中都可发生化学腐蚀现象。

（2）电化学腐蚀

电化学腐蚀是金属与电解质溶液间发生反应，二者发生的反应为电化学反应，致使金属的本体受到严重破坏。电化学腐蚀的产生，主要是阳极失电子、阴极得电子，进而会产生电子的流动，这是电化学腐蚀与化学腐蚀的主要区别。

（二） 金属腐蚀形态及腐蚀类型

1. 全面腐蚀

全面腐蚀是指发生在整个金属表面上或连成一片的腐蚀。按照金属表面各部分腐蚀速率的相对大小，全面腐蚀又可分为均匀腐蚀和非均匀腐蚀。全面腐蚀可造成金属的大量损失，但其危害性并不大。根据全面腐蚀的特点，设备设计时留出一定的腐蚀余量可以减少全面腐蚀的破坏。

2. 点腐蚀

点腐蚀是指金属表面某一局部区域出现向深处发展的小孔，而其他部位不腐蚀或只有轻微的腐蚀。点腐蚀多发生在表面生成钝化膜的金属材料上或表面有阴极性镀层的金属上。此类金属对含有卤素离子的溶液特别敏感。腐蚀孔一旦形成，大阴极小阳极的腐蚀电池会加速蚀坑向纵深处发展。点腐蚀的绝对腐蚀量并不大，但发生事故的概率很高。

3. 缝隙腐蚀

缝隙腐蚀是指在金属与金属，或金属与非金属之间形成特别小的缝隙（一般在 0.025~0.1mm），使缝隙内介质处于滞留状态，引起缝隙内发生腐蚀的金属腐蚀。由于工程中的缝隙大多数不能避免，所以缝隙腐蚀是一种很普遍的腐蚀现象。几乎所有的金属材料都会发生缝隙腐蚀，所有的腐蚀介质都可能引起金属的缝隙腐蚀。金属的抗缝隙腐蚀能力可用临界缝隙腐蚀温度评价。

4. 晶间腐蚀

晶间腐蚀是指金属材料在特定的介质中沿着材料的晶界产生的腐蚀。主要从表面开始，沿着晶界向内部发展，直至成为溃疡性腐蚀。晶间腐蚀的特点是金属表面无明显变化，但金属强度几乎完全丧失，失去清脆的金属声。通常用敲击金属材料的方法来检查。不锈钢、镍基合金、铅合金、镁合金等都是晶间腐蚀敏感性较高的材料。不同的材料在不同的介质中产生晶间腐蚀的机理不一样。最常见的是敏化态奥氏体不锈钢在氧化性或弱氧化性介质中发生的晶间腐蚀。

5. 应力腐蚀开裂

应力腐蚀开裂是指金属材料在拉应力和特定介质的共同作用下引起的腐蚀破裂。应力腐蚀开裂的特点是在金属局部区域出现从表及里的腐蚀裂纹，裂纹的形式有穿晶型、沿晶型和混合型三种。破裂口呈现脆性断裂的特征。其种类很多，如碳钢和低合金钢的碱脆、硝脆、氨脆、氯脆等。机理主要包括阳极溶解型和氢致开裂型，阳极溶解型又称为滑移溶解断裂机理。

（三） 金属电化学腐蚀

电化学腐蚀是指金属与周围介质发生化学或电化学反应而引起的一种破坏性侵蚀。例如铁和氧，因为铁表面的电极电位总比氧的电极电位低，所以铁是阳极，遭到腐蚀。电化学腐蚀主要分为下述 5 种。

1. 全面腐蚀

腐蚀分布在整个金属表面，可以是均匀的，也可以是不均匀的。如碳钢在强酸、强碱中发生的腐蚀属于均匀腐蚀。均匀腐蚀的危险性相对较小，因为人们若知道腐蚀速度和材料的使用寿命后，可以估算出材料的腐蚀容差，并在设计中将此因素考虑在内。

2. 点腐蚀

点腐蚀是在材料表面，形成直径小于 1mm 并向板厚方向发展的孔。介质发生泄漏，大多是点腐蚀造成的，通常其腐蚀深度大于其孔径。

3. 晶间腐蚀

晶间腐蚀是沿着金属材料的晶界产生的选择性腐蚀，金属外观没有明显变化，但其机械性能已经大大降低了。例如不锈钢贫铬区产生的晶间腐蚀，是由 $Cr_{23}C_6$ 等碳化物在晶界析出，使晶界近旁的铬含量降到百分之几以下，故这部分耐蚀性降低。铝合金、锌、锡、铝等，也存在由于在晶界处不纯物偏析，导致晶界溶解速度增加的情况。

4. 电偶腐蚀

电偶腐蚀是具有不同电极电位的金属相互接触，并在一定的介质中所发生的电化学腐蚀。

5. 磨损腐蚀

磨损腐蚀是腐蚀性流体和金属表面间的相对运动，引起金属的加速磨损和破坏。一般这种运动的速度很高，同时还包括机械磨耗和磨损作用。还有其他的局部腐蚀，如选择性腐蚀、缝隙腐蚀、磨损腐蚀等。

在工程实际中，防腐蚀主要措施如下：

①电化学保护：电化学保护分为阴极保护法和阳极保护法。阴极保护法是最常用的保护方法，又分为外加电流和牺牲阳极。其原理是向被保护金属补充大量的电子，使其产生阴极极化，以消除局部的阳极溶解。适用于能导电的、易发生阴极极化且结构不太复杂的体系，广泛用于地下管道、港湾码头设施和海上平台等金属构件的防护。阳极保护法的原理是利用外加阳极极化电流使金属处于稳定的钝态。阳极保护法只适用于具有活化—钝化转变的金属在氧化性介质（如硫酸、有机酸）中的腐蚀防护。在含有吸附性卤素离子的介质环境中，阳极保护法是一种危险的保护方法，容易引起点蚀。在建筑工程中，地沟内的金属管道在进出建筑物处应与防雷电感应的接地装置相连，不仅可实现防雷保护，而且通过外加正极电源，还可实现阳极保护而防腐。

②研制开发新的耐腐蚀材料：解决金属腐蚀问题最根本的出路是研制开发新的耐腐蚀材料如特种合金、新型陶瓷、复合材料等来取代易腐蚀的金属，制备方法差别较大，但其宗旨是改变金属内部结构，提高材料本身的耐蚀性，例如在某些活性金属中掺入微量析氢过电位较低的钯、铂等，利用电偶腐蚀可以加速基体金属表面钝化，使合金耐蚀性增强。化工厂的反应罐、输液管道，用钛钢复合材料来替代不锈钢，使用寿命可大大延长。

③缓蚀剂法：缓蚀剂法是向介质中添加少量能够降低腐蚀速率的物质以保护金属。其原理是改变易被腐蚀的金属表面状态或者起负催化剂的作用，使阳极（或阴极）反应的活化能力增高。由于使用方便、投资少、收效快，缓蚀剂防腐蚀已广泛用于石油、化工、钢铁、机械等行业，成为十分重要的腐蚀防护手段。

④金属表面处理：金属表面处理是在金属接触环境使用之前先经表面预处

理，用以提高材料的耐腐蚀能力。例如钢铁部件先用钝化剂或成膜剂（铬酸盐、磷酸盐等）处理后，其表面生成了稳定、致密的钝化膜，抗蚀性能因而显著增加。

⑤金属表面覆盖层：金属表面覆盖层包含无机涂层和金属镀层，其目的是将金属基体与腐蚀介质隔离开，阻止去极化剂氧化金属的作用，达到防腐蚀效果。常见的非金属涂层有油漆、塑料、陶瓷、矿物性油脂等。搪瓷涂层因有极好的耐腐蚀性能而广泛用于石油化工、医药、仪器等工业部门和日常生活用品中。

（四）化工设备腐蚀影响因素分析

不同腐蚀类型的影响因素是不完全一样的。按照影响因素的本质来说，影响金属腐蚀的因素可以分为三大类：金属物理、金属化学和金属力学。金属物理指的是材料的成分、组织等对腐蚀的影响。金属化学指的是引起金属腐蚀的化学因素，比如介质的成分、离子浓度、温度、流速等。金属力学指的是腐蚀金属所受到的力的作用，包括残余应力和工作应力。这些因素可以促使宏微观腐蚀电池的形成。了解各种因素的腐蚀规律和破坏程度，有利于科学地采取有效的防腐措施，实际操作中引起设备构件腐蚀失效的因素可以从以下 3 个大的方向进行考虑。

1. 介质因素

介质因素是金属腐蚀的外因。在进行腐蚀失效分析时，必须弄清产生腐蚀的环境介质条件，包括介质的组分、浓度、温度、流速、压力、导电性等物理、化学及电化学参数。不同介质、不同材料下，金属的腐蚀规律一般不同。

2. 材料因素

腐蚀过程是环境介质与金属材料表面或界面上发生化学或电化学反应的过程，因此金属材料是腐蚀过程的一个重要组成部分。材料因素是金属腐蚀的内因。材料缺陷是天然的腐蚀电池。腐蚀分析时，影响腐蚀行为的材料因素主要包括 4 类：

（1）金属材料的冶炼质量：主要指金属材料的化学成分、非金属夹杂物、浇注时的缩孔、偏析等现象以及冷却过程中可能产生的白点等缺陷。

（2）金属材料的加工质量：主要是指在轧制、锻造和挤压成型时，在加热过程中可能产生的氧化（过烧）、折叠、分层、带状组织和组织不均匀性等缺陷；在冷却过程中由于冷却速度过快可能产生的微裂纹，以及焊接过程中出现的各种缺陷和热影响区的种种不利因素。

（3）热处理不当：主要是指热处理加热过程中可能产生的过热或过烧引起的晶粒粗大、脱碳、增碳；冷却、淬火过程中产生的淬裂、回火脆性和微观组织不合适以及不适当的敏化处理等导致的缺陷。

（4）材料的表面状态等因素：材料表面的粗糙度对腐蚀形貌和腐蚀速率产生一定的影响。

3. 设计因素

在设备的结构设计上应尽量避免应力集中、积液等不合理现象，设备选材上应考虑材料与环境的适宜性等。

综上可知，影响腐蚀失效的因素很多，关系复杂。在腐蚀失效分析过程中，只有全面考虑各方面的因素，才能准确地判断出腐蚀失效的主要原因。对于生产中的设备而言，影响其腐蚀速率的因素主要是介质因素，通过腐蚀行为分析，研究材料的腐蚀速率随介质因素的变化规律，对于正确地预测设备的腐蚀倾向具有重要意义。

（五）现代化工设备的腐蚀防护技术应用

1. 严格控制设备的构成材料

化工设备大都比较昂贵，且体积大，开展化工生产与加工对密封性要求高，否则由于密封性差而导致毒气或有害气体泄漏，会带来严重的危害。因此，为了提升化工设备使用的安全性，应严格控制设备的制作材料，对该设备所处的工作环境进行调查与分析，对该环境中可能导致设备被腐蚀的现象予以分析，选择合适的防腐材料，做到防止或减轻腐蚀。材料的选择过程非常关键，在选材时必须了解材料的抗腐蚀性能、力学性能、物理性能等，有利于保证设备的使用质量与年限，同时还能保证化工产品的安全性，进而提高经济效益。

2. 强化对设备结构的控制

若想达到防护的效果，避免设备被腐蚀的情况，应强化对设备结构的有效控制，优化结构设计，前期必须具备防腐意识。例如在结构设计部分，必须设置腐蚀的余量，要设置简单的结构模式，禁止残留物或液体被腐蚀，进而可有效避免缝隙的产生，降低腐蚀的发生概率。同时，在结构设计中，应避免发生冲蚀腐蚀现象，禁止出现应力集中的情况，强化对设备的有效防护，以增强其抗腐蚀性。

3. 实施先进的表面处理技术

一般情况下，腐蚀发生都是由刚刚接触的表面所产生的，表面金属材料与相应的介质发生反应而造成腐蚀现象的发生，必须实施先进的表面处理技术，以达到设备防护的效果。表面技术的应用，应使用表面改性技术、涂层镀层技术来对表面进行规范性的处理，若设备外表面材料极易受到腐蚀，应对材料的性质予以改善，并让材料具备力学、化学和物理学性能，增强设备表面的硬度、高疲劳强度和抗腐蚀性，进而保证设备不会被腐蚀，延长设备的使用寿命。通过涂层保护的方式，能让设备的敏感性金属材料与外部介质隔离，通过涂层保护的方式进行隔绝，可大大增强设备的抗腐蚀性，进而保证设备的运行质量，保证化工产品的应用质量。在防腐工程施工时，涂层材料必须具有高度的抗腐蚀性，基本材料具有很强的附着性，表面要具有高度的均匀性，厚度一致，整个外涂层表面要保持完整，其孔隙要较小。工作人员应及时对设备所接触的腐蚀性环境予以了解，进而将各项要素与条件考虑其中，以达到良好的防腐效果。同时，还应对腐蚀环境下介质、pH、温度、压力和流速等因素予以全面考量，进而提高化学设备的抗腐蚀性能，降低化工企业由于腐蚀而产生的额外支出。

第三节　化工隐患排查与治理

一、化工生产企业事故隐患排查治理相关规章

按照墨菲定律，只要发生事故的可能性存在，不管其可能性多小，事故迟早都会发生。隐患是事故的源头，隐患不除，则事故难免发生。任何事物都处于发展变化之中，事故隐患也不例外。由于企业生产系统中各种要素的变化，事故隐患也随时发生着变化，原有的事故隐患消除了，新的事故隐患又产生。因此，事故隐患的排查治理是一项长期任务，企业只有建立完善事故隐患排查治理的常态机制，坚持不懈地开展好隐患治理工作，才能远离事故灾害，确保安全生产。

（一）安全生产事故隐患治理暂行规定

2016 年，国家安全生产监督管理总局发布《安全生产事故隐患排查治理暂行规定（修订稿）》，分为 5 部分共 40 条，其具体内容分为：第一部分总则；第二部分事故隐患排查治理；第三部分监督管理；第四部分法律责任；第五部分附

则。该暂行规定的目的是建立安全生产事故隐患排查治理长效机制，强化安全生产主体责任，加强事故隐患监督管理，防止和减少事故，保障人民群众生命财产安全。

1. 总则中相关规定

在该部分的总则中，对相关事项做了规定。

（1）为了加强生产安全事故隐患（以下简称事故隐患）排查治理工作，落实生产经营单位的安全生产主体责任，预防和减少生产安全事故，保障人民群众生命健康和财产安全，根据《中华人民共和国安全生产法》等法律、行政法规，制定本规定。

（2）生产经营单位事故隐患排查治理和安全生产监督管理部门、煤矿安全监察机构（以下统称安全监管监察部门）实施监管监察，适用本规定。有关法律、法规对事故隐患排查治理另有规定的，依照其规定。

（3）本规定所称事故隐患，是指生产经营单位违反安全生产法律、法规、规章、标准、规程和安全生产管理制度的规定，或者因其他因素在生产经营活动中存在可能导致事故发生的人的不安全行为、物的危险状态、场所的不安全因素和管理上的缺陷。

（4）事故隐患分为一般事故隐患和重大事故隐患。

一般事故隐患，是指危害和整改难度较小，发现后能够立即整改消除的隐患。

重大事故隐患，是指危害和整改难度较大，需要全部或者局部停产停业，并经过一定时间整改治理方能消除的隐患，或者因外部因素影响致使生产经营单位自身难以消除的隐患。

（5）生产经营单位是事故隐患排查、治理、报告和防控的责任主体，应当建立健全事故隐患排查治理制度，完善事故隐患自查、自改、自报的管理机制，落实从主要负责人到每位从业人员的事故隐患排查治理和防控责任，并加强对落实情况的监督考核，保证隐患排查治理的落实。

生产经营单位主要负责人对本单位事故隐患排查治理工作全面负责，各分管负责人对分管业务范围内的事故隐患排查治理工作负责。

（6）各级安全监管监察部门按照职责对所辖区域内的生产经营单位展开事故隐患工作排查治理，并依法实施综合监督管理。各级人民政府有关部门在各自职责范围内对生产经营单位的排查治理事故隐患工作依法实施监督管理。

各级安全监管监察部门应当加强互联网+隐患排查治理体系建设，推进生产经营单位建立完善隐患排查治理制度，运用信息化技术手段强化隐患排查治理工作。

（7）任何单位和个人发现事故隐患或者隐患排查治理违法行为，均有权向安全监管监察部门和有关部门举报。

安全监管监察部门接到事故隐患举报后，应当按照职责分工及时组织核实并予以查处。发现所举报事故隐患应当由其他有关部门处理的，应当及时移送并记录备查。

对举报生产经营单位存在的重大事故隐患或者隐患排查治理违法的行为，经核实无误的，安全监管监察部门和有关部门应当按照规定给予奖励。

（8）鼓励和支持安全生产技术管理服务机构和注册安全工程师等的专业技术人员参与事故隐患排查治理工作，以此为生产经营单位提供事故隐患排查治理技术和管理服务。

2. 事故隐患排查治理的相关规定

在第二部分生产经营单位的职责中，对相关事项做了规定。

（1）生产经营单位应当建立包括下列内容的事故隐患排查治理制度：

①明确主要负责人、分管负责人、部门和岗位人员隐患排查治理工作要求、职责范围、防控责任。

②根据国家、行业、地方有关事故隐患的标准、规范、规定，编制事故隐患排查清单，明确和细化事故隐患排查事项、具体内容和排查周期。

③明确隐患判定程序，按照规定对本单位存在的重大事故隐患做出判定。

④明确重大事故隐患、一般事故隐患的处理措施及流程。

⑤组织对重大事故隐患治理结果的评估。

⑥组织开展相应培训，提高从业人员隐患排查治理能力。

⑦应当纳入的其他内容。

（2）生产经营单位应当保证事故隐患排查治理所需的资金，建立资金使用专项制度。

（3）生产经营单位应当按照事故隐患判定标准和排查清单组织安全生产管理人员、工程技术人员和其他相关人员排查本单位的事故隐患，对排查出的事故隐患，应当按照事故隐患的等级进行记录，建立事故隐患信息档案，按照职责分工实施监控治理，并将事故隐患排查治理情况向从业人员通报。

（4）生产经营单位应当建立事故隐患排查治理激励约束制度，鼓励从业人员发现、报告和消除事故隐患。对发现、报告和消除事故隐患的有功人员，应当给予物质奖励或者表彰。对瞒报事故隐患或者排查治理不力的人员予以相应处罚。

（5）生产经营单位的安全生产管理人员在检查中发现重大事故隐患，应当向本单位有关负责人报告，有关负责人应当及时处理。有关负责人不及时处理的，安全生产管理人员可以向安全生产监管监察部门和有关部门报告。接到报告后，安全监管监察部门和有关部门应当依法及时处理。

（6）生产经营单位将生产经营项目、场所、设备发包、出租的，应当与承包、承租单位签订安全生产管理协议，并在协议中明确各方对事故隐患排查、治理和防控的管理职责。生产经营单位对承包、承租单位的事故隐患排查治理工作进行统一协调、管理，定期进行检查，发现问题则及时督促整改。承包、承租单位拒不整改的，生产经营单位可以按照协议约定的方式处理，或者向安全监管监察部门或有关部门报告。

（7）生产经营单位应当每月对本单位的事故隐患排查治理情况进行统计分析，并按照规定的时间和形式报送安全监管监察部门和有关部门。

对于重大事故隐患，生产经营单位除依照前款规定报送外，还应当向安全监管监察部门和有关部门提交书面材料。重大事故隐患报送内容应当包括：

①隐患的现状及其产生原因。

②隐患的危害程度和整改难易程度分析。

③隐患的治理方案。

已经建立隐患排查治理信息系统的地区，生产经营单位应当通过信息系统报送前两款规定的内容。

（8）对于一般事故隐患，由生产经营单位（车间、分厂、区队等）负责人或者有关人员及时组织整改。

对于重大事故隐患，由生产经营单位主要负责人组织制定并实施事故隐患治理方案。重大事故隐患治理方案应当包括以下内容：

①治理的目标和任务。

②采取的方法和措施。

③经费和物资的落实。

④负责治理的机构和人员。

⑤治理的时限和要求。

⑥安全措施和应急预案。

（9）生产经营单位在事故隐患治理过程中，应当采取相应的安全防范措施，防止事故发生。事故隐患排除前或者排除过程中无法保证安全的，应当从危险区域内撤出作业人员，并疏散可能危及的其他人员，设置警戒标志，暂时停产停业或者停止使用相关设施、设备。对暂时难以停产或者停止使用后极易引发生产安全事故的相关设施、设备，应当加强维护保养和监测监控，以防止事故发生。

（10）对于因自然灾害可能引发事故灾难的隐患，生产经营单位应当按照有关法律、法规、规章、标准、规程的要求进行排查治理，采取可靠的预防措施，制定应急预案。在接到有关自然灾害预报时，应当及时发出预警通知。发生自然灾害可能危及生产经营单位和人员安全的情况时，应当采取停止作业、撤离人员、加强监测等安全措施，并及时向当地人民政府及其有关部门报告。

（11）重大事故隐患治理工作结束后，生产经营单位应当组织本单位的技术人员和专家对重大事故隐患的治理情况进行评估，或者委托依法设立的为安全生产提供技术、管理服务的机构对重大事故隐患的治理情况进行评估。

对安全监管监察部门和有关部门在监督检查中发现并责令全部或者局部停产停业治理的重大事故隐患，生产经营单位完成治理并经评估后符合安全生产条件的，应当向安全监管监察部门和有关部门提出恢复生产经营的书面申请，经安全监管监察部门和有关部门审查同意后，方可恢复生产经营。申请材料应当包括治理方案的内容、项目和治理情况评估报告等。

（12）生产经营单位委托技术管理服务机构提供事故隐患排查治理服务的，事故隐患排查治理的责任仍由本单位负责。

技术管理服务机构对其出具的报告或意见负责，应承担相应的法律责任。

3. 监督管理的相关规定

该部分监督管理对相应的事项做了规定：

（1）安全监管监察部门应当指导、监督生产经营单位事故隐患排查治理工作。安全监管监察部门应当按照有关法律、法规、规章的规定，不断完善相关标准、规范，逐步建立与生产经营单位联网的信息化管理系统，健全自查自改自报与监督检查相结合的工作机制以及绩效考核、激励约束等相关制度，突出对重大事故隐患的督促整改。

（2）安全监管监察部门应当根据事故隐患排查治理工作情况，制订相应的专项监督检查计划。安全监管监察部门应当按计划对生产经营单位的事故隐患排查治理情况开展差异化监督检查。对发现存在重大事故隐患的生产经营单位，应当加强重点检查。

安全监管监察部门在监督检查中发现属于其他有关部门职责范围内的重大事故隐患，应当及时将有关资料移送有管辖权的有关部门，并记录备查。

（3）安全监管监察部门和有关部门应当建立重大事故隐患督办制度。对于整改难度大或者需要有关部门协调推进方能完成整改的重大事故隐患，安全监管监察部门应当提请有关人民政府督办。

（4）已经取得煤矿、非煤矿山、危险化学品、烟花爆竹安全生产许可证的生产经营单位，在其被督办的重大事故隐患治理结束前，安全监管监察部门应当加强监督检查。必要时，可以提请原许可证颁发机关依法暂扣其安全生产许可证。

（5）安全监管监察部门对检查中发现的事故隐患，应当责令生产经营单位立即排除；重大事故隐患排除前或者排除过程中无法保证安全的，应当责令从危险区域内撤出作业人员，责令暂时停产停业或者停止使用相关设施、设备。重大事故隐患排除后，生产经营单位应当报安全监管监察部门审查同意，方可恢复生产经营和使用。

（6）安全监管监察部门依法对存在重大事故隐患的生产经营单位做出停产停业、停止施工、停止使用相关设施或者设备的决定，生产经营单位应当依法执行，及时消除事故隐患。生产经营单位拒不执行，有发生生产安全事故的现实危险的，在保证安全的前提下，经本部门主要负责人批准，安全监管监察部门可以采取通知有关单位停止供电、停止供应民用爆炸物品等措施，强制生产经营单位履行决定。通知应当采用书面形式，有关单位应当予以配合。

安全监管监察部门依照前款规定采取停止供电措施，除有危及生产安全的紧急情形外，应当提前24小时通知生产经营单位。生产经营单位依法履行行政决定、采取相应措施消除事故隐患的，安全监管监察部门应当及时解除前款规定的措施。

（7）安全监管监察部门收到生产经营单位恢复生产经营的申请后，应当在10个工作日内进行现场审查。审查合格的，同意恢复生产经营；审查不合格的，依法处理；对经停产停业治理仍不具备安全生产条件的，依法提请县级以上人民政府按照国务院规定的权限予以关闭。

（8）安全监管监察部门应当根据"谁负责监管，谁负责公开"的原则将所监管监察领域已排查确定的重大事故隐患的责任单位、整改措施和整改时限等内容在政务网站上公开，有关保密规定不能公开的除外。

（9）对事故隐患治理不力，导致事故发生的生产经营单位，安全监管监察部门应当将其行为录入安全生产违法行为信息库；对违法行为情节严重的，依法向社会公告，并通报行业主管部门、投资主管部门、国土资源主管部门、证券监督管理机构以及有关金融机构。

4. 法律责任的相关规定

在本部分的处罚规定中，对相关的事项做了规定。

（1）生产经营单位未建立事故隐患排查治理制度的，责令限期改正，可以处 10 万元以下的罚款；逾期未改正的，责令停产停业整顿，并处 10 万元以上 20 万元以下的罚款，对其直接负责的主管人员和其他直接责任人员处 2 万元以上 5 万元以下的罚款；构成犯罪的，依照刑法有关规定追究刑事责任。

（2）生产经营单位未采取措施消除事故隐患的，责令立即消除或者限期消除；生产经营单位拒不执行的，责令停产停业整顿，并处 10 万元以上 50 万元以下的罚款，对其直接负责的主管人员和其他直接责任人员处 2 万元以上 5 万元以下的罚款。

生产经营单位未按规定采取措施及时消除事故隐患导致生产安全事故发生的，依法给予行政处罚；构成犯罪的，依照刑法有关规定追究刑事责任。

（3）生产经营单位违反本规定，有下列行为之一的，责令限期改正，可以处 5 万元以下的罚款；逾期未改正的，责令停产停业整顿，并处 5 万元以上 10 万元以下的罚款，对其直接负责的主管人员和其他直接责任人员处 1 万元以上 2 万元以下的罚款：

①未按规定将事故隐患排查治理情况如实记录的。

②未按规定将事故隐患排查治理情况向从业人员通报的。

（4）生产经营单位违反本规定，有下列行为之一的，由安全监管监察部门处 5000 元以上 3 万元以下的罚款，对其直接负责的主管人员和其他直接责任人员处 1000 元以上 1 万元以下的罚款：

①未制定重大事故隐患治理方案、治理方案不符合规定或者未实施重大事故隐患治理方案的。

②重大事故隐患未提交书面材料或者未在信息系统中报送的。

③安全监管监察部门在监督检查中发现并责令全部或者局部停产停业治理的重大事故隐患整改完成后，未经安全监管监察部门审查同意擅自恢复生产经营的。

（5）生产经营单位有下列行为之一的，由安全监管监察部门责令限期改正，可以处 5000 元以上 3 万元以下的罚款，对其直接负责的主管人员和其他直接责任人员可以处 1000 元以上 1 万元以下的罚款：

①未建立隐患排查治理激励约束制度的。

②未按规定报送事故隐患排查治理情况统计分析数据的。

（6）承担安全评估的中介机构，出具虚假评价证明的，没收违法所得；违法所得在 10 万元以上的，并处违法所得 2 倍以上 5 倍以下的罚款；没有违法所得或者违法所得不足 10 万元的，单处或者并处 10 万元以上 20 万元以下的罚款；对其直接负责的主管人员和其他直接责任人员处 2 万元以上 5 万元以下的罚款；给他人造成损害的，与生产经营单位承担连带赔偿责任；构成犯罪的，依照刑法有关规定追究刑事责任。

对有前款违法行为的机构，吊销其相应的资质。

（7）生产经营单位主要负责人在本单位隐患排查治理中未履行职责，及时组织消除事故隐患的，责令限期改正；逾期未改正的，处 2 万元以上 5 万元以下的罚款，责令生产经营单位停产停业整顿；由此导致发生生产安全事故的，依法给予处分并处以罚款；构成犯罪的，依照刑法有关规定追究刑事责任。

（8）安全监管监察部门的工作人员在隐患排查治理监督检查工作中有下列情形之一，且无正当理由的，由本单位进行批评教育，责令改正。拒不改正的，依法给予处分。

①未根据事故隐患排查治理工作情况制订相应专项监督检查计划的。

②发现属于其他有关部门职责范围内的重大事故隐患，未及时移送的。

③未按规定及时处理事故隐患举报的。

④对督办的重大事故隐患，未督促生产经营单位进行整改的。

（二）危险化学品企业事故隐患排查治理实施导则

2012 年 8 月 7 日，国家安全生产监督管理总局（2018 年改为应急管理部）下发《关于印发〈危险化学品企业事故隐患排查治理实施导则〉的通知》（安监总管三〔2012〕103 号）。该通知指出：隐患的排查治理是安全生产的重要工作，是企业安全生产标准化管理要素的重点内容，是预防和减少事故的有效手段。为了推动和规范危险化学品企业隐患排查治理工作，国家安全生产监督管理总局制定了《危险化学品企业事故隐患排查治理实施导则》（以下简称《导则》）。危险化学品企业需高度重视并持之以恒地做好隐患排查治理工作，并按照《导则》要求，建立隐患排查治理的工作责任制，完善隐患排查治理制度，规范各项工作程序，实时监控重大隐患，逐步建立隐患排查治理的常态化机制，强化《导则》的宣传培训，确保企业员工对《导则》内容的了解，并积极参与到隐患排查治理工作中来。

《危险化学品企业事故隐患排查治理实施导则》分为总则、基本要求、隐患排查方式及频次、隐患排查内容、隐患治理与上报 5 个内容。

1. 总则

（1）为了切实地落实企业生产主体责任，促进危险化学品企业建立事故隐患排查治理的长效机制，及时排查、消除事故隐患，有效防范和减少事故，根据国家相关的法律、法规、规章及标准，制定实施导则。

（2）制定的导则适用于生产、使用和储存危险化学品企业的事故隐患排查治理工作。

（3）在导则中所谓的事故隐患，是指不符合安全生产法律、法规、规章、标准、规程和安全生产管理制度的规定，或者因其他因素在生产经营活动中存在可能导致事故发生或导致事故后果扩大的物的危险状态、人的不安全行为和管理上的缺陷，包括：

①作业场所、设备设施、人的行为及安全管理等方面存在的不符合国家安全生产法律法规、标准规范和相关规章制度规定的情况。

②法律法规、标准规范和相关制度未作明确规定，但企业危害识别过程中识别出作业场所、设备设施、人的行为及安全管理等方面存在的缺陷。

2. 基本要求

（1）隐患排查治理是企业安全管理的基本工作，是企业安全生产标准化风险管理要素的重点内容，应按照"谁主管，谁负责"和"全员、全过程、全方位、全天候"的原则，明确职责，建立健全企业隐患排查治理制度和保证制度有效执行的管理体系，努力做到及时发现、及时消除各类安全生产隐患，保证企业安全生产。

（2）企业应建立和不断完善隐患排查机制，主要包括：

①企业主要负责人对本单位事故隐患排查治理工作的全面负责，应保证隐患

治理的资金投入，及时掌握重大隐患治理情况，治理重大隐患前要督促有关部门制定有效的防范措施，并明确分管负责人。分管负责隐患排查治理的负责人负责组织和监督隐患排查治理工作的实施，确保各项安全措施得到有效执行。

②隐患排查要做到全面覆盖、责任到人，定期排查和日常管理相结合，专业排查和综合排查相结合，一般排查和重点排查相结合，确保横向到边、纵向到底、及时发现、不留死角。

③隐患治理要做到方案科学、资金到位、治理及时、责任到人、限期完成。能立即整改的隐患必须立即整改，无法立即整改的隐患，治理前要研究制定防范措施，落实监控责任，防止隐患发展为事故。

④技术力量不足或者危险化学品生产管理经验欠缺的企业应聘请有经验的化工专家或者注册安全工程师指导企业开展隐患排查治理工作。

⑤涉及重点监管危险化工工艺、重点监管危险化学品和重大危险源（以下简称"两重点一重大"）的危险化学品生产、储存企业应定期开展危险与可操作性分析 HAZOP，用先进科学的管理方法系统排查事故隐患。

⑥企业要建立健全隐患排查治理管理制度，包括隐患排查、隐患监控、隐患治理、隐患上报等内容。

隐患排查要按专业和部位，明确排查的责任人、排查内容、排查频次和登记上报的工作流程。

隐患监控要建立事故隐患信息档案，明确隐患的级别，按照"五定"（定整改方案、定资金来源、定项目负责人、定整改期限、定控制措施）的原则，落实隐患治理的各项措施，对隐患治理情况进行监控，保证隐患治理按期完成。

隐患治理要分类实施：能够立即整改的隐患，必须确定责任人组织立即整改，整改情况要安排专人进行确认；无法立即整改的隐患，要按照评估—治理方案论证—资金落实—限期治理—验收评估—销号的工作流程，明确每一工作节点的责任人，实行闭环管理；重大隐患治理工作结束后，企业应组织技术人员和专家对隐患治理情况进行验收，保证按期完成和治理效果。

隐患上报要按照安全监管部门的要求，建立与安全生产监督管理部门隐患排查治理信息管理系统联网的"隐患排查治理信息系统"，每个月将开展隐患排查治理情况和存在的重大事故隐患上报当地安全监管部门，发现无法立即整改的重大事故隐患，应当及时上报。

⑦要借助企业的信息化系统对隐患排查、监控、治理、验收评估、上报情况

实行建档登记，重大隐患要单独建档。

3. 隐患排查方式及频次

（1）隐患排查方式

①隐患排查工作可与企业各专业的日常管理、专项检查和监督检查等工作相结合，科学整合下述方式进行：

a. 日常隐患排查。

b. 综合性隐患排查。

c. 专业性隐患排查。

d. 季节性隐患排查。

e. 重大活动及节假日前隐患排查。

f. 事故类比隐患排查。

②日常隐患排查是指班组、岗位员工的交接班检查和班中巡回检查，以及基层单位领导和工艺、设备、电气、仪表、安全等专业技术人员的日常性检查。日常隐患排查要加强对关键装置、要害部位、关键环节、重大危险源的检查和巡查。

③综合性隐患排查是指以保障安全生产为目的，以安全责任制、各项专业管理制度和安全生产管理制度落实情况为重点，各有关专业和部门共同参与的全面检查。

④专业性隐患排查主要是指对区域位置即总图布置、工艺、设备、电气、仪表、储存、消防和公用工程等系统分别进行的专业检查。

⑤季节性隐患排查是指根据季节的特点开展的专项隐患检查，主要包括：春季以防雷、防静电、防解冻泄漏、防解冻坍塌为重点；夏季以防雷暴、防设备容器高温超压、防台风、防洪、防暑降温为重点；秋季以防雷暴、防火、防静电、防凝保温为重点；冬季以防火、防爆、防雪、防冻防凝、防滑、防静电为重点。

⑥重大活动及节假日前隐患排查主要是指在重大活动及节假日前，对装置生产是否存在异常状况和隐患、备用设备状态、备品备件、生产及应急物资储备、保运力量安排、企业保卫、应急工作等进行的检查，特别是对节日期间干部带班值班、机电仪保运及紧急抢修力量安排、备件及各类物资储备和应急工作进行重点检查。

⑦事故类比隐患排查是对企业内和同类企业发生事故后的举一反三的安全检查。

（2）隐患排查频次确定

①企业进行隐患排查的频次应满足：

a. 装置操作人员现场巡检间隔不得大于 2 小时，涉及"两重点一重大"的生产、储存装置和部位的操作人员现场巡检间隔不得大于 1 小时，宜采用不间断巡检方式进行现场巡检。

b. 基层车间（装置，下同）直接管理人员（主任、工艺设备技术人员），电气、仪表人员每天至少两次对装置现场进行相关专业检查。

c. 基层车间应结合岗位责任制检查，至少每周组织一次隐患排查，并与日常交接班检查和班中巡回检查中发现的隐患一起进行汇总；基层单位（厂）应结合岗位责任制检查，至少每月组织一次隐患排查。

d. 企业应根据季节性特征及本单位的生产实际，每季度开展一次有针对性的季节性隐患排查；重大活动及节假日前必须进行一次隐患排查。

e. 企业至少每半年组织一次，基层单位至少每季度组织一次综合性隐患排查和专业性隐患排查，两者可结合进行。

f. 当获知同类企业发生伤亡及泄漏、火灾爆炸事故时，应举一反三，及时进行事故类比隐患专项排查。

g. 对于区域位置、工艺技术等不经常发生变化的，可依据实际变化情况确定排查周期，如果发生变化，应及时进行隐患排查。

②当发生以下情形之一，企业应及时组织进行相关专业的隐患排查：

a. 颁布实施有关新的法律法规、标准规范或原有适用法律法规、标准规范重新修订的。

b. 组织机构和人员发生重大调整的。

c. 装置工艺、设备、电气、仪表、公用工程或操作参数发生重大改变的，应按变更管理要求进行风险评估。

d. 外部安全生产环境发生重大变化。

e. 发生事故或对事故、事件有新的认识。

f. 气候条件发生大的变化或者预报可能发生重大自然灾害。

③涉及"两重点一重大"的危险化学品生产、储存企业应每五年至少开展一次危险操作性分析（HAZOP）。

4. 隐患排查内容

（1）隐患排查主要内容

根据危险化学品企业的特点，隐患排查包括但不限于以下内容：

①安全基础管理。

②区域位置和总图布置。

③工艺。

④设备。

⑤电气系统。

⑥仪表系统。

⑦危险化学品管理。

⑧储运系统。

⑨公用工程。

⑩消防系统。

（2）安全基础管理

①安全生产管理机构建立健全情况、安全生产责任制和安全管理制度建立健全及落实情况。

②安全投入保障情况，参加工伤保险、安全生产责任险的情况。

③安全培训与教育情况，主要包括：企业主要负责人、安全管理人员的培训及持证上岗情况；特种作业人员的培训及持证上岗情况；从业人员安全教育和技能培训情况。

④企业开展风险评价与隐患排查治理情况，主要包括：法律、法规和标准的识别和获取情况；定期和及时对作业活动和生产设施进行风险评价情况；风险评价结果的落实、宣传及培训情况；企业隐患排查治理制度是否满足安全生产需要。

⑤事故管理、变更管理及承包商的管理情况。

⑥危险作业和检维修的管理情况，主要包括：危险性作业活动作业前的危险有害因素识别与控制情况；动火作业、进入受限空间作业、破土作业、临时用电作业、高处作业、断路作业、吊装作业、设备检修作业和抽堵盲板作业等危险性作业的作业许可管理与过程监督情况；从业人员劳动用具和器具的配置、佩戴与使用情况。

⑦危险化学品事故的应急管理情况。

（3）区域位置和总图布置

①危险化学品生产装置和重大危险源储存设施与《危险化学品安全管理条例》中规定的重要场所的安全距离。

②可能造成水域环境污染的危险化学品危险源的防范情况。

③企业周边或作业过程中存在的易由自然灾害引发事故灾难的危险点排查、防范和治理情况。

④企业内部重要设施的平面布置以及安全距离，主要包括：控制室、变配电所、化验室、办公室、机柜间以及人员密集区或场所；消防站及消防泵房；空分装置、空压站；点火源（包括火炬）；危险化学品生产与储存设施等；其他重要设施及场所。

⑤其他总图布置情况，主要包括：建构筑物的安全通道；厂区道路、消防道路、安全疏散通道和应急通道等重要道路（通道）的设计、建设与维护情况；安全警戒标志的设置情况；其他与总图相关的安全隐患。

（4）工艺管理

①工艺的安全管理，主要包括：工艺安全信息的管理；工艺风险分析制度的建立和执行；操作规程的编制、审查、使用与控制；工艺安全培训程序、内容、频次及记录的管理。

②工艺技术及工艺装置的安全控制，主要包括：装置可能引起火灾、爆炸等严重事故的部位是否设置超温、超压等检测仪表、声和/或光报警、泄压设施和安全联锁装置等设施；针对温度、压力、流量、液位等工艺参数设计的安全泄压系统以及安全泄压措施的完好性；危险物料的泄压排放或放空的安全性；按照《首批重点监管的危险化工工艺目录》和《首批重点监管的危险化工工艺安全控制要求、重点监控参数及推荐的控制方案》（安监总管三〔2009〕116号）的要求进行危险化工工艺的安全控制情况；火炬系统的安全性；其他工艺技术及工艺装置的安全控制方面的隐患。

③现场工艺安全状况，主要包括：工艺卡片的管理，包括工艺卡片的建立和变更，以及工艺指标的现场控制；现场联锁的管理，包括联锁管理制度及现场联锁投用、摘除与恢复；工艺操作记录及交接班的情况；剧毒品部位的巡检、取样、操作与检维修的现场管理。

（5）设备管理

①设备管理制度与管理体系的建立与执行情况，主要包括：按照国家相关法

律法规制定修订本企业的设备管理制度；有健全的设备管理体系，设备管理人员按要求配备；建立和健全安全设施管理制度及台账。

②设备现场的安全运行状况，主要包括：大型机组、机泵、锅炉、加热炉等关键设备装置的联锁自保护及安全附件的设置、投用与完好状况；大型机组关键设备特级维护到位，备用设备处于完好备用状态；转动机器的润滑状况，设备润滑的"五定""三级过滤"；设备状态监测和故障诊断情况；设备的腐蚀防护状况，包括重点装置设备腐蚀的状况、设备腐蚀部位、工艺防腐措施，材料防腐措施等。

③特种设备（包括压力容器及压力管道）的现场管理，主要包括：特种设备（包括压力容器、压力管道）的管理制度及台账；特种设备的注册登记及定期检测检验情况；特种设备安全附件的管理维护。

（6）电气系统

①电气系统的安全管理，主要包括：电气特种作业人员的资格管理、电气安全相关管理制度、规程的制定及执行情况。

②供配电系统、电气设备及电气安全设施的设置，主要包括：用电设备的电力负荷等级与供电系统的匹配性；消防泵、关键装置、关键机组等特别重要负荷的供电；重要场所事故应急照明；电缆、变配电相关设施的防火防爆；爆炸危险区域内的防爆电气设备选型及安装；建构筑物、工艺装置、作业场所等的防雷防静电。

③电气设施、供配电线路及临时用电的现场安全状况。

（7）仪表系统

①仪表的综合管理，主要包括：仪表相关管理制度建立和执行情况；仪表系统的档案资料、台账管理；仪表调试、维护、检测、变更等记录；安全仪表系统的投用、摘除及变更管理等。

②系统配置，主要包括：基本过程控制系统和安全仪表系统的设置满足安全稳定生产需要；现场检测仪表和执行元件的选型、安装情况；仪表供电、供气、接地与防护情况；可燃气体和有毒气体检测报警器的选型、布点及安装；安装在爆炸危险环境仪表满足要求等。

③现场各类仪表完好有效，检验维护及现场标志情况，主要包括：仪表及控制系统的运行状况稳定可靠，满足危险化学品生产需求；按规定对仪表进行定期检定或校准；现场仪表位号标志是否清晰等。

（8）危险化学品管理

①危险化学品分类、登记与档案的管理，主要包括：按照标准对产品、所有中间产品进行危险性鉴别与分类，分类结果汇入危险化学品档案；按相关要求建立健全危险化学品档案；按照国家有关规定对危险化学品进行登记。

②化学品安全信息的编制、宣传、培训以及应急管理，主要包括：危险化学品安全技术说明书和安全标签的管理；危险化学品"一书一签"制度的执行情况；24 小时应急咨询服务或应急代理；危险化学品相关安全信息的宣传与培训。

（9）储运系统

①储运系统的安全管理情况，主要包括：储罐区、可燃液体、液化烃的装卸设施、危险化学品仓库储存管理制度以及操作、使用和维护规程制定及执行情况；储罐的日常和检维修管理。

②储运系统的安全设计情况，主要包括：易燃、可燃液体及可燃气体的罐区，如罐组总容、罐组布置；防火堤及隔离堤消防道路、排水系统等；重大危险源罐区现场的安全监控装备是否符合《危险化学品重大危险源监督管理暂行规定》（国家安全监管总局令第 40 号）的要求；天然气凝液、液化石油气球罐或其他危险化学品压力或半冷冻低温储罐的安全控制及应急措施；可燃液体、液化烃和危险化学品的装卸设施；危险化学品仓库的安全储存。

（10）消防系统

①建设项目消防设施验收情况，主要包括：企业消防安全机构、人员设置与制度的制定，消防人员的培训、消防应急预案及相关制度的执行情况；消防系统运行检测情况。

②消防设施与器材的设置情况，主要包括：消防站的设置情况，如消防站、消防车、消防人员、移动式消防设备、通讯等；消防水系统与泡沫系统，如消防水源、消防泵、泡沫液储罐、消防给水管道、消防管网的分区阀门、消火栓、泡沫栓、消防水炮、泡沫炮、固定式消防水喷淋等；油罐区、液化烃罐区、危险化学品罐区、装置区等设置的固定式和半固定式灭火系统；甲、乙类装置、罐区、控制室、配电室等重要场所的火灾报警系统；生产区、工艺装置区、建构筑物的灭火器材配置；其他消防器材。

③固定式与移动式消防设施、器材和消防道路的现场状况。

（11）公用工程系统

①给排水、循环水系统、污水处理系统的设置与能力能否满足各种状态下的

需求。

②供热站及供热管道设备设施、安全设施是否存在隐患。

③空分装置、空压站位置的合理性及设备设施的安全隐患。

5. 隐患治理与上报

（1）隐患级别

事故隐患可按照整改难易及可能造成的后果严重性，分为一般事故隐患和重大事故隐患。一般事故隐患，是指能够及时整改，不足以造成人员伤亡、财产损失的隐患。对于一般事故隐患，可按照隐患治理的负责单位，分为班组级、基层车间级、基层单位（厂）级直至企业级。重大事故隐患，是指无法立即整改且可能造成人员伤亡、较大财产损失的隐患。

（2）隐患治理

①企业应对排查出的各级隐患做到"五定"，并将整改落实情况纳入日常管理进行监督，及时协调在隐患整改中存在的资金、技术、物资采购、施工等方面问题。

②对一般事故隐患，由企业（基层车间、基层单位〈厂〉）负责人或者有关人员立即组织整改。

③对于重大事故隐患，企业要结合自身的生产经营实际情况，确定风险可接受标准，评估隐患的风险等级。

④重大事故隐患的治理应满足以下要求：当风险处于很高风险区域时，应立即采取充分的风险控制措施，防止事故发生，同时编制重大事故隐患治理档案，尽快进行隐患治理，必要时立即停产治理；当风险处于一般高风险区域时，企业采取充分的风险控制措施，防止事故发生，并编制重大事故隐患治理方案，选择合适的时机进行隐患治理；对于处于中风险的重大事故隐患，应根据企业实际情况，进行成本—效益分析，编制重大事故隐患治理方案，选择合适的时机进行隐患治理，尽可能将其降低到低风险。

⑤对于重大事故隐患，由企业主要负责人组织制定并实施事故隐患治理方案。重大事故隐患治理方案应包括：治理的目标和任务；采取的方法和措施；经费和物资的落实；负责治理的机构和人员；治理的时限和要求；防止整改期间发生事故的安全措施。

⑥事故隐患治理方案、整改完成情况、验收报告等应及时归入事故隐患档案。隐患档案应包括以下信息：隐患名称、隐患内容、隐患编号、隐患所在单

位、专业分类、归属职能部门、评估等级、整改期限、治理方案、整改完成情况、验收报告等。事故隐患排查、治理过程中形成的传真、会议纪要、正式文件等，也应归入事故隐患档案。

（3）隐患上报

①企业应当定期通过"隐患排查治理信息系统"向属地安全生产监督管理部门和相关部门上报隐患统计汇总及存在的重大隐患情况。

②对于重大事故隐患，企业除依照上述规定报送外，应当及时向安全生产监督管理部门和有关部门报告。重大事故隐患报告的内容应当包括：隐患的现状及其产生的原因；隐患的危害程度和整改的难易程度分析；隐患的治理方案。

二、化工生产企业安全检查

安全检查是一种被广泛应用的方法，用来发现企业生产过程中存在的安全隐患，进而实施改进，从而避免可能发生的损失。对于企业来讲，建立一个有效的安全检查体系，能够帮助企业管理者以及员工及时发现作业现场存在的事故隐患，并迅速地做出改进，降低或者消除事故隐患，减少损失，从而保持企业的平稳发展。

（一）安全检查规定

应急管理部（原国家安全生产监督管理总局）为了规范危险化学品的生产、储存、运输、使用，保障企业的安全生产，陆续颁发了一系列有关危险化学品生产、储存、运输、使用的规章与规范标准。这些法律法规、规章规定以及标准和规范，是进行安全检查的依据。具体规定如下：

1. 安全检查的主要任务是进行危害识别，查找不安全因素和不安全的行为，提出消除或控制不安全因素的方法和纠正不安全行为的措施。

2. 安全检查主要包括安全管理检查和现场安全检查两个部分。

（1）安全管理检查的主要内容包括：检查各级领导对安全生产工作的认识，各级领导研究安全工作的记录、安委会工作会议纪要等；安全生产责任制、安全生产管理制度等修订完善情况、各项管理制度落实的情况、安全基础工作落实情况等；检查各级领导和管理人员的安全法规教育和安全生产管理的资格教育是否达到要求；检查员工的安全意识、安全知识以及特殊作业的安全技术知识教育是否达标。

（2）现场安全检查主要内容包括：按照工艺、设备、储运、电气、仪表、消防、检维修、工业卫生等专业的标准、规范、制度等，检查生产、施工现场是否落实，是否存在安全隐患；检查企业各级机构和个人的安全生产责任制是否落实，检查员工是否认真执行各项安全生产纪律和操作规范；检查生产、检修、施工等直接作业环节的各项安全生产保证措施是否落实。

3. 安全检查应按照国家现行规范、标准和单位有关规定进行。

4. 安全检查分为外部检查和内部检查。外部检查是指按照国家安全生产法律法规要求进行的法定监督、检查和政府部门组织的安全督查。内部检查是单位内部根据生产情况开展的计划性和临时性自查活动。

5. 内部检查主要有综合性检查、日常检查和专项检查等形式。

6. 企业应当认真对待各种形式的安全检查，正确处理内外安全检查的关系，坚持综合检查、日常检查和专项检查相结合的原则，做到安全检查制度化、标准化、经常化。

7. 对法定的检测检查和相关部门的督查，企业应积极配合，认真落实规范要求，按照规范标准定期地开展法定检测工作。

8. 开展安全检查，应由企业的直属负责领导参加安全检查，提出明确目的和计划，并且参加安全检查的人员需熟悉有关标准和规范。

9. 安全检查应依据充分、内容具体，必要时编制安全检查表，按照安全检查表科学、规范地开展检查活动。

10. 安全检查应认真填写检查记录，做好安全检查总结，并按要求报主管部门。对查出的隐患和问题，检查组应向被检单位下发《安全检查隐患问题整改通知单》，被检单位应签字确认。

11. 被查出的问题应立即落实整改，暂时不能整改的项目，除采取有效防范措施外，应纳入计划，落实整改。

12. 对隐患和问题的整改情况，应进行复查，跟踪督促落实，形成闭环管理。

（二）化工生产企业安全检查要求

1. 安全管理检查范围及内容

（1）各级安全生产责任制的落实情况，包括：经理（厂长）、副经理（副厂长）、三总师等领导的安全职责；各专业职能部门的安全职责；车间（基层）负责人安全职责。

（2）安全管理制度执行情况，包括以下内容：安全教育制度；事故管理制度；用火管理等直接作业环节安全管理制度；关键装置和重点生产部位安全管理制度；事故隐患治理制度；外来务工人员管理制度。

（3）安全管理基础工作，包括：安全管理部门基础工作，安全管理制度的制定，各类安全管理台账；安全考核、奖惩情况；安全生产作业许可证管理情况。

2. 安全管理检查的方式

（1）查阅国家发布的有关安全生产的法律、法规。

（2）查阅上级下发的有关安全生产的文件、技术标准等。

（3）查阅本单位印发的安全生产文件、会议纪要、规章制度等。

（4）查阅经理（厂长）办公会研究安全生产的会议记录、安全生产委员会会议记录。

（5）查阅生产调度会会议记录。

（6）查阅危险点检查记录、隐患治理记录。

3. 现场检查的范围及内容

（1）被检查单位厂容厂貌。

（2）抽查关键装置、要害部位、重点车间、重点设备、重点实验室、重点辅助车间、安全装置与警示标志。

（3）抽查生产现场状况、现场作业和现场巡检。

（4）抽查油品罐区、液化气罐区、装卸区、码头及其安全设施。

（5）抽查工艺纪律、操作纪律执行情况。

（6）抽查锅炉、压力容器、压力管道、安全附件、关键机组、机泵的安全管理。

（7）抽查可燃气体报警器、有毒气体报警器、仪表联锁保护系统的安全管理。

（8）抽查变配电管理"三三二五制"执行情况。

（9）抽查各类固定、半固定消防设施、消防装备、消防车辆、消防道路管理。

（10）抽查施工作业现场的高处作业、临时用电作业、起重作业、焊接作业、放射源探伤作业等施工机具作业管理。

4. 现场询问

（1）随机找现场人员，包括车间负责人、班组长、操作工，询问或核实安全生产情况。

（2）召开小型一线干部、职工基层人员安全生产情况座谈会。

（3）访问、倾听基层人员反映的安全生产和职业健康问题。

5. 现场抽样查证或演练

（1）抽样查证关键岗位人员的持证上岗情况和安全培训情况。

（2）抽样查证关键岗位的安全操作规程和操作记录。

（3）抽样查证关键岗位的安全技术装备完好状态（如灭火器、消防栓、水喷淋系统、静电测试仪、电视监控和报警系统等）和检验有效期。

（4）抽样查证压力容器、安全阀状态并检验合格证。

（5）抽样查证事故应急救援预案和关键岗位人员演练情况，抽样查证防护用品及使用消防器材技能掌握情况。

（6）必要时临时进行消防演练、救护演练或事故应急预案演习。

6. 生产安全事故隐患的确定

（1）危害识别、风险评价和风险控制工作开展情况。

（2）各级生产安全事故隐患的确定和治理情况。

（3）正确判定目前存在的生产安全危害以及限期整改的要求。

（三）化工生产企业安全检查相关事项

在化工生产企业中由于易燃、易爆、有腐蚀性、有毒的物质多，高温、高压设备多，工艺复杂、操作过程要求严格，安全生产检查作为安全管理工作中一项重要内容，它不仅可以消除隐患，防止事故发生，还可以发现化工企业生产过程中的危险因素，以便有计划地制定纠正措施，保证生产的安全。所以说，安全检查是保证企业安全生产的一个重要手段，运用得好可以起到事半功倍的效果。

1. 安全生产检查的类型

安全检查通常按以下 6 种类型开展，具体如下：

（1）定期安全检查。通过有组织、有计划、有目的的形式，固定日期和频次进行检查来发现并解决问题。

（2）经常性安全检查。通过采取日常的巡视方式，经常地对各个生产过程进行预防检查，及时发现并消除隐患。

（3）季节性安全检查。针对不同的季节变化，按照事故发生的规律重点对冬季防寒、防火、防煤气中毒，夏季防暑降温、防汛防雷电等进行检查。重大节日前后职工忙于过节，注意力不集中，难免造成诸多不安全的因素，必须严格检查并杜绝安全隐患。

（4）专项检查。对某些专业或专项问题以及某些部位存在的普遍问题，进行单项的定期或定量检查。通过检查发现问题，制订整改方案，及时进行技术改造。

（5）综合性大检查。一般由主管部门或公司督查组对全公司各单位进行综合的检查。

（6）车间、班组、员工等自查。车间人员对现场了如指掌，工作过程中有异常情况、安全隐患都能及时发现，开展车间安全自查，保证事故隐患在第一时间得到整改，维持生产的正常进行。

2. 安全生产检查内容之"五查""五看"

（1）查设备，看安全保护措施是否到位，有无故障和异常

①各类升降设备（电葫芦、卷扬机、升降机等）的完好性。

②锅炉等压力容器及安全附件运行是否完好、是否在有效期。

③电梯的可靠性、运行情况及有效期。

④厂内交通工具的安全运行（是否带阻火器、按照指定路线行驶等）。

⑤各类用电设备有无故障或缺陷及其防爆状况。

⑥移动式电动设备有无漏电保护装置。

⑦各类转动设备运行状况是否正常等。

⑧报警设施、气体探测设施的可靠性。

（2）查物料，看存用是否符合标准，有无泄漏和包装异常

①原物料储存位置、储存量是否符合要求，是否有防暑降温或防冻措施。

②物料储存有无泄漏现象等，易制毒品、剧毒品的储存、领取是否按规定程序执行。

③生产区储罐存放物料是否超量，温度是否在正常范围。

④库房物料储存是否符合规定要求。

⑤气瓶的存放及使用是否符合规范要求。

⑥研发、经管部门的化学试剂的存放是否规范。

（3）查管道，看是否完好无损，有无跑冒滴漏和损坏

①各类放料、抽料临时管线连接的可靠性。

②防静电搭接完好情况。

③各排空阀、呼吸阀、安全阀是否正常。

④压力表、真空表、温度计等计量器的完好情况。

⑤各类管线有无跑冒滴漏现象。

⑥冷、热管线的保温是否完好。

⑦检查地沟等地下空间的含氧量、有害气体的浓度是否符合要求。

（4）查工艺，看是否按规程操作，有无明显偏差和违规

①操作是否遵守安全操作规程。

②是否严格执行岗位操作规程。

③是否严格控制工艺指标。

④是否认真记录生产过程。

⑤工作器具是否定置化管理。

⑥岗位有无使用物料的安全技术说明书并进行学习。

⑦是否认真进行巡回检查。

⑧是否严格交接班。

（5）查人员，看是否按要求在职履责，有无违纪现象

①人员的安全意识。

②是否按要求佩戴劳动用具，着装是否整齐。

③是否存在违章操作、野蛮操作。

④员工是否做到"四懂三会"，正确操作设备。

⑤是否遵守劳动纪律，不离岗、睡岗、串岗或做与生产无关的事。

⑥是否存在酒后上岗、疲劳上岗。

⑦上岗是否不携带火种、不接打手机、不上网或玩游戏。

⑧进行特殊作业是否落实安全防护措施并办理特殊作业许可证。

3. 安全生产检查需要"三个纠正"

安全生产检查的本质是安全。对于企业员工来讲，思想是人的本质，从根本上纠正不正确、不规范的思想和行为，也能有效地防止事故发生，保证安全生产。

（1）纠正员工的麻痹思想

有些员工在实际生产过程中，对安全生产重要性的认识不够，对安全措施和

安全规定感到麻烦，认为多此一举，存在着麻痹思想和侥幸心理，不遵守操作规程，不按安全要求操作，或者当生产与安全出现冲突时，有重生产轻安全的思想，这往往会导致事故的发生。因此，要高度重视安全生产，纠正麻痹思想，牢固树立安全第一的思想，实行安全优先的原则，确保生产目标的安全实现。

（2）纠正想当然的习惯

在生产作业中经常有习惯性违章的现象，出现习惯性违章的人员，大多是老员工。由于习惯性违章，致使错误的理念顽固地延续下去，正确的操作得不到执行，也就是说违章得不到纠正，隐患一直存在。根据因果关系原则，事故的发生是许多因素相互影响连续发生的最终结果，只要有诱发事故的因素存在，发生事故就是必然的，只是时间迟早而已。这种习惯性违章是导致事故发生的必然因素，因此，必须纠正和杜绝想当然的习惯，养成良好的行为习惯和操作习惯。

（3）纠正拖拉、推脱的作风

安全无小事，一个小的隐患得不到及时的整改，就可能成为一起大事故的导火索。安全工作的中心就是防止不安全行为，消除设备的物质不安全状态，中断事故联锁的进程，从而避免事故的发生。对安全检查中发现的隐患进行积极有效地整改，就是中断事故进程，消除事故的可能性。拖拉、推脱的工作作风只能导致隐患继续存在得不到整改，使事故的苗头得不到遏制，条件一旦具备，事故就会发生。因此，必须纠正拖拉、推脱的作风，提高执力，树立雷厉风行的工作作风。

三、化工生产企业事故隐患治理

现代化工企业生产过程中，大多具有高温、高压、深冷、连续化、自动化、生产装置大型化等特点，还具有有毒有害、容易发生职业病危害的特点，与其他行业相比，化工生产各个环节具有很多不确定的因素，所以易发生严重的后果。因此，化工生产企业须及时排查治理事故隐患，以保障设备设施的安全运行。

（一）事故隐患治理方法

1. 危害识别和风险评价工作存在的问题原因

（1）岗位员工工作活动的危害因素识别过于粗略

如何对作业活动进行分类，是能否充分识别危害因素的前提条件，如果在识别危害因素时对作业活动的划分非常粗略，就可能造成部分危害因素被遗漏情况。部分岗位员工在识别本岗位的危害因素时，未能仔细分析作业活动每个过程中存在的危害因素，只对比较集中出现的情况进行了分析，例如在分析储罐的有限空间危害因素时，只是分析了中毒、窒息、高处坠落等风险，未能识别出还存在的物体打击、火灾爆炸等风险。

（2）危害识别与评价人员不能做出客观评价

一般评价的程序是：首先是各部门先识别出本部门的危害因素；其次由安全管理人员汇总，部门组织评审，确定评价方法和提出削减措施；最后由单位组织汇总、评价和制定评价结论。可见，危害因素识别最基础的工作是由各个部门来完成。但是评价人员虽然有相关学习，但是常常因为其对相关专业知识的掌握还不够全面，在评价过程中运用的评价方法过于单一，提出的整改措施也仅仅停留在人的不安全行为层面上，对于物的不安全状态和本质安全评价相对较少。

（3）未识别出非常规活动的危害因素

所谓非常规活动，应包括两种类型：一种是异常活动，如设备检修、设备停机、设备关机等；另一种是紧急情况，如压力容器减压阀失灵可能导致爆炸的发生，动用明火可能导致火灾的发生，金属焊接、切割产生的高温焊渣可能导致火灾的发生等。非常规活动中的危害因素，是进行危害识别时最容易忽略的内容，而根据近年来国内安全事故的原因因素统计，相当一部分安全事故都是在非常规活动中发生。识别出非常规活动中的危害因素，对安全事故的预防、规避事故风险都有重要的意义。

（4）未考虑员工心理因素方面的危害因素

从安全心理学的角度来看，可能成为事故隐患的心理因素大致包括：侥幸心理、惰性心理、麻痹心理、逆反心理、逞能心理、凑趣心理与冒险心理等。

在组织识别危害因素时，对机械设备、化学物质、噪声等类别危害关注较多，但对员工心理方面的危害因素，因其具有较强的抽象性、主观性和隐蔽性，难以发现而关注较少，实际上心理因素导致的风险是比较大的，可能引发的安全事故后果也是相当严重的。

（5）未考虑以往发生过的事故案例

曾经发生安全事故的作业活动和同行业曾发生过的安全事故，在危害识别时应特别关注，但由于各部门人员变化频繁、事故记录不全，没有专门人员收集整理本单位曾发生过的安全事故，也没有收集同行业、相似企业的各类事故案例，而仅仅关注了近期可查的安全事故，因此出现安全信息获取、沟通不畅，不了解同类或相似企业活动曾发生过的安全事故。

2. 危害识别和风险评价工作改进措施

在今后的危害识别和风险评价工作中，针对存在的问题，需要采取以下改进措施：

（1）岗位员工重视危害识别和风险评价工作，细分作业活动

①要提高员工对危害识别和风险评价的重视，把岗位危害识别和评价工作当作自身职责的一部分认真对待。设计的各专业人员，要从设计本质安全化角度出发来分析自身岗位的危害。采购的专业人员，要从设备与设施的本质安全化、管理缺陷和员工不安全行为上进行危害识别。

②尽可能细分作业活动，挖掘出隐含在作业活动细节中的危害因素。从推行职业健康安全管理体系的实践来看，对细节问题的把握程度，决定了危害因素识别的充分性，也影响了风险评价、风险控制等后续活动是否能有效进行。

（2）加强对各部门危害评价人员的培训

危险源识别是一项专业性强的工作，识别者不仅要熟悉体系文件的要求，还要了解电气、机械、化学、心理等相关的专业知识。因此应加强对各部门危害评价人员的培训，确保其能力能达到充分识别危险源的水平。每次危害因素识别前，应由安全管理人员，对识别人员进行体系文件和相关知识的培训。

（3）重点关注非常规作业

从总体状态划分来看，可以将其分为正常、异常和紧急三种状态。其中常规作业为正常状态，非常规作业包括异常和紧急两种状态。所谓异常状态包括设备故障维修、定期保养。紧急状态包括突然的停电或供电、火灾、爆炸、化学品泄漏等。所以在危害识别时，应充分考虑该工种、岗位在非常规状态下的风险，将其列入识别的目录，以便采取切实可行的控制措施。

（4）充分考虑员工的心理因素

危害因素识别不仅仅考虑看得见的、摸得着的设备、工具等因素，还要考虑员工的心理因素，遗漏了心理性危险源的识别也是不充分的。在进行危害识别时，应当结合岗位的特点，分析对员工心理素质方面的要求，并通过与员工交流，了解员工的心理特点，把心理因素纳入识别的目录中。所以在危害识别时应该识别"未仔细检查"这一因素。

（5）充分考虑以往发生过的事故

曾经发生过的事故留给人们的是惨痛的教训，每件事故后都应该分析事故和

提出对应的预防方案。在进行危害因素识别时，查找安全事故台账，明确曾经引发事故的安全隐患，并将其列入危害因素清单。同时，还应积极通过政府安全生产监督管理部门等渠道，了解同类企业曾发生的安全事故，并以此为参考，充分认识本岗位的危害因素。

总之，在进行危害识别时，应充分考虑各方面的因素，尽量避免危害的遗漏，保证识别的充分性，为安全生产作业打下坚实的基础。

（二）事故隐患治理项目管理规定（以某化工集团企业为例）

1. 总则

（1）为规范事故治理项目的管理，根据《安全生产法》等法律法规的要求，制定相应的规定。

（2）事故隐患治理项目应纳入生产企业单位年度投资计划进行管理。

（3）制定的规定适用于生产企业单位的事故隐患治理项目。

2. 隐患项目的界定

下列固定资产投资项目，可以定为隐患项目。

（1）生产设施和公共场所存在的不符合国家和单位安全生产法规、标准、规范、规定要求的隐患。

（2）可能直接导致人员伤亡、火灾爆炸造成事故扩大的生产设施、安全设施等存在的隐患。

（3）可能造成职业病或者中毒的隐患。

（4）生产企业单位下达重大隐患项目整改通知书要求治理的隐患。

（5）预防可能造成事故灾害扩大的固定资产投资项目。

（6）新投资的项目，从项目的验收后三年后发现的问题，原则上不作为隐患项目。

（7）通过设备更新、装置正常检维修解决的问题，不得列入隐患项目。

3. 隐患项目的决策程序

（1）隐患项目决策程序包括隐患评估、项目申报、项目审批和计划下达。

①隐患评估应由主管领导、职能部门和具有实际工作经验的工程技术人员组成评估小组或单位认为有资质的评估机构，以国家和行业安全法规、标准、规范以及单位安全生产监督管理制度为依据，提出评估整改意见或做出评价报告。

②隐患评估内容应包括现状分析，存在的主要问题、风险，以及危害和结论

性意见等。

③经评估确定的隐患应编报隐患项目的可研报告，主要包括不同治理方案的比较和选择、具体治理工程量、治理方案的安全性和可靠性分析、投资概算、治理进度安排等。

④投资概算应按企业相关规定编制。

⑤在隐患评估、可研报告的基础上，按照企业编制的年度固定资产投资项目计划的总体要求，结合本企业的实际情况，提出隐患项目的治理计划以及投资计划，并列入下一年的固定资产投资项目计划中。企业的隐患项目及投资计划应在每年9月底前，分别报企业财务计划部、企业经营管理部和安全环保局。

⑥隐患项目的审批应按企业固定资产投资决策程序及管理办法程序执行。

（2）限额以上的隐患项目，应按有关规定的程序报企业安全环保局和企业经营管理部门审查后，由财务计划部按规定资产投资决策批准项目建议书和可执行性研究报告。

（3）投资在限额以下的隐患项目，企业将可行性研究报告报安全环保局，会同企业经营管理部审批，并抄报财务计划部。

（4）经由上述程序确定的隐患项目，由企业安全环保局提出年度隐患项目资金补助计划，经企业有关职能部门会签后，以企业单位文件下发。

4. 隐患项目的计划管理

（1）隐患项目列入直属企业当年固定资产投资项目计划，并报企业相关职能部门。

（2）企业计划部门应严格按企业固定资产决策程序及管理办法申报隐患项目，不得将隐患项目化整为零，改变审批渠道。隐患项目由企业安全部门对口管理。

（3）凡是企业批准列入计划的隐患项目，企业要认真按照《隐患治理项目限期整改责任制》的要求组织力量实施，做好当年需要实施完成的，并向安全环保局专题报告。

（4）在应急状态下必须进行整改的隐患项目，各个企业可在进行治理的同时申报隐患项目。对不按固定资产投资项目决策程序要求，先开工后报批的隐患项目，企业不予补批。

（5）凡是未列入固定资产投资项目计划，又未经企业有关部门审查的隐患项目，企业不予立项。

5. 隐患项目的分级监管

（1）根据隐患项目的重要程度及投资规模，按照总部监督、分级管理、企业负责的三级监管原则，凡列入企业年度投资计划的隐患项目由安全环保局分为总部重点监管项目、总部部门重点监管项目和企业负责监管项目。

（2）总部重点监管项目负责人为总部领导，主管部门分别为总部相关职能管理部门，督查部门为安全环保局。

（3）总部部门重点监管项目负责人为项目所在企业的领导，主管部门分别为总部相关职能管理部门，督查部门为安全环保局。

（4）企业负责监管项目由企业相关部门负责组织实施，企业安全监督管理部门监督检查。

（5）属于企业级隐患治理项目，由企业自行立项治理。

6. 隐患项目的实施管理

（1）隐患的实施管理按以下要求进行

①隐患治理项目及资金计划下达后，企业应按照单位固定资产投资项目实施管理办法组织实施。

②企业应建立隐患治理工作例会制度，定期召开隐患治理项目专题会，施工部门确保施工进度，财务部门确保资金到位，安全监督管理部门对隐患治理项目工作进行全过程监督管理，确保按时完成隐患治理年度计划。

③企业对隐患项目的管理，应做到"四定"（定整改方案、定资金来源、定项目负责人、定整改期限）。企业主要负责人对隐患项目的实施负有主要责任，企业分管领导对隐患整改方案负责。

④不能及时治理的隐患，企业应采取切实有效的安全措施加以监护。

⑤隐患治理项目及资金计划下达后，企业按月列入隐患治理计划的隐患项目的实际进度情况实施。

⑥企业下达隐患项目及资金计划后，企业不得擅自变更项目、投资、完成期限或将资金挪用。

⑦企业安全环保局负责隐患治理项目实际情况的监督检查。

（2）隐患项目的验收考核

①重大隐患治理项目竣工验收，由安全环保局组织或委托企业组织验收。

②在验收隐患治理项目后，企业应将竣工验收报告、竣工验收表连同补助项目的财务决算一并上报企业安全环保局。

③项目验收合格后，企业生产、设备部门应制定相应的规章制度，组织操作人员学习，纳入正常的维护管理。

④企业隐患项目完成情况，列入企业年终安全评比、考核兑现内容。未能按时完成治理任务的企业将被扣分，因隐患整改不力造成事故的将追究有关人员责任。

第七章　化工企业安全管理

第一节　危险化学品管理

一、化学物质的危险性

在众多的化学品中，存在着一类特殊的化学品，其具有易燃、易爆、有毒、有害和腐蚀性等特点。这类化学品在现代社会的生产发展、环境治理和人民生活改善过程中发挥着不可替代的积极作用，但同时因其危险性，容易引发人员伤亡、环境污染及物质财产损失等事故。因此，对化学品的全面了解和认识就显得尤为重要。本节从物理化学、生物及环境健康三个方面介绍化学物质的危险性。

（一）物理化学危险性

物理化学危险性即理化危险，包括爆炸性危险、易燃性危险和氧化性危险，具有这三种危险性的物质包含了气体、液体和固体。

1. 爆炸性危险

爆炸物、易燃气体、易燃液体和遇湿易燃物品等都有爆炸性危险。爆炸是爆炸物的主要危险，多数爆炸物对于热、火花、撞击、摩擦和冲击波等敏感，敏感度越高，爆炸的危险性越大。爆炸物爆炸时一般不需要外界供氧，因为有的爆炸品本身已经含有氧化剂（如黑火药带有硝酸钾），有的爆炸品爆炸时会分解并发生自身氧化还原反应。易燃气体与空气混合能形成爆炸性混合气体，容易发生爆炸，如氢气、一氧化碳、甲烷、氨气等。不少易燃液体常温下容易挥发，其蒸气与空气混合形成爆炸性混合气体，容易发生爆炸。对遇湿易燃物品可采取隔离保存方式，如将钠储存于煤油中。

2. 易燃性危险

易燃性危险分为极度易燃性、高度易燃性和易燃性危险三个类别。极度易燃性是指闪点低于0℃、沸点低于35℃的物质的特征，如乙醚、液化石油气等多数易燃气体具有极度易燃性。高度易燃性是指无须能量、与常温空气接触就能变热起火的物质的特征。易燃性危险是闪点在21~55℃的液体的特征，包括了多数有机溶剂和石油馏分。

3. 氧化性危险

氧化性危险是指与其他物质能发生剧烈氧化的强放热反应，甚至燃烧、爆炸的物质的特征，如氧气、压缩空气等氧化性气体比空气更能导致或促进其他物质燃烧，使火灾扩大化。氧化剂和有机过氧化物易分解并释放出氧和热量，此类物质有的自身还可燃烧、爆炸。

（二）生物危险性

生物危险性包括毒性、窒息性、腐蚀性、刺激性、致癌性和致变性危险。

1. 毒性和窒息性危险

毒物短时间内一次性大量进入人体后，可引起急性中毒。少量毒物长期进入人体所引起的中毒称为慢性中毒。

窒息性危险是指短时间内吸入较大量窒息性气体后，引起的以中枢神经系统损害为主的全身性疾病。

2. 腐蚀性和刺激性危险

腐蚀性物质可能严重损害细胞组织，如导致皮肤腐蚀或严重眼损伤。刺激性危险是指化学物质与皮肤、黏膜直接接触引起炎症的性质，如呼吸道或皮肤过敏。

3. 致癌性危险

目前能确认的致癌物质有26种，还有22种物质经动物试验确认能诱发癌症。目前，人们对于癌变的机理还不清楚，动物试验结果与人体数据如何换算的问题也没有解决，但有一点可以确定，物质的致癌性危险有一个浓度水平，低于某浓度时物质不再显现致癌作用。

4. 致变性危险

致变性又称变异性，是指某些化学物质能诱发生物活性。受其影响的如果是人或动物的生殖细胞，受害个体的正常功能会有不同程度的变化并可传至后代；如果是躯体细胞则会诱发癌变，但不遗传。

（三）环境污染危险性

化学物质造成的环境污染主要是水体、空气和土壤污染，指某些化学物质在水、空气或土壤中的浓度超过正常值，危害人和动物的健康和植物的生长。环境对于多数危险化学物质有一定的降解作用，如果降解作用不足以把危险物质的浓度降至一定浓度以下，将对人、动物或植物有生物危险性。对于环境不能降解的危险物质（如某些核反应废物），必须采取特殊措施处理。

要特别注意的是，许多危险化学品具有多重危险性。例如，浓硫酸、发烟硫酸、硝酸同时具有腐蚀性和强氧化性危险，与可燃物接触时有发生燃烧的可能；有的腐蚀品，如五氯化磷、三溴化硼、氯磺酸、无水溴化铝等有遇湿分解易燃性；硫化氢既是有毒气体，又是易燃气体，还污染环境。

二、危险化学品的概念及分类

（一）危险化学品的概念

化学品是指各种天然的或人造的化学元素、由元素组成的化合物和混合物。化学品遍布于人类的生活和生产中。据统计，目前全世界已有的化学品多达700万种，其中作为商品上市的有10万多种，经常使用的有7万多种，且每年新出现的化学品可达1 000多种。

一般而言，具有易燃、易爆、毒害及腐蚀特性，在生产、储存、运输、使用和废弃物处置等过程中容易造成人身伤亡、财产毁损、环境污染的化学品属于危险化学品。危险化学品的称呼在不同的场所会有所不同：如在生产、经营、使用场所统称化工产品；在运输过程中称为危险货物；在储存环节则一般称为危险物品或危险品。

危险化学品的判断依据是相应的分类标准。目前，国际通用的危险化学品标准有《联合国危险货物运输建议书》和对危险化学品鉴别分类的国际协调系统（GHS）。我国目前也有两个分类标准：《化学品分类和危险性公示通则》（GB 13690—2009）和《危险货物分类和品名编号》（GB 6944—2012）。具有实际操作意义的定义是："国家安全生产监督管理总局公布的《危险化学品名录》中的化学品是危险化学品。"除了已公认不是危险化学品的物质（如纯净食品、水、食盐等）之外，未在名录中列为危险化学品的一般应经实验加以鉴别认定。

此外，危险化学品还可对照《危险货物品名表》《危险化学品名录》《剧毒化学品名录》来判断。判断时物品名称必须是完整的，如氧气（压缩的）、空气（液化的），因为氧气、空气如果不是压缩的或者液化的，则不成为危险物品。对于未列入分类名录中的化学品，如果确实具有危险性，则应根据危险化学品的分类标准进行技术鉴定，最后由公安、环境保护、卫生、质检等部门加以确定。

（二）危险化学品的分类

危险化学品目前有数千种，其性质各不相同，每一种危险化学品往往具有多种危险性。例如二硝基苯酚既有爆炸性、易燃性，又有毒害性；一氧化碳既有易燃性，又有毒害性。但是每一种危险化学品在其多种危险性中必有一种主要的对人类危害最大的危险性。在危险化学品分类时应遵循"择重归类"的原则，即根据该危险化学品的主要危险性来进行分类。

根据不同的分类方法，我国有很多种危险化学品的分类标准，本节介绍我国最常见的两个危险化学品分类国家标准：《危险货物分类和品名编号》（GB 6944—2012）和《化学品分类和危险性公示通则》（GB 13690—2009）。

1. 《危险货物分类和品名编号》（GB 6944—2012）

国家质量技术监督局（现国家市场监督管理总局）于 2012 年发布国家标准《危险货物分类和品名编号》（GB 6944—2012）和《危险货物品名表》（GB 12268—2012），根据运输的危险性将危险货物分为 9 类，并规定了危险货物的品名和编号。GB 6944—2012 规定了危险货物的分类、危险货物危险性的先后顺序和危险货物编号，适用于危险货物运输、储存、经销及相关活动。下面将 GB 6944—2012 中对危险货物的分类情况进行介绍，每个类别进行相关的注释和举例说明。

GB 6944—2012 按危险货物具有的危险性或最主要的危险性将其分为 9 个类别，各类别再分成项别。需要注意的是，类别和项别的号码顺序并不代表危险程度的顺序。

（1）爆炸品

爆炸品包括爆炸性物质；爆炸性物品；能产生爆炸或烟火实际效果，但前两项未提及的物质或物品。

爆炸品分为以下 6 项，如表 7-1 所示。

表 7-1 爆炸品

分项	举例
有整体爆炸危险的物质和物品	起爆药（二硝基重氮酚、叠氮铅、斯蒂芬酸铅等），猛炸药（梯恩梯、黑索金、泰安等）及其他炸药等
有进射危险，但无整体爆炸危险的物质和物品	带有炸药或抛射药的火箭、火箭弹头，装有炸药的炸弹、弹丸、穿甲弹，非水活化的带有或不带有爆炸管、抛射药或发射药的照明弹、燃烧弹、烟幕弹、催泪弹、毒气弹等
有燃烧危险并有局部爆炸危险或局部进射危险或这两种危险都有，但无整体爆炸危险的物质和物品	如速燃导火索、点火管、点火引信、二硝基苯、苦氨酸、苦氨酸钠、含乙醇>25%或增塑剂>18%的硝化纤维素、油井药包、礼花弹等
不呈现重大危险的物质和物品	导火索、手持信号器、电缆爆炸切割器、爆炸性铁路轨道信号器、火炬信号、烟花爆竹等
有整体爆炸危险的非常不敏感物质	B 型爆破用炸药、E 型爆破用炸药（乳胶炸药、浆状炸药和水凝胶炸药）、铵油炸药、铵松蜡炸药等
无整体爆炸危险的极端不敏感物品	指极端不敏感起爆物质，并且其意外引发爆炸或传播的概率可忽略不计的物品；爆炸危险性仅限于单个物品爆炸的物品

（2）气体

气体包括：在50℃时，蒸气压力大于300kPa的物质；在20℃、101.3kPa压力下完全是气态的物质。气体有压缩气体、液化气体、溶解气体和冷冻液化气体、一种或多种气体与一种或多种其他类别物质蒸气的混合物、充有气体的物品和烟雾剂。

气体分为以下3项，如表7-2所示。

表 7-2 气体

分项	举例
易燃气体	压缩或液化的氢气、乙炔气、一氧化碳、甲烷等碳五以下的烷烃、烯烃，无水的一甲胺、二甲胺、三甲胺，以及环丙烷、环丁烷、环氧乙烷、四氢化硅、液化石油气等
非易燃无毒气体	氧气、压缩空气、二氧化碳、氮气、氨气、氖气、氩气等

分项	举例
毒性气体	氟气、氯气等有毒氧化性气体，氨气、无水溴化氢、磷化氢、砷化氢、无水硒化氢、煤气、氯甲烷、溴甲烷、锗烷等有毒易燃气体

（3）易燃液体、液态退敏爆炸品

本类物质包括2项：第1项为易燃液体，第2项为液态退敏爆炸品。

易燃液体指在其闪点温度（其闭杯试验闪点不高于60.5℃，或其开杯试验闪点不高于65.6℃）时放出易燃蒸气的液体或液体混合物，或是在溶液或悬浮液中含有固体的液体。还包括在温度等于或高于其闪点的条件下提交运输的液体；或以液态在高温条件下运输或提交运输，并在温度等于或低于最高运输温度下放出易燃蒸气的物质。

液态退敏爆炸品是指为抑制爆炸性物质的爆炸性能，将爆炸性物质溶解或悬浮在水中或其他液态物质中，而形成的均匀液态混合物。

（4）易燃固体、易于自燃的物质、遇水放出易燃气体的物质

本类物质分为以下3项：

①易燃固体、自反应物质和固态退敏爆炸品，分别指容易燃烧或摩擦可能引燃或助燃的固体；可能发生强烈放热反应的自反应物质；不充分稀释可能发生爆炸的固态退敏爆炸品。红磷、硫磷化合物、含水>15%的二硝基苯酚等充分含水的炸药，任何地方都可以擦燃的火柴，硫黄、镁片、钛、锰、铁等金属元素的粒、粉或片，硝化纤维的漆纸、漆片、漆布，生松香、安全火柴、棉花、亚麻、木棉等均属此项物品。

②易于自燃的物质，包括发火物质和自热物质。发火物质指即使只有少量与空气接触，不到5min时间便燃烧的物质。自热物质指发火物质以外的与空气接触便能自己发热的物质。黄磷、钙粉、干燥的金属元素（如铝粉、铅粉、钛粉），油布、油绸及其制品，油纸、漆布及其制品，棉籽、菜籽等，油棉纱、油麻丝等含油植物纤维及其制品，未加抗氧剂的鱼粉等均属此项物品。

③遇水放出易燃气体的物质，指与水相互作用易变成自燃物质或能放出危险数量的易燃气体的物质。锂、钠、钾等碱金属、碱土金属，镁、钙、铝等金属的氢化物（如氢化钙）、碳化物（电石）、硅化物（硅化钠）、磷化物（如磷化钙、磷化锌），以及锂、钠、钾等金属的硼氢化物（如硼氢化钠）和镁粉、锌粉、保险粉等轻金属粉末均属此项物品。

（5）氧化性物质和有机过氧化物

本类物质分为以下 2 项：

①氧化性物质，指本身不一定可燃，但通常因放出氧或起氧化反应可能引起或促使其他物质燃烧的物质。

②有机过氧化物，指分子组成中含有过氧基的有机物质，该物质为热不稳定物质，可能发生放热的自加速分解。

（6）毒性物质和感染性物质

本类物质分为以下 2 项：

①毒性物质，指经吞食、吸入或皮肤接触后可能造成死亡或严重受伤或健康损害的物质。

毒性物质的毒性分为急性口服毒性、皮肤接触毒性和吸入毒性，分别用口服毒性半数致死量 LD_{50}、皮肤接触毒性半数致死量 LD_{50}、吸入毒性半数致死浓度 LC_{50} 衡量。

毒性物质包括经口摄取半数致死量固体 $LD_{50} \leqslant 200mg/kg$、液体 $LD_{50} \leqslant 500mg/kg$；经皮肤接触 24h，半数致死量 $LD_{50} \leqslant 1\,000mg/kg$；粉尘、烟雾吸入半数致死浓度 $LC_{50} \leqslant 10mg/L$ 的固体或液体。

②感染性物质，指含有病原体的物质，包括生物制品、诊断样品、基因突变的微生物、生物体和其他媒介，如病毒蛋白等。

（7）放射性物质

放射性物质是指含有放射性元素，且其放射性活度浓度和总活度都分别超过《放射性物质安全运输规程》（GB 11806—2019）规定的限值的物质。

放射性物品按其比放射性活度或安全程度分为 5 项：低比活度放射性物品，表面污染物品，可裂变物质，特殊性质的放射性物品及其他性质的放射性物品。

（8）腐蚀性物质

本类物质是指通过化学作用使生物组织接触时会造成严重损伤，或在渗漏时会严重损害甚至毁坏其他货物或运载工具的物质。

腐蚀性物质包含使完好皮肤组织在暴露超过 60min，但接触不超过 4h 之后开始的最多 14d 的观察期中发现引起皮肤全厚度损毁的物质；或在温度为 55℃ 时，对钢或铝的表面腐蚀率超过 6.25mm/年的物质。

（9）杂项危险物质和物品

本类物质是指其他类别未包括的危险的物质和物品，如以微细粉尘吸入可危害健康的物质；会放出易燃气体的物质；锂电池组；救生设备；一旦发生火灾可形成二噁英的物质和物品；在高温下运输或提交运输的物质，危害环境的物质等。

2.《化学品分类和危险性公示 通则》（GB 13690—2009）

为了与联合国《化学品分类及标记全球协调制度》（GHS）第二修订版相协调，我国于 2009 年修订了《常用危险化学品的分类及标志》（GB 13690—1992），改为《化学品分类和危险性公示通则》（GB 13690—2009）。该标准适用于化学品分类及其危险公示，以及化学品生产场所和消费品的标志。

《化学品分类和危险性公示通则》（GB 13690—2009）将化学品的危险性分为理化危险、健康危险和环境危险，下面将对三种危险的种类予以说明，并使之与《化学品分类和标签规范》系列国家标准（GB 30000.2—2013 ~ 30000.29—2013）相对应。

（1）理化危险

有理化危险的物质有 16 项，包括爆炸物、易燃气体、易燃气溶胶、氧化性气体、压力下气体、易燃液体、易燃固体、自反应物质或混合物、自燃液体、自燃固体、自热物质和混合物、遇水放出易燃气体的物质、氧化性液体、氧化性固体、有机过氧化物、金属腐蚀剂。每项物质的分类和警示性标签可参照新版的《化学品分类和标签规范》系列国家标准，具体如表 7-3 所示。

表 7-3　理化危险性分类和警示性标签说明

理化危险性物质	理化危险性分类和警示性标签国家标准
爆炸物	GB 30000.2—2013
易燃气体	GB 30000.3—2013
易燃气溶胶	GB 30000.4—2013
氧化性气体	GB 30000.5—2013
压力下气体	GB 30000.6—2013
易燃液体	GB 30000.7—2013
易燃固体	GB 30000.8—2013
自反应物质或混合物	GB 30000.9—2013

理化危险性物质	理化危险性分类和警示性标签国家标准
自燃液体	GB 30000.10—2013
自燃固体	GB 30000.11—2013
自热物质和混合物	GB 30000.12—2013
遇水放出易燃气体的物质	GB 30000.13—2013
氧化性液体	GB 30000.14—2013
氧化性固体	GB 30000.14—2013
有机过氧化物	GB 30000.16—2013
金属腐蚀剂	GB 30000.17—2013

（2）健康危险

健康危险包括 10 项，分别为急性毒性、皮肤腐蚀/刺激、严重眼损伤/眼刺激、呼吸或皮肤过敏、生殖细胞致突变性、致癌性、生殖毒性、特异性靶器官系统毒性：一次接触、特异性靶器官系统毒性：反复接触、吸入危险。每种危险的分类和警示性标签可参照新版的《化学品分类和标签规范》系列国家标准，具体如表 7-4 所示。

表 7-4　健康危险性分类和警示性标签说明

健康危险	健康危险性分类和警示性标签国家标准
急性毒性	GB 30000.18—2013
皮肤腐蚀/刺激	GB 30000.19—2013
严重眼损伤/眼刺激	GB 30000.20—2013
呼吸或皮肤过敏	GB 30000.21—2013
生殖细胞致突变性	GB 30000.22—2013
致癌性	GB 30000.23—2013
生殖毒性	GB 30000.24—2013
特异性靶器官系统毒性：一次接触	GB 30000.25—2013
特异性靶器官系统毒性：反复接触	GB 30000.26—2013
吸入危险	GB 30000.27—2013

（3）环境危险

环境危险包括 2 项：对水生环境的危害和对臭氧层的危害。每种危险的分类和警示性标签可参照新版的《化学品分类和标签规范》系列国家标准，具体如表 7-5 所示。

表 7-5 环境危险性分类和警示性标签说明

健康危险	环境危险性分类和警示性标签国家标准
对水生环境的危害	GB 30000.28—2013
对臭氧层的危害	GB 30000.29—2013

三、危险化学品储存与运输的安全管理

（一）危险化学品储存的安全管理

危险化学品储存是指企业、单位、个体工商户、百货商店（商场）等储存爆炸品、压缩气体和液化气体、易燃液体、易燃固体、自燃物品和遇湿易燃物品、氧化剂和有机过氧化物、有毒品和腐蚀品等危险化学品的行为。安全储存是危险化学品流通过程中非常重要的一个环节。储存不当就会造成重大事故，例如，深圳市安贸危险品储存公司清水河危险品仓库发生的爆炸事故，造成 15 人死亡、200 多人受伤，直接经济损失 2.5 亿元，不仅给国家造成重大的经济损失，还造成了大量人员伤亡。因而，在储存过程中采用统一高效的方法和标准，用科学的态度从严管理，可以使供应工作在各种条件下都能达到所要求的最佳效率和最佳经济效果。

为了加强对危险化学品储存的管理，国家不断加强对危险化学品储存的监管力度，并制定了有关危险化学品储存标准，对规范危险化学品储存起到了重要作用。

1. 储存危险化学品的分类

根据危险化学品的特性，据仓库建筑防火要求及养护技术要求分类，储存的危险化学品可划分为 3 类：易燃易爆性物品、毒害性物品、腐蚀性物品。

（1）储存易燃易爆性物品的分类

在储存中属于易燃易爆性物品的危险物品包括爆炸品、压缩气体和液化气体、易燃液体、易燃固体、自燃物品和遇湿易燃物品、氧化剂和有机过氧化物。

《建筑设计防火规范》（GB 50016—2014）根据火灾危险性将储存物品分为甲、乙、丙、丁和戊五类。

（2）储存毒害性物品的分类

毒害性物品是指凡少量进入人、畜体内或接触皮肤能与体液和机体组织发生生物化学作用或生物物理学变化，扰乱或破坏机体的正常生理功能，引起暂时性或持久性的病理状态，甚至危及生命的物品。毒害品按其化学组成和毒性大小分为两项两级：①无机毒害品，分为一级无机毒害品和二级无机毒害品；②有机毒害品，分为一级有机毒害品和二级有机毒害品。

（3）储存腐蚀性物品的分类

腐蚀性物品是指能灼伤人体组织，并能对金属等物品造成损坏的固体或液体。腐蚀品与皮肤接触在4h内可见坏死现象。腐蚀品按其化学组成和腐蚀性强度分为三项两级：①酸性腐蚀品，分为一级酸性腐蚀品与二级酸性腐蚀品；②碱性腐蚀品，分为一级碱性腐蚀品与二级碱性腐蚀品；③其他腐蚀品，分为一级其他腐蚀品与二级其他腐蚀品。

2. 危险化学品储存安全管理要求

（1）危险化学品储存的相关法律法规及国家标准

危险化学品储存的相关法律法规及国家标准有：《易燃易爆性商品储存养护技术条件》（GB 17914—2013）、《腐蚀性商品储存养护技术条件》（GB 17915—2013）、《毒害性商品储存养护技术条件》（GB 17916—2013）、《仓库防火安全管理规则》等。

（2）危险化学品储存要求

①危险化学品不应露天存放。

②根据危险化学品特性应分区、分类、分库储存。

③各类危险化学品不应与其相禁忌的化学品混合储存。

④凡混存危险化学品，货垛与货垛之间，应留有1m以上的距离，并要求包装容器完整，两种物品不应发生接触。

⑤易燃易爆危险化学品的储存应符合GB 17914—2013的要求。

⑥腐蚀性危险化学品的储存应符合GB 17915—2013的要求。

⑦有毒化学品的储存应符合GB 17916—2013的要求。

（3）储存场所的安全要求

①建筑结构：应为单层且独立设置，不得有地下室或其他地下建筑，其耐火等级、层数、占地面积、安全疏散和防火间距，应符合国家有关规定。

②储存地点及建筑结构的设置，除了应符合国家的有关规定外，还应考虑对

周围环境和居民的影响。

③储存场所电气安装的安全要求：

a. 储存危险化学品的建筑物、场所的用电设备应能充分满足消防的需要。

b. 危险化学品储存区域或建筑物内输配电线路、灯具、火灾事故照明和疏散标志，都应符合国家规定的安全要求。

c. 储存易燃、易爆危险化学品的建筑，必须安装避雷设备。

④储存场所通风或温度调节：

a. 储存危险化学品的建筑，必须安装通风设备并注意设备的防护措施。

b. 储存危险化学品的建筑通风排风系统应设有导除静电的接地装置。

c. 通风管应采用非燃烧材料制作。

d. 通风管道不宜穿过防火墙等防火分隔物，如必须穿过时应用非燃烧材料分隔。

e. 储存危险化学品的建筑采暖的热媒温度不应过高，热水采暖不应超过80℃，不得使用蒸汽采暖和机械采暖。

f. 管道和设备的保温材料必须采用非燃烧材料。

（4）储存安排及储存量限制

①危险化学品储存安排取决于危险化学品分类、分项、容器类型、储存方式和消防要求。

②危险品化学储存方式分为三种。

隔离储存：在同一房间或同一区域内、不同的物料之间分开一定距离，非禁忌物料间用通道保持空间。

隔开储存：在同一建筑或同一区域内，用隔板或墙，将危险化学品与禁忌物料分离开。

分离储存：储存在不同的建筑物中或远离所有建筑的外部区域内。

③储存量及储存安排如表7-6所示。

表7-6　储存量及储存安排

储存要求	露天储存	隔离储存	隔开储存	分离储存
平均单位面积储存量/（t·m^{-2}）	1.0~1.5	0.5	0.7	0.7
单一储存区最大储量/t	2 000~2 400	200~300	200~300	400~600
垛距限制/m	2	0.3~0.5	0.3~0.5	0.3~0.5

储存要求	露天储存	隔离储存	隔开储存	分离储存
通道宽度/m	4~6	1~2	1~2	5
墙距宽度/m	2	0.3~0.5	0.3~0.5	0.3~0.5
与禁忌品距离/m	10	不得同库储存	不得同库储存	7~10

（5）危险化学品储存安全管理

①应建立健全危险化学品储存安全生产责任制、安全生产规章制度和操作规程。

②储存的危险化学品应有中文 SDS 和化学品安全标签。

③应建立危险化学品储存档案，档案内容至少应包括危险化学品出入库核查登记、库存危险化学品品种、数量、定期检查记录。

④应制订危险化学品泄漏、火灾、爆炸、急性中毒事故应急救援预案，配备应急救援人员和必要的应急救援器材、物资，并定期组织演练。

（二）危险化学品运输的安全管理

运输是危险化学品流通过程中的重要环节，运输过程指将危险源从相对密闭的工厂、车间、仓库带到敞开的、可能与公众密切接触的空间，使事故的危害程度大大增加；同时也由于运输过程中多变的状态和环境，而使事故发生的概率大大增加。危险化学品运输安全与否直接关系到社会的稳定和人民生命财产的安全。因此，我国出台了一系列有关危险化学品运输安全的管理规章制度，这对规范危险化学品的安全运输起到了重要的作用。

对危险化学品安全运输的一般要求是认真贯彻执行《危险化学品安全管理条例》（以下简称《条例》）及其他法律法规，管理部门要把好市场准入关，加强现场监管，在整顿和规范运输秩序的同时加强行业指导和改善服务；企业要建立健全规章制度，依法经营，加强管理，重视培训，努力提高从业人员安全生产的意识和技术业务水平，从本质上提升危险化学品运输企业的素质。

1. 运输单位资质认定

从事危险化学品道路运输、水路运输的，应当分别依照有关道路运输、水路运输的法律、行政法规的规定，取得危险货物道路运输许可、危险货物水路运输许可，并向市场监管部门办理登记手续。危险化学品道路运输企业、水路运输企业应当配备专职安全管理人员。

通过内河运输危险化学品应当由依法取得危险货物水路运输许可的水路运输企业承运，其他单位和个人不得承运。托运人应当委托依法取得危险货物水路运输许可的水路运输企业承运，不得委托其他单位和个人承运。

通过内河运输危险化学品，应当使用依法取得危险货物适装证书的运输船舶。水路运输企业应当针对所运输的危险化学品的危险特性，制订运输船舶危险化学品事故应急救援预案，并为运输船舶配备充足、有效的应急救援器材和设备。通过内河运输危险化学品的船舶，其所有人或者经营人应当取得船舶污染损害责任保险证书或者财务担保证明。船舶污染损害责任保险证书或者财务担保证明的副本应当随船携带。

通过内河运输危险化学品，其包装物的材质、形式、强度以及包装方法应当符合水路运输危险化学品包装规范的要求。国务院交通运输主管部门对单船运输的危险化学品数量有限制性规定的，承运人应当按照规定安排运输数量。

交通运输部门要按照《条例》和运输企业资质认定条件的规定，从源头抓起，对从事危险货物运输的车辆、船舶、车站和港口码头及其工作人员实行资质管理，严格执行市场准入和持证上岗制度，保证符合条件的企业及其车辆或船舶进入危险化学品运输市场。针对当前从事危险化学品运输的单位和个人资质参差不齐、市场比较混乱的情况，要通过开展专项整治工作，对现有市场进行清理整顿，进一步规范经营秩序和提高安全管理水平。同时，要对现有企业进行资质评定，采取积极的政策措施，鼓励那些符合资质条件的单位发展高度专业化的危险化学品运输，对那些不符合资质条件的单位要限期整改或请其出局。

2. 加强现场监督检查

危险化学品的装卸作业应当遵守安全作业标准、规程和制度，并在装卸管理人员的现场指挥或者监控下进行。水路运输危险化学品的集装箱装箱作业应当在集装箱装箱现场检查员的指挥或者监控下进行，并符合积载、隔离的规范和要求；装箱作业完毕后，集装箱装箱现场检查员应当签署装箱证明书。

运输危险化学品的驾驶人员、船员、装卸管理人员、押运人员、申报人员、集装箱装箱现场检查员，应当了解所运输的危险化学品的危险特性及其包装物、容器的使用要求和出现危险情况时的应急处置方法。

通过道路运输危险化学品的，应当配备押运人员，并保证所运输的危险化学品处于押运人员的监控之下。运输危险化学品途中因住宿或者发生影响正常运输的情况，需要较长时间停车的，驾驶人员、押运人员应当采取相应的安全防范措施；运输剧毒化学品或者易制爆危险化学品的，还应当向当地公安机关报告。

未经公安机关批准，运输危险化学品的车辆不得进入危险化学品运输车辆限制通行的区域。危险化学品运输车辆限制通行的区域由县级人民政府公安机关划定，并设置明显的标志。

3. 严格管理剧毒化学品运输

剧毒化学品运输分为公路运输、水路运输和其他形式的运输。《条例》从保护内河水域环境和饮用水安全角度出发，第五十四条规定：禁止通过内河封闭水域运输剧毒化学品以及国家规定禁止通过内河运输的其他危险化学品。前款规定以外的内河水域，禁止运输国家规定禁止通过内河运输的剧毒化学品以及其他危险化学品。禁止通过内河运输的剧毒化学品以及其他危险化学品的范围，由国务院交通运输主管部门会同国务院环境保护主管部门、工业和信息化主管部门、安全生产监督管理部门，根据危险化学品的危险特性、危险化学品对人体和水环境的危害程度以及消除危害后果的难易程度等因素规定并公布。

内河禁运的其他危险化学品，《条例》明确由国务院交通运输主管部门实行分类管理。禁运危险化学品种类及范围的设定，以既不影响工业生产和人民生活，又能遏制恶性事故发生为原则。

虽然剧毒化学品海上运输不在禁止之列，但也必须按照有关规定严格管理。

通过公路运输剧毒化学品的，托运人应当向运输始发地或者目的地县级人民政府公安机关申请剧毒化学品道路运输通行证。托运人向公安机关申请剧毒化学品道路运输通行证时应当提交拟运输剧毒化学品的品种、数量的说明；运输始发地和目的地、运输时间和运输路线的说明；承运人取得危险货物道路运输许可、运输车辆取得营运证以及驾驶人员、押运人员取得上岗资格的证明文件；以及按规定购买剧毒化学品的相关许可证件，或者海关出具的进出口证明件等材料。

剧毒化学品、易制爆危险化学品在道路运输途中丢失、被盗、被抢或者出现流散、泄漏等情况的，驾驶人员、押运人员应当立即采取相应的警示措施和安全措施，并向当地公安机关报告。公安机关接到报告后，应当根据实际情况立即向安全生产监督管理部门、环境保护主管部门、卫生主管部门通报。有关部门应当立即采取必要的应急处置措施。

4. 实行从业人员培训制度

狠抓技术培训，努力提高从业人员素质，是提高危险化学品运输安全质量的重要一环。危险化学品道路运输企业、水路运输企业的驾驶人员、船员、装卸管理人员、押运人员、申报人员、集装箱装箱现场检查员应当经交通运输主管部门考核合格，取得从业资格。

为确保危险化学品运输安全质量，还应对与危险化学品运输有关的托运人进行培训。通过培训使托运人了解托运危险化学品的程序和办法，并能向承运人说明运输的危险化学品的品名、数量、危害、应急措施等情况。做到不在托运的普通货物中夹带危险化学品，不将危险化学品匿报或谎报为普通货物托运。通过培训使承运人了解所运载的危险化学品的性质、危害特性、包装容器的使用特性，必须配备的应急处理器材和防护用品以及发生意外时的应急措施等。

为了搞好培训，主管部门要指导并通过行业协会制订教育培训计划，组织编写危险化学运输应知应会教材和举办专业培训班，分级组织落实。为增强培训效果，把培训和实行岗位职业资质制度结合起来，有主管部门批准认可的机构组织统一培训、考试发证。对培训机构要制定教育培训责任制度，确保培训质量。对只收费不负责任的培训机构应取消其培训资格。企业管理和现场工作人员必须持证上岗，未经培训或者培训不合格的，不能上岗。对持证上岗但不严格按照规定和技术规范进行操作的人员应有严格的处罚制度。主管部门、协会和运输企业应加大这方面的工作力度。

第二节 化工企业职业健康安全

一、职业病的危害因素

职业病是指企业、事业单位和个体经济组织（以下统称用人单位）的劳动者在职业活动中，因接触粉尘、放射性物质和其他有毒、有害物质等因素而引起的疾病。

根据我国的经济发展水平，并参考国际上通行的做法，我国卫生部（现卫健委）人力资源社会保障部、安全监管总局（现应急部）、全国总工会4部门联合印发的《职业病分类和目录》（国卫疾控发〔2013〕48号）将职业病分为职业性尘肺病及其他呼吸系统疾病、职业性皮肤病、职业性眼病、职业性耳鼻喉口腔疾病、职业性化学中毒、物理因素所致职业病、职业性放射性疾病、职业性传染病、职业性肿瘤、其他职业病，共10类132种。

职业有关疾病的范围比职业病更为广泛，它具有3层含义：①职业因素是该病发生和发展的诸多原因之一，但不是唯一的直接病因；②职业因素影响了健康，从而促使潜在的疾病显露或加重已有的疾病病情；③通过改善工作条件，可使所患疾病得到控制或缓解。

常见的与职业有关疾病有：①行为（精神）和身心的疾病，如精神焦虑、忧郁、精神衰弱综合征，多因工作繁重、夜班工作、饮食失调、过量饮酒、吸烟等因素引起，有时由于对某一职业危害因素产生恐惧心理，而致精神紧张、脏器功能失调；②慢性非特异性呼吸道疾患，包括慢性支气管炎、肺气肿和支气管哮喘等，是多因素疾病，吸烟、空气污染、呼吸道反复感染常是主要病因，即使空气中污染在卫生标准限值以下，患者仍可发生较重的慢性非特异性呼吸道疾患；③其他如高血压、消化性溃疡、腰背痛等疾患，也常与某些工作有关。

（一）粉尘类

1. 矽尘（游离二氧化硅含量超过10%的无机性粉尘）：可能导致的职业病是矽肺（硅沉着病，下同）。

2. 煤尘（煤矽尘）：可能导致的职业病是煤工尘肺。

3. 石墨尘：可能导致的职业病是石墨尘肺。

4. 炭黑尘：可能导致的职业病是炭黑尘肺。

5. 石棉尘：可能导致的职业病是石棉尘肺。

6. 滑石尘：可能导致的职业病是滑石尘肺。

7. 水泥尘：可能导致的职业病是水泥尘肺。

8. 云母尘：可能导致的职业病是云母尘肺。

9. 陶瓷尘：可能导致的职业病是陶瓷尘肺。

10. 铝尘（铝、铝合金、氧化铝粉尘）：可能导致的职业病是铝尘肺。

11. 电焊烟尘：可能导致的职业病是电焊工尘肺。

12. 铸造粉尘：可能导致的职业病是铸工尘肺。

13. 其他粉尘：可能导致的职业病是其他尘肺。

（二）放射性物质类（电离辐射）

放射性物质可能导致的职业病有：外照射急性放射病、外照射亚急性放射病、外照射慢性放射病、内照射放射病、放射性皮肤疾病、放射性白内障、放射性肿瘤、放射性骨损伤、放射性甲状腺疾病、放射性性腺疾病、放射复合伤、根据《放射性疾病诊断总则》可以诊断的其他放射性损伤。

(三) 化学物质类

铅及其化合物（铅尘、铅烟、铅化合物，不包括四乙基铅）：可能导致的职业病是铅及其化合物中毒。

汞及其化合物（汞、氯化高汞、汞化合物）：可能导致的职业病是汞及其化合物中毒。

锰及其化合物（锰烟、锰尘、锰化合物）：可能导致的职业病是锰及其化合物中毒。

镉及其化合物：可能导致的职业病是镉及其化合物中毒。

铍及其化合物：可能导致的职业病是铍病。

铊及其化合物：可能导致的职业病是铊及其化合物中毒。

钡及其化合物：可能导致的职业病是钡及其化合物中毒。

钒及其化合物：可能导致的职业病是钒及其化合物中毒。

磷及其化合物（不包括磷化氢、磷化锌、磷化铝）：可能导致的职业病是磷及其化合物中毒。

砷及其化合物（不包括砷化氢）：可能导致的职业病是砷及其化合物中毒。

铀：可能导致的职业病是铀中毒。

砷化氢：可能导致的职业病是砷化氢中毒。

氯气：可能导致的职业病是氯气中毒。

二氧化硫：可能导致的职业病是二氧化硫中毒。

光气：可能导致的职业病是光气中毒。

氨：可能导致的职业病是氨中毒。

偏二甲基肼：可能导致的职业病是偏二甲基肼中毒。

氮氧化合物：可能导致的职业病是氮氧化合物中毒。

一氧化碳：可能导致的职业病是一氧化碳中毒。

二氧化碳：可能导致的职业病是二氧化碳中毒。

硫化氢：可能导致的职业病是硫化氢中毒。

磷化氢、磷化锌、磷化铝：可能导致的职业病是磷化氢、磷化锌、磷化铝中毒。

氟及其化合物：可能导致的职业病是工业性氟病。

氰及腈类化合物：可能导致的职业病是氰及腈类化合物中毒。

四乙基铅：可能导致的职业病是四乙基铅中毒。

有机锡：可能导致的职业病是有机锡中毒。

羰基镍：可能导致的职业病是羰基镍中毒。

苯：可能导致的职业病是苯中毒。

甲苯：可能导致的职业病是甲苯中毒。

二甲苯：可能导致的职业病是二甲苯中毒。

正己烷：可能导致的职业病是正己烷中毒。

汽油：可能导致的职业病是汽油中毒。

一甲胺：可能导致的职业病是一甲胺中毒。

有机氟聚合物单体及其热裂解物：可能导致的职业病是有机氟聚合物单体及其热裂解物中毒。

二氯乙烷：可能导致的职业病是二氯乙烷中毒。

四氯化碳：可能导致的职业病是四氯化碳中毒。

氯乙烯：可能导致的职业病是氯乙烯中毒。

二氯乙烯：可能导致的职业病是三氯乙烯中毒。

氯丙烯：可能导致的职业病是氯丙烯中毒。

氯丁二烯：可能导致的职业病是氯丁二烯中毒。

苯胺、甲苯胺、二甲苯胺、N，N-二甲苯胺、二苯胺、硝基苯、硝基甲苯、对硝基苯胺、二硝基苯、二硝基甲苯：可能导致的职业病是苯的氨基及硝基化合物（不包括三硝基甲苯）中毒。

三硝基甲苯：可能导致的职业病是三硝基甲苯中毒。

甲醇：可能导致的职业病是甲醇中毒。

酚：可能导致的职业病是酚中毒。

五氯酚：可能导致的职业病是五氯酚中毒。

甲醛：可能导致的职业病是甲醛中毒。

硫酸二甲酯：可能导致的职业病是硫酸二甲酯中毒。

丙烯酰胺：可能导致的职业病是丙烯酰胺中毒。

二甲基甲酰胺：可能导致的职业病是二甲基甲酰胺中毒。

有机磷农药：可能导致的职业病是有机磷农药中毒。

氨基甲酸酯类农药：可能导致的职业病是氨基甲酸酯类农药中毒。

杀虫脒：可能导致的职业病是杀虫脒中毒。

溴甲烷：可能导致的职业病是溴甲烷中毒。

拟除虫菊酯类：可能导致的职业病是拟除虫菊酯类农药中毒。

二氯乙烷、四氯化碳、氯乙烯、三氯乙烯、氯丙烯、氯丁二烯、苯的氨基及硝基化合物、三硝基甲苯、五氯酚、硫酸二甲酯：可能导致的职业病是职业性中毒性肝病。

根据职业性急性中毒诊断标准及处理原则可以诊断的其他导致职业性急性中毒的危害因素。

（四） 物理因素

1. 高温：可能导致的职业病是中暑。

2. 高气压：可能导致的职业病是减压病。

3. 低气压：可能导致的职业病是高原病、航空病。

4. 局部振动：可能导致的职业病是手臂振动病。

（五） 生物因素

1. 炭疽杆菌：可能导致的职业病是炭疽。

2. 森林脑炎杆菌：可能导致的职业病是森林脑炎。

3. 布氏杆菌：可能导致的职业病是布氏杆菌病。

（六） 导致职业性皮肤病的危害因素

1. 导致接触性皮炎的危害因素：硫酸、硝酸、盐酸、氢氧化钠、三氯乙烯、重铬酸盐、三氯甲烷、β-萘胺、铬酸盐、乙醇、醚、甲醛、环氧树脂、脲醛树脂、酚醛树脂、松节油、苯胺、润滑油、对苯二酚等。

2. 导致光敏性皮炎的危害因素：焦油、沥青、醌、蒽醌、蒽油、木酚油、荧光素、六氯苯、氯酚等。

3. 导致电光性皮炎的危害因素：紫外线。

4. 导致黑变病的危害因素：焦油、沥青、蒽油、汽油、润滑剂、油彩等。

5. 导致痤疮的危害因素：沥青、润滑油、柴油、煤油、多氯苯、多氯联苯、氯化萘、多氯萘、多氯酚、聚氯乙烯。

6. 导致溃疡的危害因素：铬及其化合物、铬酸盐、铍及其化合物、砷化合物、氯化钠。

7. 导致化学性皮肤灼伤的危害因素：硫酸、硝酸、盐酸、氢氧化钠。

8. 导致其他职业性皮肤病的危害因素：油彩、高湿、有机溶剂、螨、羌虫。

（七）导致职业性眼病的危害因素

1. 导致化学性眼部灼伤的危害因素：硫酸、硝酸、盐酸、氮氧化物、甲醛、酚、硫化氢。

2. 导致电光性眼炎的危害因素：紫外线。

3. 导致职业性白内障的危害因素：放射性物质、三硝基甲苯、高温、激光等。

（八）导致职业性耳鼻喉口腔疾病的危害因素

1. 导致噪声聋的危害因素：噪声。

2. 导致铬鼻病的危害因素：铬及其化合物、铬酸盐。

3. 导致牙酸蚀病的危害因素：氟化氢、硫酸酸雾、硝酸酸雾、盐酸酸雾。

（九）职业性肿瘤的职业病危害因素

1. 石棉所致肺癌、间皮瘤的危害因素：石棉。

2. 联苯胺所致膀胱癌的危害因素：联苯胺。

3. 苯所致白血病的危害因素：苯。

4. 氯甲醚所致肺癌的危害因素：氯甲醚。

5. 砷所致肺癌、皮肤癌的危害因素：砷。

6. 氯乙烯所致肝血管肉瘤的危害因素：氯乙烯。

7. 焦炉工人肺癌的危害因素：焦炉烟气。

8. 铬酸盐制造业工人肺癌的危害因素：铬酸盐。

（十）其他职业病危害因素

1. 氧化锌：可能导致的职业病是金属烟热。

2. 二异氰酸甲苯酯：可能导致的职业病是职业性哮喘。

3. 嗜热性放线菌：可能导致的职业病是职业性变态反应性肺泡炎。

4. 棉尘：可能导致的职业病是棉尘病。

5. 不良作业条件（压迫及摩擦）：可能导致的职业病是煤矿井下工人滑囊炎。

二、职业病的危害

职业病危害造成的经济损失巨大，影响长远。

《职业性接触毒物危害程度分级》（GBZ 230—2010）依据急性毒性、急性中毒发病状况、慢性中毒患病状况、慢性中毒后果、致癌性和最高容许浓度 6 项指标，将职业性接触毒物分为极度危害（Ⅰ级）、高度危害（Ⅱ级）、中度危害（Ⅲ级）、轻度危害（Ⅳ级）4 个级别。该标准还列举了国内常见的 56 种工业毒物的危害程度分级和行业举例，如表 7-7 所示。

表 7-7 职业性接触毒物危害程度分级及其行业举例

级别	毒物名称	行业举例
Ⅰ 级 （极度危害）	汞及其化合物	汞冶炼、汞齐法生产氯碱
	苯	含苯黏合剂的生产和使用（制皮鞋）
	砷及其无机化合物 （非致癌的无机砷化合物除外）	砷矿开采和冶炼、含砷金属矿（铜、锡）的开采和冶炼
	氯乙烯	聚氯乙烯树脂生产
	铬酸盐、重铬酸盐	铬酸盐和重铬酸盐生产
	黄磷	黄磷生产
	铍及其化合物	铍冶炼、镀化合物的制造
	对硫磷	生产及储运
	羰基镍	羰基镍制造
	八氟异丁烯	二氟一氯甲烷裂解及其残液处理
	氯甲醚	双氯甲醚、一氯甲醚生产、离子交换树脂制造
	锰及其无机化合物	锰矿开采和冶炼、锰铁和锰钢冶炼、高锰焊条制造
	氰化物	氰化钠制造、有机玻璃制造

级别	毒物名称	行业举例
Ⅱ级 (高度危害)	三硝基甲苯	三硝基甲苯制造和军火加工生产
	铅及其化合物	铅的冶炼、蓄电池的制造
	二硫化碳	二硫化碳制造、黏胶纤维制造
	氯	液氯烧碱生产、食盐电解
	丙烯腈	丙烯腈制造、聚丙烯腈制造
	四氯化碳	四氯化碳制造
	硫化氢	硫化染料的制造
	甲醛	酚醛和尿醛树脂生产
	苯胺	苯胺生产
	氟化氢	电解铝、氢氟酸制造
	五氯酚及其钠盐	五氯酚、五氯酚钠生产
	镉及其化合物	镉冶炼、镉化合物的生产
	敌百虫	敌百虫生产、储运
	氯丙烯	环氧氯丙烷制造、丙烯磺酸钠生产
	钒及其化合物	钒铁矿开采和冶炼
	溴甲烷	溴甲烷制造
	硫酸二甲酯	硫酸二甲酯的制造、储运
	金属镍	镍矿的开采和冶炼
	甲苯二异氰酸酯	聚氨酯塑料生产
	环氧氯丙烷	环氧氯丙烷生产
	砷化氢	含砷有色金属矿的冶炼
	敌敌畏	敌敌畏生产、储运
	光气	光气制造
	氯丁二烯	氯丁二烯制造、聚合
	一氧化碳	煤气制造、高炉炼铁、炼焦
	硝基苯	硝基苯生产

级别	毒物名称	行业举例
Ⅲ级 （中度危害）	苯乙烯	苯乙烯制造、玻璃钢制造
	甲醇	甲醇生产
	硝酸	硝酸制造、储运
	硫酸	硫酸制造、储运
	盐酸	盐酸制造、储运
	甲苯	甲苯制造
	二甲苯	喷漆
	三氯乙烯	三氯乙烯制造、金属清洗
	二甲基甲酰胺	二甲基甲酰胺制造、顺丁橡胶合成
	六氟丙烯	六氟丙烯制造
	苯酚	酚醛树脂生产、苯酚生产
	氮氧化物	硝酸制造
Ⅳ级 （轻度危害）	溶剂汽油	橡胶制品（轮胎、胶鞋等）生产
	丙酮	丙酮生产
	氢氧化钠	烧碱生产、造纸
	四氟乙烯	聚全氟乙丙烯生产
	氨	氨制造、氮肥生产

对接触同一毒物的其他行业（表 7-7 中未列出的）的危害程度，可依据车间空气中毒物浓度、中毒患病率、接触时间的长短，划定级别。凡车间空气中毒物浓度经常达到《工业企业设计卫生标准》（GBZ 1—2010）中所规定的最高容许浓度值，而其患病率或症状发生率低于本分级标准中相应的值，可降低一级。接触多种毒物时，以产生危害程度最大的毒物的级别为准。

三、职业病的发生机理

（一）化学性因素

化学性因素分生产性毒物、生产性粉尘两类。

生产性毒物：生产过程中产生的，存在于工作环境空气中的化学物质称为生产性毒物。有的为原料，有的为中间产品，有的为产品。常见的有氯、氨等刺激性气体，一氧化碳、氯化氢等窒息性气体，铅、汞等金属类毒物，苯、二硫化碳等有机溶剂。

生产性粉尘：在生产过程中产生的，较长时间悬浮在生产环境空气中的固体微粒，称为生产性粉尘。如矽尘、滑石尘、电焊烟尘、石棉尘、聚氯乙烯粉尘、玻璃纤维尘、腈纶纤维尘等。

（二）物理性因素

物理性因素包括高温、噪声、振动、电离辐射、非电离辐射。

（三）生物性因素

生物性因素包括细菌、寄生虫和病毒。

（四）劳动因素

劳动因素包括劳动组织不合理、劳动精神过度紧张、劳动强度过大或安排不当。

（五）卫生条件和技术措施不良的有关因素

此类因素包括生产场所设计不合理，防护措施缺乏、不完善或效果不好，缺乏安全防护设备和必要的个人防护用品，自然环境因素，环境污染因素。

职业病的诊断与鉴定工作应当遵循科学、公开、公正、公平、及时、便民原则。

四、职业病的防范对策

我国职工的安全和健康是受《中华人民共和国宪法》和其他有关法律如《中华人民共和国劳动法》《中华人民共和国矿山安全法》《中华人民共和国职业病防治法》《中华人民共和国尘肺病防治条例》等保障的。这些法律、法规、条例、规范的制定和实施为保护劳动者的安全和健康，促进生产的发展起到了积极的作用。随着生产的发展，新工艺、新流程的开发，以及多年的实践经验，很多标准、规范迫切需要修改、补充、完善，标准、规范的整体构架也有待于进一步构建、健全、完善，使其更适合目前职业卫生工作发展的需要。

职业病的发病原因比较明显，因此完全可以预防其发病，最主要的预防措施是消除或控制职业性有害因素发生源；控制作业工人的接触水平，使其经常保持在卫生标准允许水平以内；提高工人的健康水平，加强个人防护措施等。为及早发现职业性损害，减少职业病发生，应对接触者实行就业前及定期健康检查。

职业病防治形势及其对策：职业病防治工作关系到广大劳动者的身体健康和生命安全，关系到经济社会可持续发展，是落实科学发展观和构建社会主义和谐社会的必然要求，是坚持立党为公、执政为民的必然要求，是实现好、维护好、发展好最广大人民根本利益的必然要求。

有害因素控制对策措施的原则是优先采用无危害或危害性较小的工艺和物料，减少有害物质的泄漏和扩展；尽量采用生产过程密闭化、机械化、自动化的生产装置（生产线）和自动监测、报警装置及连锁保护、安全排放等装置，实现自动控制、遥控或隔离操作。尽可能避免、减少操作人员在生产过程中直接接触产生有害因素的设备和物料，是优先采取的对策措施。

（一）预防中毒的对策措施

1. 物料和工艺

尽可能以无毒、低毒的工艺和物料代替有毒、高毒的工艺和物料，是防毒的根本性措施。例如，应用水溶性涂料的电泳漆工艺，无铅印刷工艺，无氧电镀工艺，用甲醛脂、醇类、丙酮、醋酸乙酯、抽余油等低毒稀料取代含苯稀料，以锌钡白、钛白代替油漆颜料中的铅白，使用无汞仪表消除生产、维护、修理时的汞中毒等。

2. 工艺设备（装置）

生产装置应密闭化、管道化，尽可能实现负压生产，防止有毒物质泄漏、外溢。

3. 通风净化

受技术、经济条件限制，仍然存在有毒物质逸散且自然通风不能满足要求时，应设置必要的机械通风排毒、净化（排放）装置使工作场所空气中有毒物质浓度限制在规定的最高容许浓度值以下。

4. 应急处理

对有毒物质泄漏可能造成重大事故的设备和工作场所，必须设置可靠的事故处理装置和应急防护设施。

大中型化工、石油企业及有毒气体危害严重的单位，应有专门的气体防护机构。接触Ⅰ级（极度危害）、Ⅱ级（高度危害）有毒物质的车间应设急救室，并应配备相应的抢救设施。

根据有毒物质的性质、有毒作业的特点和防护要求，在有毒作业工作环境中应配置事故柜、急救箱和个体防护用品（防毒服、手套、鞋、眼镜、过滤式防毒面具、长管面具、空气呼吸器、生氧面具等）。

5. 急性化学物中毒事故的现场急救

急性中毒事故的发生可能使大批人员受到毒害，病情往往较重。因此，在现场及时有效地处理与急救对挽救患者的生命，防止并发症起关键作用。

6. 其他措施

在生产设备密闭和通风的基础上实现隔离（用隔离室将操作地点与可能发生重大事故的剧毒物质生产设备隔离）、遥控操作。

配备定期和快速检测工作环境空气中有毒物质浓度的仪器，有条件时应安装自动检测空气中有毒物质浓度装置和超限报警装置。

配备检修时的解毒吹扫、冲洗设施。

生产、储存、处理极度危害和高度危害毒物的厂房和仓库，其天棚、墙壁、地面均应光滑，便于清扫，必要时加设防水、防腐等特殊保护层及专门的负压清扫装置和清洗设施。

采取防毒教育、定期检测、定期体检、定期检查、监护作业、急性中毒及缺氧窒息抢救训练等管理措施。

根据有关标准（石油、化工、农药、涂装作业、干电池、煤气站、铅作业、汞温度计等）的要求，应采取的其他防毒技术措施和管理措施。

（二）预防缺氧、窒息的对策措施

1. 针对缺氧危险工作环境（密闭设备：指船舱、容器、锅炉、冷藏车、沉箱等；有限空间：指地下管道、地下车库、隧道、矿井、地窖、沼气池、化粪池等；地上有限空间：指储藏室、发酵池、垃圾站、冷库、粮仓等）发生缺氧窒息和中毒窒息（如二氧化碳、硫化氢和氧化物等有害气体窒息）的风险，应配备（作业前和作业中）氧气浓度、有害气体浓度检测、报警仪器，隔离式呼吸保护器具（空气呼吸器、长管面具等）、通风换气设备和抢救器具（绳缆、梯子、空气呼吸器等）。

2. 按先检测、通风，后作业的原则，工作环境空气氧气浓度大于18%和有害气体浓度达到标准要求后，在密切监护下才能实施作业；对氧气、有害气体浓度可能发生变化的作业和场所，作业过程中应定时或连续检测（宜配备连续检测、通风、报警装置），保证安全作业，严禁用纯氧进行通风换气，以防止氧中毒。

3. 对由于防爆、防氧化的需要不能通风换气的工作场所，受作业环境限制不易充分通风换气的工作场所和已发生缺氧、窒息的工作场所，作业人员、抢救人员必须立即使用隔离式呼吸保护器具，严禁使用净气式面具。

4. 有缺氧、窒息危险的工作场所，应在醒目处设警示标志，严禁无关人员进入。

5. 有关缺氧、窒息的安全管理、教育、抢救等措施和设施同防毒措施部分。

（三）防尘的对策措施

1. 工艺和物料

选用不产生或少产生粉尘的工艺，采用无危害或危害性较小的物料，是消除、减弱粉尘危害的根本途径。

例如用湿法生产工艺代替干法生产工艺（如用石棉湿纺法代干纺法，水磨代干磨，水力清理、电液压清理代机械清理，使用水雾电弧气刨等），用密闭风选代替机械筛分，用压力铸造、金属模铸造工艺代替砂模铸造工艺，用树脂砂工艺代替水玻璃砂工艺，用不含游离二氧化硅或含量低的物料代替游离二氧化硅含量高的物料，不使用含锰、铅等有毒物质的物料，不使用或减少产生呼吸性粉尘（$5\mu m$ 以下的粉尘）的工艺措施等。

2. 限制、抑制扬尘和粉尘扩散

（1）采用密闭管道输送、密闭自动（机械）称量、密闭设备加工，防止粉尘外逸；不能完全密闭的尘源，在不妨碍操作的条件下，尽可能采用半封闭罩、隔离室等设施来隔绝、减少粉尘与工作场所空气的接触，将粉尘限制在局部范围内，减少粉尘的扩散。

（2）通过降低物料落差，适当降低溜槽倾斜度。

（3）对亲水性、弱黏性的物料和粉尘应尽量采用增湿、喷雾、喷蒸汽等措施。

（4）为消除二次尘源、防止二次扬尘，应在设计中合理布置，严禁用吹扫方式清扫积尘。

（5）对污染大的粉状辅料（如橡胶行业的炭黑粉）宜用小袋包装运输，连同包装一并加料和加工，限制粉尘扩散。

3. 通风除尘

建筑设计时要考虑工艺特点和除尘的需要，利用风压、热压差，合理组织气流（如进排风口、天窗、挡风板的设置等），充分发挥自然通风改善作业环境的作用。

（1）全面机械通风

全面机械通风指把清洁的新鲜空气不断地送入车间，将车间空气中的有害物质（包括粉尘）浓度稀释并将污染的空气排到室外，使室内空气中的有害物质的浓度达到标准规定的最高容许浓度以下。

（2）局部机械通风

局部机械通风包括局部送风和局部排风。

①局部送风是把清洁、新鲜空气送至局部工作地点，使局部工作环境质量达到标准规定的要求；主要用于室内有害物质浓度很难达到标准规定的要求、工作地点固定且所占空间很小的工作场所。

②局部排风是在产生有害物质的地点设置局部排风罩，利用局部排风气流捕集有害物质并排至室外，使有害物质不致扩散到作业人员的工作地点。其是通风排除有害物质最有效的方法，是目前工业生产中控制粉尘扩散、消除粉尘危害的最有效的一种方法。

③一般应使清洁、新鲜空气先经过工作地带，再流向有害物质产生部位，最后通过排风口排出；含有害物质的气流不应通过作业人员的呼吸带。

④局部通风、除尘系统的吸尘罩（形式、罩口风速、控制风速）、风管（形状尺寸、材料、布置、风速和阻力平衡）、除尘器（类型、适用范围、除尘效率、分级除尘效率、处理风量、漏风率、阻力、运行温度及条件、占用空间和经济性等）、风机（类型、风量、风压、效率、温度、特性曲线、输送有害气体性质、噪声）的设计和选用，应科学、经济、合理和使工作环境空气中粉尘浓度达到标准规定的要求。

⑤除尘器收集的粉尘应根据工艺条件、粉尘性质、利用价值及粉尘量，采用就地回收（直接卸到料仓、皮带运输机、溜槽等生产设备内）、集中回收（用气力输送集中到料罐内）、湿法处理（在灰斗、专用容器内加水搅拌，或排入水封形成泥浆，再运输、输送到指定地点）等方式，将粉尘回收利用或综合利用并防止二次扬尘。

由于工艺、技术上的原因，通风和除尘设施无法达到劳动卫生指标要求的有尘作业场所，操作人员必须佩戴防尘口罩（工作服、头盔、呼吸器、眼镜）等个体防护用品。

（四）噪声的控制措施

根据《噪声作业分级》（LD 80—1995）、《工业企业噪声控制设计规范》（GB/T 50087—2013）、《工业企业噪声测量规范》（GBJ 122—88）、《建筑施工场界环境噪声排放标准》（GB 12523—2011）、《工业企业厂界环境噪声排放标准》（GB 12348—2008）和《工业企业设计卫生标准》（GBZ 1—2010）等，采取低噪声工艺及设备，合理平面布置隔声、消声、吸声等综合技术措施，控制噪声危害。

（五）振动的控制措施

从工艺和技术上消除或减少振动源是预防振动危害最根本的措施，如用油压机或水压机代替气（汽）锤、用水爆清沙或电液清沙代替风铲清沙、以电焊代替铆接等。

选择合适的基础质量、刚度、面积，使基础固有频率偏离振源频率30%以上，防止发生共振。

第三节　化工安全应急预案与应急救援

一、化工安全应急预案

为了贯彻落实"安全第一、预防为主、综合管理"方针，规范化工企业生产安全应急管理工作，提高应对风险和防范事故的能力，迅速有效地控制和处置可能发生的事故，确保员工生命及企业财产安全，需结合化工企业实际情况，制定适用于化工企业危险化学品泄漏、火灾、爆炸、中毒和窒息等各类生产安全事故的化工安全应急预案。在应急工作中要坚守以下原则。

以人为本，安全第一：发生事故时优先保护人的安全，岗位人员、救援人员必须做到处事不乱，应按预案要求尽可能地采取有效措施，若不能消除和阻止事故扩大，应采取正确的逃生方法迅速撤离，并迅速将险情上报，等待救援。

统一指挥，分级负责：化工企业应急指挥部负责指挥其单位事故应急救援工作，按照各自职责，负责事故的应急处置。

快速响应，果断处置：危险化学品事故的发生具有很强的突发性，可能在很短的时间内快速扩大，应按照分级响应的原则快速、及时启动应急预案。

预防为主，平战结合：坚持事故应急与预防工作相结合，加强危险源管理，做好事故预防工作。开展培训教育，组织应急演练，做到常备不懈，提高企业员工安全意识，并做好物资和技术储备工作。

（一）危险性分析

危险分析的最终目的是要明确应急的对象、事故的性质及其影响范围、后果严重程度等，为应急准备、应急响应和减灾措施提供决策和指导依据。危险分析包括危险识别、脆弱性分析和风险分析。

对于现代化的化工生产装置须实行现代化安全管理，即从系统的观念出发，运用科学分析方法识别、评价、控制危险，使系统达到最佳安全状态。应用系统工程的原理和方法预先找出影响系统正常运行的各种事件出现的条件，可能导致的后果，并制定消除和控制这些事件的对策，以达到预防事故、实现系统安全的目的。辨别危险、分析事故及影响后果的过程就是危险性分析。其具体危险分析如下。

1. 易燃液体泄漏危险分析

易燃液体的泄漏主要有两种形式：一种是易燃液体蒸气的泄漏，如分装过程的有机溶剂挥发等；另一种是易燃液体泄漏，如包装破损、腐蚀造成泄漏，固定管线、软管在作业完毕后内存残液流出，以及超灌溢出、码放超高坍塌泄漏等。

泄漏的易燃液体会沿着地面或设备设施流向低洼处，同时吸收周围热量，挥发形成蒸气，因其较空气稍重，又会沿地面扩散，窜入地下管沟，极易在非防爆区域或防爆等级较低的场所引起火灾爆炸事故。

2. 火灾、爆炸分析

化工企业经营、储存的危险化学品均具有易燃易爆特性，遇明火、高热、氧化剂能引起燃烧。其蒸气与空气形成爆炸性混合气，当其蒸气与空气混合物浓度达到爆炸极限时，遇到火源会发生爆炸事故。下面从形成火灾、爆炸的两个因素进行分析：

（1）存在易燃、易爆物质及形成爆炸性混合气体

①易燃液体在使用和储运过程中的温度越高，其蒸发量越大，越容易产生引

起燃烧、爆炸所需的蒸气量，火灾爆炸危险性也就越大。

②化工企业有机溶剂采用桶装储存，卸车和分装过程由于操作失误或机械故障等原因可造成可燃液体泄漏或蒸发形成爆炸性混合物。

③由于储存易燃液体的容器质量缺陷，存在密封不严、破损造成液体泄漏或蒸发形成爆炸性混合物。

④在搬运过程中不遵守操作规程，野蛮装卸，可能使包装破损液体泄漏或蒸发形成爆炸性混合物。

⑤仓库通风不良，易燃液体的蒸气不断积聚，最后达到爆炸极限浓度或在分装过程中发生泄漏有可能形成爆炸性混合物。

⑥废气废液中含有易燃易爆残留物。

（2）着火源分析

①动火作业是设备设施安装、检修过程中常用的作业方式，若违章动火或防护措施不当，易引发火灾爆炸事故。动火作业在经营过程中是不可避免的，但事故却是可以预防的，关键在于要严格遵守用火、用电、动火作业安全管理制度，严格执行操作规程，落实防火监护人及防火措施。

②作业现场吸烟。在"防火、防爆十大禁令"中，烟火被列为第一位。因吸烟引发火灾爆炸事故时有发生。由于少数员工的安全意识差，在防爆区吸烟的现象是有可能出现的。

③车辆排烟喷火。汽车是以汽油或柴油作为燃料的。有时，在排出的尾气中夹带火星、火焰，这种火星、火焰有可能引起易燃易爆物质的燃烧或爆炸。因此，无阻火器的机动车辆在厂区内行驶，是很危险的。汽车排烟喷火带来的危险应引起高度重视。

④电气设备产生的点火源。由于设计、选型工作的失误，造成部分电气设备选用不当，不能满足防火防爆的要求，在投产使用过程中，可能产生电火花、电弧，进而引起火灾爆炸事故。

电气设备在安装、调试或检修过程中，因安装不当或操作不慎，有可能造成过载、短路而出现高温表面或产生电火花，或者发生电气火灾，进一步引发火灾爆炸事故。人员违章操作、违章用电以及其他原因，也会制造出电火花、电气火灾等火源。

⑤静电放电。由于原料液体、产品液体电阻率高，液体在分装、倾倒过程中流动相互摩擦能产生静电；若静电导除不良，有可能因静电积聚而产生静电火

花，引燃易燃液体，造成火灾爆炸事故。

⑥机械摩擦和撞击火花。金属工具、鞋钉等金属器件，相互之间碰撞或敲击设备，就有可能产生火花。

3. 物体打击危险分析

物体打击是指落物、滚石、捶击、碎裂、崩塌、砸伤等造成的伤害，若有防护不当、操作人员违章操作、误操作，则可能发生工具或其他物体从高处坠下，造成物体打击的危险。物体打击危险主要存在于设备检修及其他作业过程中，堆放的物料未放稳倒塌。

4. 触电危险分析

触电主要是指电流对人体的伤害作用。电流对人体的伤害可分为电击和电伤。电击是电流通过人体内部，影响人体呼吸、心脏和神经系统，造成人体内部组织的破坏，以致死亡。电伤害主要是电流对人体外部造成的局部伤害，包括电弧烧伤、熔化金属渗入皮肤等伤害，以及两类伤害可能同时发生，不过绝大多数电气伤害事故都是由电击造成的。

在危险化学品经营、储存过程中造成触电的原因主要是人体触碰带电体，触碰带电体绝缘损坏处、薄弱点，触碰平常不带电的金属外壳（该处漏电，造成外壳带电），超过规范容许的距离，接近高压带电体等，均可能造成设备事故跳闸或人员触电伤害。

在电气设备、装置、运行、操作、巡视、维护、检修工作中，由于安全技术组织措施不当，安全保护措施失效，违反操作规程、误操作、误入带电间隔、设备缺陷、设备不合格、维修不善、人员过失或其他偶然因素等，都可能造成人员触碰带电体，引发设备事故或人体触电伤害事故。

5. 机械伤害

机械伤害是指机械设备运动（静止）部件、工具、加工件直接与人体接触引起的夹击、碰撞、剪切、卷入、碾、割、刺等伤害。

化工企业使用消防泵等机械设备，在操作这些设备时，如设备传动部位无防护、设备本身设计有缺陷、操作人员违章操作、误操作、设备发生故障，以及在检修设备时稍不注意就有可能导致机械伤害。

（二）组织机构及职责

化工企业领导负责生产安全事故应急管理工作，其他有关部门主管按照业务分工负责相关类别生产安全事故的应急管理工作。化工企业总指挥指导企业生产安全事故应急体系建设、综合协调信息发布、情况汇总分析等工作。专业应急救援小组由企业有关部门领导和员工组成。

1. 总指挥职责

（1）组织制定生产安全事故应急预案。

（2）负责人员、资源配置、应急队伍的调动。

（3）确定现场指挥人员。

（4）协调事故现场有关工作。

（5）批准本预案的启动与终止。

（6）授权在事故状态下各级人员的职责。

（7）危险化学品事故信息的上报工作。

（8）接受政府的指令和调动。

（9）组织应急预案的演练。

（10）负责保护事故现场及相关数据。

2. 副总指挥职责

（1）协助总指挥开展应急救援工作。

（2）指挥协调现场的抢险救灾工作。

（3）核实现场人员伤亡和损失情况，及时向总指挥汇报抢险救援工作及事故应急处理的进展情况。

（4）及时落实应急处理指挥中心领导的指示。

3. 抢险、技术、通信组职责

抢险、技术和通信组负责紧急状态下的现场抢修作业，包括以下内容：

（1）泄漏控制、泄漏物处理。

（2）设备抢修作业。

（3）及时了解事故及灾害发生的原因及经过，检查装置生产工艺处理情况。

（4）配合消防、救防人员进行事故处理，抢救及现场故障设施的抢修，如出现易燃易爆、有毒有害物质泄漏，有可能发生火灾爆炸或人员中毒时，协助有关部门通知人员立即撤离现场。

（5）组织好事故现场与指挥部队及各队之间的通信联络，传达指挥部的命令。

（6）检查通信设备，保持通信畅通。

（7）及时掌握灾情发展变化情况，提出相应对策。

（8）负责灾后全面检查修复厂内的电气线路和用电设备，以便尽快恢复生产。

4. 灭火、警戒、保卫组职责

（1）第一时间将受伤人员转移出事故现场，然后分头进行灭火和火源隔离。先到达的消防组负责用灭火器材扑灭火源，后到的组员用消防水枪进行火源隔离和重点部位防护，扑灭非油性或非电器类的火源，防止火情扩大。

（2）负责对燃烧物质、火势大小做火灾记录，并及时向总指挥报告。

（3）根据事故等级，带领组员在不同区域范围设立警戒线，禁止无关人员进入厂区或事故现场。

（4）保护现场和有关资料、数据的完整。

（5）布置安全警戒，禁止无关人员、车辆通行，保证现场井然有序。

5. 后勤、救护、清理组职责

（1）组织救护车辆及医护人员、器材进入指定地点。

（2）组织现场抢救伤员及伤员送往医院途中的救护。

（3）进行防火、防毒处理。

（4）发现人员受伤情况严重时，立即联系相关的医院部门前往救护，并选好停车救护地点。

（5）负责（或负责协助医院救护人员）将受伤人员救离事故现场，并进行及时救治。

（6）在医院救护车未能及时到达时，负责对伤者实施必要的处理后，立即将受伤者送往医院进行救治。

（7）负责协助伤者脱离现场后的救护工作。

（8）负责应急所需物质的供给、后勤保障，保障应急救援工作能迅捷、有条不紊地进行。

（9）对调查完毕后的事故现场进行冲洗清理及协助专业部门进行现场消毒工作。

(三) 预防与预警

1. 危险源监控

(1) 危险源监测监控的方式方法

根据危险化学品的特点, 对危险源采用操作人员日常安全检查、安全管理人员的巡回检查、专业人员的专项检查、领导定期检查以及节假日检查的方式实施监控。

(2) 预防措施

①严禁携带火种进入有易燃易爆品的危险区域。

②易燃易爆场所严禁使用能产生火花的任何工具。

③易燃易爆区域严禁穿化纤的工作服。

④安装可燃气体检测报警仪, 用于监控可燃气体的泄漏。

⑤张贴安全警示标志和职业危害告知牌。

⑥危险化学品包装需采用合格产品, 确保生产工艺设备、设施及其储存设施等完好, 防止毒害性物质的泄漏。

⑦操作人员必须做好个体防护, 佩戴相关的劳动防护用品。

⑧作业现场配备应急药品。

2. 预警行动

(1) 预警条件

当突然发生危险化学品泄漏, 可能引发火灾爆炸事故造成作业人员受伤, 已严重威胁到作业场所的人员和环境, 以及非相关部门或相关班组力量所能施救的事件时, 即发出预警。

(2) 预警发布的方式方法

采用内部电话 (包括固定电话、手机等方式) 或喊话进行报警, 由第一发现人发出警报。报警应说明发生的事故类型和发生事故的地点。

(3) 预警信息发布的流程

①一旦发生危险化学品泄漏事故, 第一发现人应当立即拨打电话或喊话向灭火、警戒、保卫组组长报告, 灭火、警戒、保卫组组长向应急总指挥报告事故情况, 必要时立即拨打 119 火警电话。

②总指挥应根据事故的具体情况及危险化学品的性质, 迅速成立现场指挥部, 启动应急救援预案, 组织各部门进行抢险救援和作业场所人员的疏散。

③及时向上级主管部门报告事故和救援进度。

（4）预警行动

工作人员发现险情，经过企业当班安全员以上任意一名管理人员确认险情后，启动应急处置程序。

①企业总经理负责组织指挥应急小组的各项应急行动。

②生产部负责及时处理生产安全事故，并协助处理重大问题、上报总经理。

③安全主任负责现场安全管理工作，对安全设备、设施进行安全检查，做好初期灾情的施救工作。

④行政部负责通信联络及现场施救。

⑤现场员工应停止作业，疏散进厂的车辆和人员；警戒人员应加强警戒，禁止无关人员进入作业场所。

⑥如有运输车辆在装卸作业，应立即停止，迅速将车辆驶离厂区，到外面空旷的安全地带。

⑦义务消防员的使用。即利用场内所配备的灭火器材立即行动，准备扑灭可能发生的火灾。

⑧清理疏通站内外消防通道，并派人员在公路显眼处迎接和引导消防车辆。

⑨总经理应负责建立公司及周边应急岗位人员联系方式一览表。

⑩向事故相关单位通告。

当事故危及周边单位、社区时，指挥部人员应向相关部门汇报并提出要求组织周边单位撤离、疏散或者请求援助。在发布消息时，必须发布事态的缓急程度，提出撤离的方向和距离，并明确应采取的预防措施，撤离必须有组织性。在向相关部门汇报的同时，安排企业员工直接到周边单位预警，告知企业发生的事故及要求周边单位协调、配合事项。

3. 信息报告与处置

（1）信息报告与通知

①应急值守电话 24 小时有效的报警装置为固定电话，接警单位为值班室。

②事故信息通报程序。企业事故信息通报程序是指企业总指挥收到企业事故信息时，立即用电话、广播等通信工具通报指挥部副总指挥、现场指挥和各成员，各应急救援小组按应急处理程序进行现场应急反应。

（2）信息上报内容和时限

根据《生产安全事故报告和调查处理条例》的有关规定，一旦发生事故，按照下列程序和时间要求报告事故：

①事故发生后，事故现场有关人员应当通报相关部门负责人，按预警级别立即向应急救援指挥部通报。情况紧急时，事故现场有关人员可以直接向应急总指挥部报告或拨打119报警。

②应急总指挥接到事故报告后，应当于1小时内向市应急管理局报告。

③事故信息上报。企业发生生产事故后，根据事故响应分级要求报告事故信息。

④信息上报的内容：

a. 发生事故的单位、时间、地点、设备名称。

b. 事故的简要经过，包括发生泄漏或火灾爆炸的物质名称、数量，可能的最大影响范围和现场伤亡情况等。

c. 事故现场应急抢救处理的情况和采取的措施，事故的可控情况及消除或控制所需的处理时间等。

d. 其他有关事故应急救援的情况，事故可能的影响后果、影响范围、发展趋势等。

e. 事故报告单位、报告人和联系电话。

⑤信息上报的时限。当企业发生危险化学品泄漏时，立即进行现场围堵收容、清除等应急工作。当发生危险化学品火灾、爆炸事故时，立即向上报告。

（四）应急响应

1. 响应分级

按照化工安全生产事故灾难的可控性、严重程度和影响范围，应急响应级别原则上分为Ⅰ级响应、Ⅱ级响应、Ⅲ级响应、Ⅳ级响应。

（1）出现下列情况之一启动Ⅰ级响应

①造成30人以上死亡（含失踪），或危及30人以上生命安全，或者100人以上重伤（包括急性工业中毒，下同），或者直接经济损失1亿元以上的特别重大安全生产事故灾难。

②需要紧急转移安置10万人以上的安全生产事故灾难。

③超出省（区、市）政府应急处置能力的安全生产事故灾难。

④跨省级行政区、跨领域（行业和部门）的安全生产事故灾难。

⑤国务院认为需要国务院安委会响应的安全生产事故灾难。

（2）出现下列情况之一启动Ⅱ级响应

①造成10人以上30人以下死亡（含失踪），或危及10人以上30人以下生命安全，或者50人以上100人以下重伤，或者5 000万元以上1亿元以下直接经济损失的重大安全生产事故灾难。

②超出地级以上市人民政府应急处置能力的安全生产事故灾难。

③跨地级以上市行政区的安全生产事故灾难。

④省政府认为有必要响应的安全生产事故灾难。

（3）出现下列情况之一启动Ⅲ级响应

①造成3人以上10人以下死亡（含失踪），或危及3人以上10人以下生命安全，或者10人以上50人以下重伤，或者1 000万元以上5 000万元以下直接经济损失的较大安全生产事故灾难。

②需要紧急转移安置1万人以上5万人以下的安全生产事故灾难。

③超出县级人民政府应急处置能力的安全生产事故灾难。

④发生跨县级行政区安全生产事故灾难。

⑤地级以上市人民政府认为有必要响应的安全生产事故灾难。

（4）出现下列情况之一启动Ⅳ级响应

①造成3人以下死亡，或危及3人以下生命安全，或者10人以下重伤，或者1 000万元以下直接经济损失的一般安全生产事故灾难。

②需要紧急转移安置5 000人以上1万人以下的安全生产事故灾难。

③县级人民政府认为有必要响应的安全生产事故灾难。

2. 响应程序

化工企业对发生危险化学品事故实施应急响应。主要响应如下：

事故发生后，根据事故发展态势和现场救援进展情况，执行如下应急响应程序：

①事故一旦发生，现场人员必须立即向总指挥报告，同时视事故的实际情况，拨打火警电话119和急救电话120向外求助。

②总指挥接到事故报告后，马上通知各应急小组赶赴现场，了解事故的发展情况，积极投入抢险，并根据险情的不同状况采取有效措施（包括与外单位支援人员的协调，岗位人员的留守和安全撤离等）。

③负责警戒的人员根据事故扩散范围建立警戒区，在通往事故现场的主要干道上实行交通管制，在警戒区的边界设置警示标志，同时疏散与事故应急处理工

作无关的人员，以减少不必要的伤亡。

④总指挥安排各应急小组按预案规定的职责分工，开展相应的灭火、抢险救援、物资供应等工作。

⑤当难以控制紧急事态、事故危及周边单位时，启动企业一级应急响应，通过指挥部直接联系政府以及周边单位支援，并组织厂内及周边单位相关人员立即撤离。

⑥事故无法控制时，所有人员应撤离事故现场。

3. 应急结束

（1）条件符合下列条件之一的，即满足应急终止条件

①事故现场得到控制，事件条件已经消除。

②事故造成的危害已被彻底清除，无继发可能。

③事故现场的各种专业应急处置行动已无继续的必要。

（2）事故终止程序

由总指挥下达解除应急救援的命令，由后勤、救护、清理组通知各个部门解除警报，由灭火、警戒、保卫组通知警戒人员撤离，在涉及周边社区和单位的疏散时，由总指挥通知周边单位负责人员或者社区负责人解除警报。

（3）应急结束后续工作

①应急总结。应急终止后，事故发生部门负责编写应急总结，应急总结至少应包括以下内容：

a. 事件情况，包括事件发生时间、地点、波及范围、损失、人员伤亡情况、事件发生初步原因。

b. 应急处置过程。

c. 处置过程中动用的应急资源。

d. 处置过程遇到的问题、取得的经验和吸取的教训。

②对预案的修改建议。应急指挥部根据应急总结和值班记录等资料进行汇总、归档，并起草上报材料。

（4）应急事件调查

按照事件调查组的要求，事故部门应如实提供相关材料，配合事件调查组取得相关证据。

（五）后期处置

1. 污染物处理

（1）对应急抢险所用消防水，先导入应急池，并委托有资质的污水处理单位进行处置。

（2）应急抢险所用其他固体废物，委托专业固体废物处理企业处理。

2. 生产秩序恢复

事故现场清理、洗消完毕；防止事故再次发生的安全防范措施落实到位；受伤人员得到治疗，情况基本稳定；设备、设施检测符合生产要求，经主管部门验收同意后恢复生产。

3. 善后赔偿

财产损失由财务部门进行统计，事故发生部门做好配合工作。发生人员伤亡的，由企业组织人员对受伤人员及其家属进行安抚，确定救治期间的费用问题。专职安全员准备工伤认定材料，按照工伤上报程序进行上报。协助当地人民政府做好善后处置工作，包括伤亡救援人员补偿、遇难人员补偿、亲属安置、征用物资补偿，救援费用支付，灾后重建，污染物收集、清理与处理等事项；负责恢复正常工作秩序，消除事故后果和影响，安抚受害和受影响人员，保证社会稳定。

4. 抢险过程和应急救援能力评估及应急预案的修订

由化工企业领导、专职安全员、行政部、生产部组建事件调查组，对事发原因、应急过程、损失、责任部门奖惩、应急需求等做出综合调查评估，形成调查报告，提交化工企业安全生产管理部门审核。由专职安全员负责对事故应急能力进行评估，并针对不足之处对应急预案进行修订。

（六）保障措施

1. 通信与信息保障

建立以固定通信为主，移动通信、对讲通信为辅的应急指挥通信系统，保证在紧急情况下，预警和指挥信息畅通。定期对应急指挥机构、应急队伍、应急保障机构的通信联络方式进行更新。保证在紧急情况下，参加应急工作的部门、单位和个人信息畅通。

2. 应急队伍保障

通过补充人员，开展技能培训和应急演练，加强化工企业应急队伍建设。

3. 应急物资装备保障

分工做好物资器材维护保养工作；配备应急的呼吸器材，如空气呼吸器等；防爆工具，如铜质工具；可燃气体检测仪，防爆灯具；消防器材、人员防护装备。上述器材由安全生产管理人员专人保管，纳入班组日常管理，并每月定期检查保养，以备急用。

4. 经费保障

化工企业每年统筹安排的专项安全资金应用于应急装备配置和更新、应急物资的购买和储备、应急预案的编制和演练等。

5. 其他保障

消防设施配置图、应急疏散图、现场平面布置图、危险化学品安全技术说明书等相关资料由专职安全员负责管理。

二、危险化学品事故应急救援

化学事故应急救援是指化学危险品由于各种原因造成或可能造成众多人员伤亡及其他较大的社会危害时，为及时控制危险源、抢救受害人员、指导群众防护和组织撤离、清除危害后果而组织的救援活动。随着化工工业的发展，生产规模日益扩大，一旦发生事故，其危害波及范围将越来越大，危害程度将越来越深，事故初期如不及时控制，小事故将会演变成大灾难，给生命和财产造成巨大损失。

（一）危险化学品事故应急救援的基本任务

化学事故应急救援是近几年国内开展的一项社会的首要任务。

1. 控制危险源

只有及时控制住危险源，防止事故的继续扩大，才能及时有效地进行救援。

2. 抢救受害人员

抢救受害人员是应急救援的重要任务。在应急救援行动中，及时、有序、有效地实施现场急救与安全转送伤员是降低伤亡率、减少事故损失的关键。

3. 指导群众防护，组织群众撤离

由于化学事故发生突然、扩散迅速、涉及面广、危害大，应及时指导和组织群众采取各种措施进行自身防护，并向上风向迅速撤离出危险区或可能受到危害的区域。在撤离过程中，指挥者应积极组织群众开展自救和互救工作。

4. 做好现场清除，消除危害后果

对事故外逸的有毒有害物质和可能对人、环境继续造成危害的物质，应及时组织人员予以清除，消除危害后果，防止对人的继续危害和对环境的污染。对发生的火灾，要及时组织力量进行洗消。

5. 查清事故原因，估算危害程度

事故发生后应及时调查事故的发生原因和事故性质，估算出事故的波及范围和危险程度，查明人员伤亡情况，做好事故调查。

（二）危险化学品事故应急救援的基本形式

化学事故应急救援工作按事故波及范围及其危害程度，可采取 3 种不同的救援形式。

1. 事故单位自救

事故单位自救是化学事故应急救援最基本、最重要的救援形式，这是因为事故单位最了解事故的现场情况，即使事故危害已经扩大到事故单位以外区域，事故单位仍须全力组织自救，特别是尽快控制危险源。

2. 对事故单位的社会救援

对事故单位的社会救援主要是指重大或灾害性化学事故，事故危害虽然局限于事故单位内，但危害程度较大或危害范围已经影响周围邻近地区，依靠企业以及消防部门的力量不能控制事故或不能及时消除事故后果而组织的社会救援。

3. 对事故单位以外危害区域的社会救援

对事故单位以外危害区域的社会救援主要是对灾害性化学事故而言，指事故危害超出单位区域，其危害程度较大或事故危害跨区、县或需要各救援力量协同作战而组织的社会救援。

（三）危险化学品事故应急救援的组织与实施

危险化学品事故应急救援一般包括事故报警、出动应急救援队伍、紧急疏散、现场急救 4 个方面。

1. 事故报警

事故报警的及时与准确是及时控制事故的关键环节。当发生危险化学品事故时，现场人员必须根据企业制定的事故预案，采取积极而有效的抑制措施，尽量减少事故的蔓延，同时向有关部门报告和报警。

2. 出动应急救援队伍

各主管部门在接到事故报警后，应迅速组织应急救援专职队伍，赶赴现场，在做好自身防护的基础上，快速实施救援，控制事故发展，并将伤员救出危险区域和组织群众撤离、疏散，消除危险化学品事故的进一步危害。

3. 紧急疏散

建立警戒区域，迅速将警戒区及污染区内与事故应急处理无关的人员撤离，并将相邻的危险化学品转移到安全地点，以减少不必要的人员伤亡和财产损失。

4. 现场急救

对受伤人员进行现场急救，在事故现场，危险化学品对人体可能造成的伤害为中毒、窒息、冻伤、化学灼伤、烧伤等，进行急救时，不论是患者还是救援人员都需要进行适当的防护。

三、化工安全事故应急处理

事故应急处理主要包括火灾事故的应急处理、爆炸事故的应急处理、泄漏事故的应急处理和中毒事故的应急处理。

（一）火灾事故的应急处理

1. 火灾的种类

（1）普通火灾：凡是由木材、纸张、棉、布、塑胶等固体所引起的火灾。

（2）油类火灾：凡是由火性液体及固体油脂及液化石油器、乙炔等易燃气体所引起的火灾。

（3）电气火灾：凡是由通电中电气设备，如变压器、电线走火等所引起的火灾。

（4）金属火灾：凡是由钾、钠、镁、锂及禁水物质引起的火灾。

2. 火灾事故应急处理

处理危险化学品火灾事故时，首先应该进行灭火。灭火对策如下所述。

（1）扑灭初期火灾：在火灾尚未扩大到不可控制之前，应使用适当的移动式灭火器来控制火灾。迅速关闭火灾部位的上、下游阀门，切断进入火灾事故地点的一切物料，然后立即启用现有的各种消防装备扑灭初期火灾并控制火源。

（2）对周围设施采取保护措施：为防止火灾危及相邻设施，必须及时采取冷却保护措施，并迅速疏散受火势危及的物资。有的火灾可能造成易燃液体的外流，这时可用沙袋或其他材料筑堤拦截流淌的液体或挖沟导流，将物料导向安全地点。必要时用毛毡、海草帘堵住下水井、窨井口等处，防止火势蔓延。

（3）火灾扑救：扑救危险品化学品火灾绝不可盲目行动，应针对每一类化学品选择正确灭火剂和灭火方法。必要时采取堵漏或隔离措施，预防次生灾害扩大。当火势被控制以后，仍然要派人监护，清理现场，消灭余火。

3. 扑灭火灾的方法

（1）冷却灭火法

将灭火剂直接喷洒在可燃物上，使可燃物的温度降低到自燃点以下，从而使燃烧停止。用水扑救火灾，其主要作用就是冷却灭火。一般物质起火，都可以用水来冷却灭火。火场上，除用冷却法直接灭火外，还经常用水冷却尚未燃烧的可燃物质，防止其达到燃点而着火；还可用水冷却建筑构件、生产装置或容器等，以防止其受热变形或爆炸。

（2）隔离灭火法

可燃物是燃烧条件中重要的条件之一，如果把可燃物与引火源或空气隔离开来，那么燃烧反应就会自动中止。如用喷洒灭火剂的方法，把可燃物同空气和热隔离开来，用泡沫灭火剂灭火产生的泡沫覆盖于燃烧液体或固体的表面，在发挥冷却作用的同时，还能把可燃物与火焰和空气隔开等，都属于隔离灭火法。采取隔离灭火的具体措施很多。例如将火源附近的易燃易爆物质转移到安全地点；关闭设备或管道上的阀门，阻止可燃气体、液体流入燃烧区；排除生产装置、容器内的可燃气体、液体，阻拦、疏散可燃液体或扩散的可燃气体；拆除与火源相毗连的易燃建筑结构，形成阻止火势蔓延的空间地带等。

（3）窒息灭火法

可燃物质在没有空气或空气中的含氧量低于 14% 的条件下是不能燃烧的。所谓窒息法就是隔断燃烧物的空气供给。因此，采取适当的措施，阻止空气进入燃烧区，或用惰性气体稀释空气中的氧含量，使燃烧物质缺乏或断绝氧而熄灭，适用于扑救封闭式的空间、生产设备装置及容器内的火灾。火场上运用窒息法扑救火灾时，可采用石棉被、湿麻袋、湿棉被、沙土、泡沫等不燃或难燃材料覆盖燃烧或封闭孔洞；用水蒸气、惰性气体（如二氧化碳、氮气等）充入燃烧区域；

利用建筑物上原有的门以及生产储运设备上的部件来封闭燃烧区，阻止空气进入。此外，在无法采取其他扑救方法而条件又允许的情况下，可采用水淹没（灌注）的方法进行扑救。

（二）爆炸事故的应急处理

爆炸是指大量能量（物理或化学）在瞬间迅速释放或急剧转化成机械、光、热等能量形态的现象。物质从一种状态迅速转变成另一种状态，并在瞬间放出大量能量的同时产生巨大声响的现象称为爆炸。爆炸事故是指人们对爆炸失控并给人们带来生命和健康的损害及财产损失的事故。多数情况下是指突然发生、伴随爆炸声响、空气冲击波及火焰而导致设备设施、产品等物质财富被破坏和人员生命与健康受到损害的现象。

1. 爆炸事故种类

爆炸可分为物理性爆炸和化学性爆炸两种，具体如下所述：

（1）物理性爆炸

由物理变化引起的物质因状态或压力发生突变而形成爆炸的现象称为物理性爆炸。例如容器内液体过热汽化引起的爆炸，锅炉的爆炸，压缩气体、液化气体超压引起的爆炸等。物理性爆炸前后物质的性质及化学成分均不改变。

（2）化学性爆炸

由于物质发生极迅速的化学反应，产生高温、高压而引起的爆炸称为化学性爆炸。化学爆炸前后物质的性质和成分均发生了根本的变化。化学爆炸按爆炸时所产生的化学变化，可分成 3 类。

①简单分解爆炸：引起简单分解爆炸的爆炸物，在爆炸时并不一定发生燃烧反应，爆炸所需的热量，是由于爆炸物质本身分解时产生的。属于这一类的有叠氮铅、乙炔银、乙炔酮、碘化氮、氯化氮等。这类物质是非常危险的，受轻微振动即引起爆炸。

②复杂分解爆炸：这类爆炸性物质的危险性较简单分解爆炸物低，所有炸药均属于这种类型。这类物质爆炸时伴有燃烧现象。燃烧所需的氧由本身分解时供给。各种氮及氯的氧化物、苦味酸等都属于这一类。

③爆炸性混合物爆炸：所有可燃气体、蒸气及粉尘与空气混合而形成的混合物的爆炸均属于此类。这类物质爆炸需要一定条件，如爆炸性物质的含量、氧气含量及激发能源等。因此，其危险性虽较前两类低，但极普遍，造成的危害也

较大。

2. 常见爆炸事故类型

（1）气体燃爆

气体燃爆是指从管道或设备中泄漏出来的可燃气体，遇火源而发生的燃烧爆炸。

（2）油品爆炸

常见的油品爆炸，如重油、煤油、汽油、苯、酒精等易燃、可燃液体所发生的爆炸。

（3）粉尘、纤维爆炸

煤尘、木屑粉、面粉及铝、镁、碳化钙等引起的爆炸。

3. **爆炸事故的伤害特点**

根据爆炸性质的不同，造成的伤害形式也多种多样，严重的多发伤害占较大的比例。

（1）爆震伤

爆震伤又称为冲击伤，距爆炸中心 $0.5 \sim 1m$ 以外受伤，是爆炸伤害中较为严重的一种损伤。

爆震伤的受伤原理是爆炸物在爆炸的瞬间产生高速高压，形成冲击波，作用于人体生成冲击伤。冲击波比正常大气压大若干倍，作用于人体造成全身多个器官损伤，同时又因高速气流形成的动压，使人跌倒受伤，甚至肢体断离。爆震伤的常见伤型如下：

①听器冲击伤：发生率为 $3.1\% \sim 55\%$。

②肺冲击伤：发生率为 $8.2\% \sim 47\%$。

③腹部冲击伤。

④颅脑冲击伤。

识别爆震伤的常见方法为：

①耳鸣、耳聋、耳痛、头痛、眩晕。

②伤后出现胸闷、胸痛、咯血、呼吸困难、窒息。

③伤后表现腹痛、恶心、呕吐、肝脾破裂大出血导致休克。

④伤后神志不清或嗜睡、失眠、记忆力下降，伴有剧烈头痛、呕吐、呼吸不规则。

（2）爆烧伤

爆烧伤实质上是烧伤和冲击伤的复合伤，发生在距爆炸中心1~2m，由爆炸时产生的高温气体和火焰造成，严重程度取决于烧伤的程度。

（3）爆碎伤

爆炸物爆炸后直接作用于人体或由于人体靠近爆炸中心，造成人体组织破裂、内脏破裂、肢体破裂、血肉横飞，失去完整形态。还有一些是由于爆炸物穿透体腔，形成穿通伤，导致大出血、骨折。

（4）有害气体中毒

爆炸后的烟雾及有害气体会造成人体中毒。常见的有害气体有一氧化碳、二氧化碳、氮氧化合物。识别有害气体中毒主要有：

①由于某些有害气体对眼、呼吸道强烈的刺激，爆炸后眼、呼吸道有异常感觉。

②急性缺氧、呼吸困难、口唇发绀。

③发生休克或肺水肿早期死亡。

4. 爆炸事故应急处理

爆炸事故发生时，一般应采用以下基本对策：

（1）迅速判断和查明再次发生爆炸的可能性和危险性，紧紧抓住爆炸后和再次发生爆炸之前的有利时机，采取一切可能的措施，全力制止再次发生爆炸。

（2）切忌用沙土盖压，以免增强爆炸物品爆炸时的威力。

（3）如果有疏散的可能，人身安全上确有可靠保障，应迅速组织力量及时转移着火区域周围的爆炸物品，使着火区周围形成一个隔离带。

（4）扑救爆炸物品堆垛时，水流应采用吊射，避免强力水流直接冲击堆垛，以免堆垛倒塌引起再次爆炸。

（5）灭火人员应尽量利用现场现成的掩蔽体或尽量采用卧姿等低姿射水，尽可能地采取自我保护措施。消防车辆不要停靠在离爆炸品太近的水源。

（6）灭火人员发现有发生再次爆炸的危险时，应立即向现场指挥报告，现场指挥应迅速做出准确判断，确有发生再次爆炸的征兆或危险时，应立即下达撤退命令。灭火人员接到或听到撤退命令后，应迅速撤至安全地带，来不及撤退时，应就地卧倒。

（三）泄漏事故的应急处理

在化学品的生产、储存和使用过程中，盛装化学品的容器常发生一些意外的破裂、倒洒等事故，造成化学危险品的外漏，因此需要采取简单、有效的安全技术措施来消除或减少泄漏危险，如果对泄漏控制不住或处理不当，随时有可能转化为燃烧、爆炸、中毒等恶性事故。下面介绍一下化学品泄漏必须采取的应急处理措施。

1. 疏散与隔离

在化学品生产、储存和使用过程中一旦发生泄漏，首先要疏散无关人员，隔离泄漏污染区。如果是易燃易爆化学品大量泄漏，这时一定要打"119"报警，请求消防专业人员救援，同时要保护、控制好现场。

2. 切断火源

切断火源对化学品的泄漏处理特别重要，如果泄漏物是易燃品，则必须立即消除泄漏污染区域内的各种火源。

3. 个人防护

参加泄漏处理人员应对泄漏品的化学性质和反应特征有充分的了解，要在高处和上风处进行处理，严禁单独行动，要有监护人。必要时要用水枪（雾状水）掩护。要根据泄漏品的性质和毒物接触形式，选择适当的防护用品，防止事故处理过程中发生伤亡、中毒事故。

（1）呼吸系统防护

为了防止有毒有害物质通过呼吸系统侵入人体，应根据不同场合选择不同的防护器具。对于泄漏化学品毒性大、浓度较高，且缺氧情况下，必须采用氧气呼吸器、空气呼吸器、送风式长管面具等。对于泄漏中氧气浓度不低于18%，毒物浓度在一定范围内的场合，可以采用防毒面具（毒物浓度在2%以下的采用隔离式防毒面具，浓度在1%以下采用直接式防毒面具，浓度在0.1%以下采取防毒口罩，在粉尘环境中可采用防尘口罩）。

（2）眼睛防护

为防止眼睛受到伤害，可采用化学安全防护眼镜、安全防护面罩等。

（3）身体防护

为了避免皮肤受到损伤，可以采用带面罩式胶布防毒衣、连衣式胶布防毒衣、橡胶工作服、防毒物渗透工作服、透气型防毒服等。

（4）手防护

为了保护手不受损害，可以采用橡胶手套、乳胶手套、耐酸碱手套、防化学品手套等。

4. 泄漏控制

如果在生产使用过程中发生泄漏，要在统一指挥下，通过关闭有关阀门，切断与之相连的设备、管线，停止作业，或改变工艺流程等方法来控制化学品的泄漏。

如果是容器发生泄漏，应根据实际情况，采取措施堵塞和修补裂口，制止进一步泄漏。另外，要防止泄漏物扩散，殃及周围的建筑物、车辆及人群，万一控制不住泄漏，要及时处置泄漏物，严密监视，以防火灾爆炸。

5. 泄漏物的处置

要及时将现场的泄漏物进行安全可靠处置。

（1）气体泄漏物处置

应急处理人员要做的只是止住泄漏，如果可能的话，用合理的通风使其扩散不至于积聚，或者喷洒雾状水使之液化后处理。

（2）液体泄漏物处置

对于少量的液体泄漏，可用沙土或其他不燃吸附剂吸附，收集于容器内后进行处置。而大量液体泄漏后四处蔓延扩散，难以收集处理，可以采用筑堤堵截或者引流到安全地点的方法。为降低泄漏物向大气的蒸发，可用泡沫或其他覆盖物进行覆盖，在其表面形成覆盖后，抑制其蒸发，然后进行转移处理。

（3）固体泄漏物处置

固体泄漏物处置用适当的工具收集泄漏物，然后用水冲洗被污染的地面。

（四）中毒事故的应急处理

发生中毒事故时，现场人员应分头采取下述措施。

1. 采取有效个人防护

进入事故现场的应急救援人员必须根据发生中毒的毒物，选择佩戴个体防护用品。进入水煤气、一氧化碳、硫化氢、二氧化碳、氮气等中毒事故现场，必须佩戴防毒面具、正压式呼吸器，穿消防防护服；进入液氨中毒事故现场，必须佩戴正压式呼吸器，穿气密性防护服，同时做好防冻伤的防护。

2. 询情、侦查

救援人员到达现场后，应立即询问中毒人员、被困人员情况；毒物名称、泄漏量等，并安排侦查人员进行侦查，内容包括确认中毒、被困人员的位置；泄漏扩散区域及周围有无火源、泄漏物质浓度等，并制定处置的具体方案。

3. 确定警戒区和进攻路线

综合侦查情况，确定警戒区域，设置警戒标志，疏散警戒区域内与救援无关人员至安全区域，切断火源，严格限制出入。救援人员在上风、侧风方向选择救援进攻路线。

4. 现场急救

（1）迅速将染毒者撤离现场，转移到上风或侧上风方向空气无污染地区；有条件时应立即进行呼吸道及全身防护，防止继续吸入染毒。

（2）立即脱去被污染者的服装；皮肤污染者，用流动清水或肥皂水彻底冲洗；眼睛污染者，用大量流动清水彻底冲洗。

（3）对呼吸、心跳停止者，应立即进行人工呼吸和心脏按压，采取心肺复苏措施。

（4）严重者立即送往医院观察治疗。

5. 排除险情

（1）禁火抑爆

迅速清除警戒区内所有火源、电源、热源和与泄漏物化学性质相抵触的物品，加强通风，防止引起燃烧爆炸。

（2）稀释驱散

在泄漏储罐、容器或管道的四周设置喷雾水枪，用大量的喷雾水、开花水流进行稀释，控制泄漏物漂流方向和飘散高度。室内加强自然通风和机械排风。

（3）中和吸收

高浓度液氨泄漏区，喷含盐酸的雾状水中和、稀释、溶解，构筑围堤或挖坑收容产生的大量废水。

（4）关阀断源

安排熟悉现场的操作人员关闭泄漏点上下游阀门和进料阀门，切断泄漏途径。在处理过程中，应使用雾状水和开花水配合完成。

（5）器具堵漏

使用堵漏工具和材料对泄漏点进行堵漏处理。

（6）倒灌转移

液氨储罐发生泄漏，在无法堵漏的情况下，可将泄漏储罐内的液氨倒入备用储罐或液氨槽车。

6. 洗消

（1）围堤堵截

筑堤堵截泄漏液体或者引流到安全地点，储罐区发生液体泄漏时，要及时关闭雨水阀，防止物料沿明沟外流。

（2）稀释与覆盖

对于一氧化碳、氢气、硫化氢等气体泄漏，为降低大气中气体的浓度，向气云喷射雾状水稀释和驱散气云，同时可采用移动风机，加速气体向高空扩散。对于液氨泄漏，为减少向大气中的蒸发，可喷射雾状水稀释和溶解或用含盐酸水喷射中和，抑制其蒸发。

（3）收集

对于大量泄漏，可选择用泵将泄漏出的物料抽到容器或槽车内；当泄漏量小时，可用吸附材料、中和材料等吸收与中和。

（4）废弃

将收集的泄漏物运至废物处理场所处置，用消防水冲洗剩下的少量物料，冲洗水排入污水系统处理。

参考文献

[1] 盛况，杨仕平. 高校课程思政教学设计案例精选（化学化工类）［M］. 上海：上海教育出版社，2023.

[2] 赵秀琴. 化工原理［M］. 北京：化学工业出版社，2023.

[3] 梁志武，陈声宗. 化工设计［M］. 北京：化学工业出版社，2023.

[4] 董立春. 化工原理实验［M］. 北京：科学出版社，2023.

[5] 冯新，宣爱国，周彩荣. 化工热力学［M］. 北京：化学工业出版社，2023.

[6] 王成君，田华. 化工安全与环保［M］. 北京：化学工业出版社，2023.

[7] 魏顺安. 天然气化工工艺学［M］. 北京：化学工业出版社，2023.

[8] 宋启煌，方岩雄. 精细化工工艺学［M］. 北京：化学工业出版社，2023.

[9] 朱自强，吴有庭. 化工热力学［M］. 北京：化学工业出版社，2023.

[10] 王志魁. 化工原理［M］. 北京：化学工业出版社，2023.

[11] 赵军，张有忱，段成红. 化工设备机械基础［M］. 北京：化学工业出版社，2023.

[12] 王桂赟. 化工工艺及安全设计［M］. 北京：化学工业出版社，2023.

[13] 杨帆. 化工安全与环保［M］. 北京：中国石化出版社，2023.

[14] 张珍明，李润莱，李树安. 精细化工工艺设计［M］. 南京：南京大学出版社，2023.

[15] 颉林，李薇. 石油化工基础［M］. 北京：化学工业出版社，2023.

[16] 范辉，李平，张鹏飞. 化工设计［M］. 北京：清华大学出版社，2023.

[17] 李和平. 精细化工工艺学［M］. 北京：科学出版社，2023.

[18] 施云海. 化工热力学［M］. 上海：华东理工大学出版社，2022.

[19] 刘作华，陶长元，范兴. 化工安全技术［M］. 重庆：重庆大学出版社，2022.

[20] 蒋军成. 化工安全［M］. 北京：机械工业出版社，2022.

[21] 向丹波. 化工装置操作技能 [M]. 北京：北京理工大学出版社，2022.

[22] 王艳玲. 化工原理及设备研究 [M]. 北京：线装书局，2022.

[23] 吴懿波. 煤化工技术的理论与实践应用研究 [M]. 长春：吉林科学技术出版社，2022.

[24] 田博，宋春燕，朱召怀. 化工工程技术与计量检测 [M]. 汕头：汕头大学出版社，2022.

[25] 周安宁，罗振敏. 化工安全与环保概论 [M]. 徐州：中国矿业大学出版社，2022.

[26] 李仕超，尹国亮，张媛馨. 计算机在材料与化工中的应用 [M]. 成都：四川大学出版社，2022.

[27] 陈洪龄，王海燕，周幸福. 精细化工导论 [M]. 北京：化学工业出版社，2022.

[28] 任永胜，李爱蓉，孙永刚. 化工传递原理教程 [M]. 北京：化学工业出版社，2022.

[29] 王英龙. 化工热力学 [M]. 北京：化学工业出版社，2022.

[30] 辛志玲，朱晟，张萍. 化工原理实验 [M]. 北京：冶金工业出版社，2022.

[31] 李士雨. 化工分离过程 [M]. 北京：科学出版社，2022.

[32] 谭天恩，窦梅. 化工原理 [M]. 北京：化学工业出版社，2022.

[33] 周志荣，李博扬，何川. 化工机械设备与应用 [M]. 北京：石油工业出版社，2022.

[34] 柴诚敬，贾绍义. 化工原理 [M]. 北京：高等教育出版社，2022.

[35] 杜峰. 化工过程分析与合成 [M]. 东营：中国石油大学出版社，2022.

[36] 黄美英，梁克中. 化工原理实验 [M]. 重庆：重庆大学出版社，2021.

[37] 魏顺安，谭陆西. 化工工艺学 [M]. 重庆：重庆大学出版社，2021.

[38] 崔举，王再红，梁瑞. 化工设备安全管理 [M]. 长春：吉林科学技术出版社，2021.

[39] 李峰，薛晓东，贾素改. 化工工程与工业生产技术 [M]. 汕头：汕头大学出版社，2021.

[40] 盖媛媛，任金艳，刘瑞玲. 基础化学与化工分析 [M]. 长春：吉林科学技术出版社，2021.

［41］谭蔚. 化工设备设计基础 ［M］. 天津：天津大学出版社，2021.

［42］刘亘亚，周宁，宋贤生. 石油化工企业火灾风险与消防应对策略 ［M］. 天津：天津大学出版社，2021.

［43］夏清，姜峰. 化工原理 ［M］. 北京：化学工业出版社，2021.

［44］韩宗. 化工 HSE ［M］. 北京：化学工业出版社，2021.

［45］吕宜春，郑艳玲，范金皓. 化工安全技术 ［M］. 北京：化学工业出版社，2021.